U0818418

经典物理学中的相对论·第2册

经典物理学中的相对论

——经典物理学中的相对时空

王音光　著

中国矿业大学出版社

图书在版编目(CIP)数据

经典物理学中的相对论:全5册 / 王音光著. — 徐州 :中国矿业大学出版社,2019.1

ISBN 978-7-5646-4228-0

Ⅰ.①经… Ⅱ.①王… Ⅲ.①相对论—研究 Ⅳ.①O412.1

中国版本图书馆 CIP 数据核字(2018)第254496号

书　　名	经典物理学中的相对论·第2册
著　　者	王音光
责任编辑	张　岩
出版发行	中国矿业大学出版社有限责任公司 (江苏省徐州市解放南路　邮编 221008)
营销热线	(0516)83884103　83885105
出版服务	(0516)83995789　83884920
网　　址	http://www.cumtp.com　**E-mail**:cumtpvip@cumtp.com
印　　刷	江苏凤凰数码印务有限公司
开　　本	880×1230　1/32　**总印张** 13.875　**总字数** 361千字
版次印次	2019年1月第1版　2019年1月第1次印刷
总 定 价	68.00元

(图书出现印装质量问题,本社负责调换)

前 言

作者曾在郑州大学出版社出版《经典物理学中的相对论》。该书是从逻辑演绎与同一律性观点系统地论证了相对论的有关问题。图书出版后，经过反复思考，认为有必要将书中的重点内容做单独分析，这样既便于理解，又通俗易懂，较适合高中及以上的物理爱好者阅读，遂成此书。

在本书中，读者会发现，将相对时空理论直接代入经典物理学后非常自洽，自洽到令人难以置信的程度，充分展现了物理与数学相结合的魅力。

《经典物理学中的相对论·第1册》介绍了相对论四维时空的出处，逻辑演绎出相对论的观点，并从中发现相对论的问题，使读者对相对论与经典物理学的交集有明确的认识，特别是对物质波概念不太熟悉的爱好者，通过此书能获得物质波的概念；同时把经典物理学的速度叠加的定义域扩展到光速，并首次准确地得出定义域涵盖光速的相对动能公式。

《经典物理学中的相对论·第2册》由经典物理学出发，直接将相对时空引入经典物理学，逻辑演绎出相对论的动钟观点，证明从低速到高速的尺缩公式，并从中发现相对论关于动钟慢的问题，证明了质能守恒概念与质能转换的物理意义，揭示出机械能守恒的物理概念，推理出引力势的时钟场概念，特别是对牛顿惯性定律的本质给出相对时空的惯性意义，并从中发现时空的物质性具有可视性。

《经典物理学中的相对论·第3册》逻辑演绎出相对时空的热力学第二定律的物理本质，特别是对地球现在的状态进行了论证，

揭示出磁场反转的物理概念。并从经典物理学中科氏力的物理概念出发，在相对时空中证明磁场，从中寻找磁场的物理意义。

《经典物理学中的相对论·第4册》利用已知的经典物理学的基础理论寻找宇宙初始产生物质的逻辑过程。这个过程会充分激发读者的逻辑演绎思维，从中发现宇宙初始时间与物质的演变过程。证明过程中顺便对引力常数进行了证明，论证了引力常数的演化过程，并计算飞出太阳系的探测器的有关问题。这是纯粹的逻辑演绎，将引发更多人重新反思过去的知识哪些更准确。

《经典物理学中的相对论·第5册》对经典物理学的磁场进行了解剖，能感受到电磁场与牛顿力学实际上是从不同的角度观察同一现象。并对相对时空多普勒效应进行了论证，尽管方法与相对论一致，但仍有新的观点。

以上证明过程并没有新的概念，仅仅是把经典物理学带入相对时空得到的结果，但内容不仅证明了经典物理学众所周知的有关定律与定理，而且已经把广义相对论证明的时空伸缩以及质能转换概念涵盖进去。这说明经典物理学更严密精确，由此得到的相对时空概念更容易被物理爱好者理解。经典物理学的待挖掘潜力很大，一定还存在更深奥的规律等待人们去探索。

本书试图用经典物理学的基本概念和原理证明相对论，与相对论有交集，但对相对论没有涉及的部分部分也做出了更合理的解释。

本书的出版得到了家人、专家、学者、物理爱好者、出版社编辑等的支持和帮助，在此向他们表示最衷心的感谢！

在本书的编写和出版过程中，笔者虽然做了很大努力，但因水平有限，加之编写时间仓促，书中难免存在疏漏和不妥之处，恳请读者来信批评指正（邮箱 wyg5412@163.com）。

王音光

2017年11月

目　录

1　基础设置

本章结论:“时钟的表盘刻度值”是物质的,与参照系无关,由“时钟的表盘刻度值”显示动钟时间的相对快慢具有绝对性,“时钟的表盘刻度值”与参照系无关。

(1) 同一参照系的时钟必须向所有参照系显示唯一且一致的时间 t,通俗解释是,“时钟的表盘刻度值”与参照系无关,尽管各参照系相互间的时钟快慢不同。

这条实验定律实际是时空连续性的要求,时间流逝实际就是参照系的时间坐标,所有宇宙“不同参照系”观察“同一个”时钟表盘的时间必须一致。如果时间的流逝快慢与时钟相对观察者的相对运动速度有关,相对速度不同的观察者在观察同一个动钟的时间流逝快慢不同,同一个动钟向外界显示的时间流逝快慢不是连续的,造成时空的不连续,时钟的时间流逝快慢就自然无法与表盘刻度值对应。

若动钟的快慢与相对速度有关,这就等于参照系的时间坐标的“坐标值”不唯一,时空不具有连续性,不同参照系各自的时间标准互不关联,没有统一的“坐标值”,就无法比较时间的快慢,参照系的时间坐标也就丧失了标准的意义。

举个实例,北京时间的报时与参照系无关,即便一百亿年以后听到这个报时,也知道一百亿年前的今天的准确时间。当然时间不变不等于时间快慢一致。

北京时间每隔一个小时向宇宙发出报时，某星系一百亿年以后听到这个报时的间隔，这个间隔无论谁收到，都知道是北京时间的一小时，然后在表盘刻度值不变的情况下，与自己的时钟的一小时比较，才知道二者之间的相对快慢。

如果北京时钟的相对快慢因外界干扰而变化，也会以这种方式显示出来。

比较北京时间的相对快慢变化应该以被干扰后的北京时间与干扰前的北京时间进行比较，来证明北京的时间快慢变化，而不是以观察者的时钟与北京时间进行比较证明北京时间的变化。因为观察者的时间快慢也在变化中，不能以观察者自己的时间快慢变化来证明北京时间的快慢也在变化。

靠什么来证明北京与观察者之间的时间相对快慢是谁造成的呢？

有了这条标准，人们可以把时间相对快慢标准建立在已知的时间快慢参照系上，由这个已知的时间快慢参照系观察宇宙，这样就不会出现偏差。

（2）以宇宙时空膨胀作为实验基础，同一参照系观察宇宙不同时空位置的参照系具有不同的时间与空间尺度，或者说宇宙没有快慢统一的时间快慢。

设置这一条的目的就是没有必要假设一些物理概念去证明相对时空，而是把相对时空作为实验定律来承认，然后直接由经典物理学直接证明时间相对快慢。

这种办法的特点是证明结果以经典物理学的概念表达出来，简单可靠，物理概念清晰，使得人们懂得经典物理就懂得相对时空，并可以直接比较相对论与经典物理学的交集性与相悖性，从同一律性中直接发现错误，而不是把时空搞成“最高智慧者”的天堂。

以上这两条应该作为物理学的实验定律，而不是通过逻辑演绎出的。

2 自由落体实验

本章结论：不同参照系利用光速测量同一宇宙空间的间隔都应该有统一的宇宙距离，即宇宙距离与参照系无关。

以重力实验解释以上两个实验定律。

哲学常说时间是物质的，但时间的物质性一直到今天都很难用可视的物理量直接给出。

为了能简单直接说明问题，做众所周知的自由落体重力实验。

实验定律第二条为：宇宙没有统一的时钟。由这条实验定律，重力场势能高低不同的时钟时间快慢应该不一样，例如一个受重力的动系自由落体如图 2-1 所示。

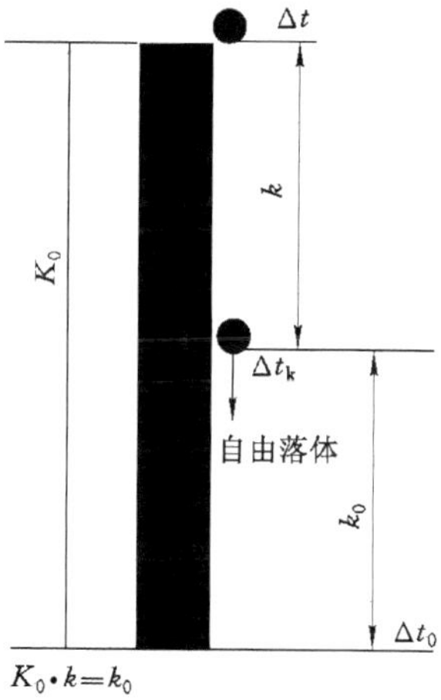

图 2-1 动系自由落体示意图

以地表静钟为标准 Δt_0，设重力场高位势静钟相对地表静钟的时间快慢为 Δt，最高处相对地表的时间为

$$\Delta t = \Delta t_0 \cdot K_0 \tag{2-1}$$

K_0 是重力场高位势静钟相对地表静钟时间的快慢程度或快慢比例。如果第二条实验定律是准确的，高位势静钟与地表静钟

的相对快慢肯定不同，并且 K_0 一定是高度的函数，通俗解释重力场就是时钟场，重力势不同，与重力势同高度的静钟的相对快慢就不同。

从最高处自由落体动系相对高位静钟的时间快慢为 Δt_k，自由落体的动钟相对地表静钟的时间快慢为

$$\Delta t_k = \Delta t_0 \cdot k_0 \qquad (2\text{-}2)$$

式中，k_0 是动钟相对地表静钟时间的快慢程度或快慢比例。

$\Delta t_k = t_2 - t_1$，是动系表盘可视的时间间隔，无论是在地表静钟还是在重力场高位势静钟观察，动系表盘时间间隔 $\Delta t_k = t_2 - t_1$ 都一样，这是时钟表盘刻度值的物质性所决定的。

设 k 是自由落体的动钟相对于最高位置静钟时间的快慢程度或快慢比例，相对论称 k 是动系的时延系数。为了通俗易懂，这里称 k 为时间加快程度，$k<1$ 代表时间相对于观察者减慢，反之 $k>1$ 代表时间相对于观察者加快。所以

$$\Delta t_k = \Delta t \cdot k \qquad (2\text{-}3)$$

动钟的时间是表盘刻度值显示的时间间隔，动系观察者与地表静系观察者以及高位观察者观察动钟的时间是统一的。

将 $\Delta t = \Delta t_0 \cdot K_0$ 代入 $\Delta t_k = \Delta t \cdot k$ 可得

$$\Delta t_k = \Delta t_0 \cdot K_0 \cdot k$$

再将 $\Delta t_k = \Delta t_0 \cdot k_0$ 代入上式可得

$$K_0 \cdot k = k_0 \qquad (2\text{-}4)$$

以上比较时间的快慢标准是选择统一的时钟表盘，统一的时钟表盘仅仅是标注统一的时间值，但统一时间值的表盘在不同高度可以有不同快慢的时间流逝 Δt、Δt_0 以及 Δt_k，由此得出式(2-4)。

为了将物理概念说准确，本书严格将动钟相对于最高位静钟时间的快慢比例 k 与动钟相对地表静钟时间的快慢比例 k_0 的标识区分，以免混淆。

以上并没有证明势能高低不同的时间快慢，式(2-4)只是按照实

验定律第二条宇宙没有统一的时钟快慢得出三个高低不同位置之间的时间加快程度的关系，逻辑上既可以是绝对时空 $K_0=k=k_0=1$，也可以是相对时空 $K_0\neq k\neq k_0$，这需要有严格的数理证明，经典物理学应该具有证明重力势场内时间快慢分布的能力。

如果是相对时空 $K_0\neq k\neq k_0$，动系观察者用自己的时间 Δt_k 观察动系的速率为

$$u_0=\Delta H/\Delta t_k$$

式中，ΔH 是自由落体的高度 H 的变化。注意，按照相对论，尽管尺子按照势能不同具有不同的伸缩性，但 ΔH 同样满足尺子刻度值不变的物质性。将地表观察者的时间与动系的时间关系 $\Delta t_k=\Delta t_0\cdot k_0$ 代入上式可得

$$u_0=u/k_0 \tag{2-5}$$

式中，$u=\Delta H/\Delta t_0$，是地表静系观察者观察的动系视速度。可以看出，如果是相对时空，动系自由落体同样的尺子刻度值距离 ΔH，u_0 实际就是动系的固有速度，也就是经典物理学所定义的速度概念，而 $u=u_0\cdot k_0$ 是因为观察者的时间快慢与动钟同一高度参照系的时间快慢不同引起的视速度，属于相对时空出现的概念。可以看出 u_0、u 二者并不一样，相对论称 $u_0=u/k_0$ 是四维速度的空间分量，u_0 实际就是动系的固有速度，而 $u=u_0\cdot k_0$ 是因为观察者的时间快慢与动钟同一高度的时间不同引起的视速度。所以

$$\Delta H=u_0\cdot\Delta t_k=u\cdot\Delta t_0$$

式(2-5)意味着什么？两个不同参照系的观察者观察宇宙距离不因参照系不同而改变，即宇宙距离与参照系无关。原因是尺子的刻度值已经被确定，当用尺子沿着高度测量时，由于不同高度势能不同，不同高度尺子会发生伸缩，但无论尺子如何收缩，被规定好的尺子刻度值不会变化，两点之间的尺子刻度值就是宇宙距离，不因参照系而变化。

以上符合同系光速不变原理。众所周知，无论从宇宙何处的

光子来到地球，都满足光速不变，我们把这个称作同系光速不变。同理，当光子飞到与动系相同的高度，光子将与当地参照系保持一致，当地观察者测量同样满足光速不变。

所以若当地观察者用同一刻度值标准的尺子，用光子测量的宇宙距离则满足

$$\Delta H = c \cdot \Delta t_{\mathrm{k}}$$

这与地表静系用光子测量宇宙距离没有任何区别。

由式(2-5)可得

$$\Delta H = c \cdot \Delta t_{\mathrm{k}} = c' \cdot \Delta t_0$$

$$c' = c \cdot k_0$$

c'叫视光速，在地球上发现的所有不满足光速不变的现象都是视光速现象，例如透明介质内部的亚光速等。只要物质密度不同，都会发生视光速，包括高密度物质之外的宇宙时空都受到影响，但所有这些都不应该影响到宇宙距离。

人类不能根据自己假设的光速不变测量宇宙距离，例如动系在当地高度用光速计算的距离是 $\Delta H = c \cdot \Delta t_{\mathrm{k}}$。地表发射光子在同一高度测量的距离肯定与 ΔH 一致，但由 $\Delta t_{\mathrm{k}} = \Delta t_0 \cdot k_0$ 可知对应地表的时间为 Δt_0，地表认为的距离是 $\Delta H' = c \cdot \Delta t_0$，造成宇宙距离与参照系发生关系。

例如卫星与地表静系的时间快慢不同，测量地表与卫星之间的距离，地表与卫星各自所用的时间不会一样，但如果在地表与卫星二者之间用尺子排列测量距离，会发现二者之间的距离不变。而且地球围绕太阳的圆周运动会出现远地点与近地点，同样会影响到地表与卫星二者之间的空间伸缩，同时空间排列的尺子也会同比例伸缩，但这并不影响尺子同比例伸缩后测量的距离。

这实际是要求物理学必须满足时钟表盘刻度值与尺子刻度值统一的规范，如果违反这个规范，宇宙将无标准可言，物理定律的同一律性将会被打破。

由动量 $M_0 \cdot u_0 = M_0 \cdot u/k_0 = M \cdot u$ 可得

$$M = M_0/k_0 \tag{2-6}$$

式中，M_0 是物质的静质量，M 是地表观察者观察动系的动质量。

以上就是以实验定律第二条得出的逻辑演绎结果。

第一条实验定律说明把物理时钟放在不同高度，由于表盘刻度的物质性，时钟表盘与参照系无关，时钟的快慢必须由表盘刻度值表现出来。在宇宙所有角落观察地表不同高度的时钟刻度值都是绝对的，不同高度时钟之间的时间相对快慢具有相对性，但时间快慢的相对性不能破坏时钟表盘刻度值显示时间的绝对性，这就是时钟表盘所具备的物质特性。

以上实例给出一个事实，如果相对时空是正确的，当系统的能量如势能发生变化时，系统的时间快慢也在发生变化。例如外界输入能量可以把系统抬到最高势能位置，系统获得能量相当于获得相对地表势能零点的最大时间加快程度 K_0。

若系统释放能量产生动能，系统相对地表势能零点的时间加快程度是 k_0，系统能量与时间同步变化的关系很容易确定，时间的物质性似乎具有可视性。这具有普遍性吗？

以下将给出非常明确的数理证明，证明过程将按照熟知的经典物理学基本原理进行严格的逻辑演绎。

3 牛顿惯性定律的本质

3.1 能量与相对论时延系数 k

本节结论：相对论尺缩时延$\sqrt{(1-\beta^2)}$是低速近似式，不适用于高速。定义域涵盖光速在内的尺缩时延公式 $k=e^{-\zeta\cdot\beta\cdot\beta/2}$，其中 $\zeta=1+\beta^2$。

在《经典物理学中的相对论·第1册》中已经证明了相对论尺缩时延 $k=\sqrt{(1-\beta^2)}$ 的存在，在本书中将换一种与前述方法相互独立的方式证明 $k=\sqrt{(1-\beta^2)}$ 的存在，这样做的目的在于加强对同一律性的理解，即用相互不同的物理方法研究同一物理过程，一定会发生交集，并会得出相同的物理结论。

如果相对时空是正确的，式(2-3)自由落体动系的时间加快程度或时延系数 k 显然只与自由落体动系的速度或相对动能 E_k 有关，因此可以从经典动能理论出发寻找时延系数 k 的物理意义。经典物理学的低速相对动能

$$E_k=M_0\cdot u_0{}^2/2$$

式中，M_0 是静质量。如果分子、分母上下乘以光速平方 c^2，可得相对动能

$$E_k=M_0\cdot c^2\cdot\beta^2/2$$

牛顿动能是低速理论，在低速情况下 $\beta=u_0/c\ll 1$。

既然牛顿动能是低速理论，说明牛顿动能应该是“精确动能”的低速近似式，应该有更精确的动能公式，逻辑上该精确动能公式的级数展开式的有限项就应该是牛顿低速动能。

令 $\beta^2=|x|$，当 $x\ll 1$ 时，寻找当函数自变量 x 按级数展开第一项是 x 的函数。

若 $|x|\ll 1$，对数函数的级数满足

$$\ln(1+x)=x+x^2/2+\cdots$$

可以试取 $\ln(1+x)$ 作为精确动能的函数，当 $|x|\ll 1$ 可得 $\ln(1+x)\approx x$。

令 $-\beta^2=x\ll 1$，$-\beta^2=x$ 是对数函数 $\ln(1+x)$ 级数展开式的第一项，所以

$$\ln(1+x)\approx x=-\beta^2$$

将牛顿相对动能公式 $E_k=M_0\cdot c^2\cdot\beta^2/2$ 代入 $\ln(1-\beta^2)\approx-\beta^2$，由牛顿相对动能公式可得

$$\begin{aligned}E_k&=-M_0\cdot c^2\cdot\ln k=-M_0\cdot c^2\cdot[\ln(1-\beta^2)]/2\\&=-M_0\cdot c^2\cdot\ln\sqrt{(1-\beta^2)}\approx M_0\cdot c^2\cdot\beta^2/2\end{aligned}$$

注意，以上公式已经应用了对数变换。$k=\sqrt{(1-\beta^2)}$ 恰恰是相对论证明的尺缩时延系数，如果没有相对论，则没法证明 $k=\sqrt{(1-\beta^2)}$ 的物理意义。

牛顿低速理论与相对论的 $k=\sqrt{(1-\beta^2)}$ 都满足当 $-\beta^2=x\ll 1$ 时对应的对数函数 $\ln(1+x)$，说明选择对数函数 $\ln(1+x)$ 作为精确动能公式很准确。以上是通过低速理论获得的公式，这说明 $k=\sqrt{(1-\beta^2)}$ 是低速效应。

以上证明很明确地证明了相对论时延系数 $k=\sqrt{(1-\beta^2)}$ 的存在，但物理意义仍需要用经典物理加以严格证明，以观察相对论时延系数 $k=\sqrt{(1-\beta^2)}$ 的物理意义。

由《经典物理学中的相对论·第1册》已经知道，定义域涵盖高速的相对动能，将定义域涵盖高速的相对动能 $E_k=\zeta\cdot M_0\cdot u^2/2$ 代入 $E_k=-M_0\cdot c^2\cdot\ln k$ 可得

$$\zeta\cdot\beta^2/2=-\ln k \tag{3-1}$$

$$\zeta=1+\beta^2$$

定义域涵盖光速在内的尺缩时延系数

$$k=\mathrm{e}^{-\zeta\cdot\beta\cdot\beta/2}$$

可以看出 k 是一个很复杂的指数函数，在低速 $\zeta\approx1$ 时 $k=\sqrt{(1-\beta^2)}$。

由此得出涵盖“高低速全域有效的精确相对动能”的是

$$E_k=-M_0\cdot c^2\cdot\ln k=\zeta\cdot M_0\cdot u^2/2$$

精确相对动能公式的结构为

$$E_k=-M_0\cdot c^2\cdot\ln k=M_0\cdot c^2\cdot\ln k_0$$

$$k_0=1/k$$

可以发现，作为经典物理的逻辑演绎，$M_0\cdot c^2$ 是质能而非静质量，质能 $M_0\cdot c^2$ 并非只有运动物质才具有的特性，应该涵盖所有具有质能 $M_0\cdot c^2$ 的物质。而 k 是无量纲数，相对动能 E_k 实际是静系观察的相对动能增量 ΔE_k，对于 $k_0=1/\sqrt{(1-\beta^2)}$ 这种具体形式，能量 $E=M_0\cdot c^2\cdot\ln k_0$ 只代表相对动能 E_k。但如果 k_0 的形式不同，对应的能量形式则不同。

动能增量 ΔE_k 在很多情况下未必是相对动能 $E_k=M_0\cdot u_0{}^2/2$，只有特殊情况下才有

$$\Delta E_k=E_k=M_0\cdot u_0{}^2/2$$

但如果 k_0 换一种形式，能量增量 ΔE 就应该是其他不同形式的能量，所以 $\Delta E=M_0\cdot c^2\cdot\ln k_0$ 应该是能量系统的通式，k_0 代表包括自然界所有能量形式的无量纲量，k_0 的物理意义应该可以在逻辑演绎中很明确地得出。

作为动系系统，当系统从外界获得能量时，系统从外界获得能量的通式应该为

$$\Delta E_0 = M_0 \cdot c^2 \cdot \ln K_0 \tag{3-2}$$

已知在地表静系观察本身的 $k_0=1$，在地表静系观察不同位势的 $k_0=1+\Delta k_0$，Δk_0 是 k_0 值的增量，通常情况下宇宙近程近似为绝对时空，所以 $\Delta k_0 \ll 1$，由级数理论可得

$$\Delta E_0 = M_0 \cdot c^2 \cdot \ln K_0 \approx M_0 \cdot c^2 \cdot \Delta k_0$$

例如取 $k_0=1+\Delta k_0=1+g \cdot \Delta H/c^2$，可以很容易地得出获得能量 ΔE_0 的系统用 k_0 表示为

$$\Delta E_0 = M_0 \cdot c^2 \cdot \ln k_0 = M_0 \cdot g \cdot \Delta H$$

系统 k_0 从外界获得能量 ΔE_0，其中部分能量转化为系统动能增量

$$\Delta E_k = -M_0 \cdot c^2 \cdot \ln k \tag{3-3}$$

剩余的能量被系统吸收为不同形式能量。例如势能 Φ、热能、电磁能等，可表述为

$$\Delta\Phi = M_0 \cdot c^2 \cdot \ln k_0 \tag{3-4}$$

其中，k_0 代表动系吸收不同于动能 k 的能量对应的无量纲量，包括吸收与释放质能，例如电子释放质能辐射光子。

例如取 $k_0=1+\Delta k_0=1+g \cdot \Delta h/c^2$，可以很容易地得出

$$\Delta\Phi = M_0 \cdot c^2 \cdot \ln k_0 \approx M_0 \cdot g \cdot \Delta h$$

人们尽管至今无法知道重力系 k_0 的精确值，但地表静系观察有限高度位势的 k_0 值近似式为 $k_0=1+g \cdot \Delta h/c^2$ 具有足够的精确度。

如果以地表静系为势能零点观察自由落体，由经典物理能量守恒可得

$$E_0 = E_k + \Phi$$

联立式(3-2)、式(3-3)、式(3-4)可得

$$M_0 \cdot c^2 \cdot \ln K_0 = -M_0 \cdot c^2 \cdot \ln k + M_0 \cdot c^2 \cdot \ln k_0 \tag{3-5}$$

上式经对数运算可得

$$K_0 \cdot k = k_0$$

上式与式(2-4)一致，找不到任何理由否定上式与式(2-4)的同一物理意义，结合第2章自由落体实验，输入能量 E_0 对应最大势能，因此 $K_0 \neq k \neq k_0$，至此由经典理论证明相对时空的正确性。

动系的势能越高，动钟的时间越快。动钟在满足机械能守恒的条件下，动系不受力或失重，这种状态下的动系势能与外界势场的势能一致。

由此可以推出物质势场是时间相对快慢的分布场，势能的高低与时间的快慢是同义词，这就是广义相对论的逻辑推理。本书的证明过程简单明了，物理概念非常清晰。

由式(2-2)、式(3-5)可以看出，在地表静系势能零点观察，直接影响动系的时间快慢是 k_0 而不是 k。

当动系相对最高位势动能为零即 $E_k = 0$ 时，由式(3-1)可得 $k = 1$。

由 $K_0 \cdot k = k_0$ 可得动钟相对地表静钟的时间快慢 k_0 可以通过吸收能量 E_0 而改变，并获得最大的时间加快程度 K_0。

如果动系自由跌落到地表，将输入的能量 E_0 全部转换为相对动能 E_k，由 $\Phi = 0$ 可以推出 $k_0 = 1$，自由落体动钟的相对时间快慢与静钟一样，所以 k_0 才是动系相对地表静系真正的时延系数。

地表静系与最高位势的观察者不同，动钟的相对快慢概念不同，从而证明 $k = \sqrt{(1-\beta^2)}$ 的物理意义确实代表自由落体动钟慢，并非动钟相对地表静钟慢。

以上逻辑演绎出现了三种现象，首先就是能量守恒 $E_0 = E_k + \Phi$ 是客观规律，而式(2-4) $K_0 \cdot k = k_0$ 是时钟相互之间的校表实验，这是两件相互独立的事件，但是这两件事具有交集，那就是能量守恒的同一律性。

其次是在《经典物理学中的相对论·第1册》证明 $|\xi| =$

$(1-\beta^2)^{1/2}$的定义域涵盖包括光速的全域范围，而相对论尺缩时延$k=\sqrt{(1-\beta^2)}$只是低速有效，涵盖光速在内全域有效的相对论尺缩时延是式(3 1)$\zeta \cdot \beta^2/2=-\ln k$。

最重要的就是时间确实可以用能量来表示，把时间物质性的哲理概念由可视的物理性来表示，这将在下一章中来重点描述。

3.2 时延系数 $k=\sqrt{(1-\beta^2)}$ 的物理意义

本节结论：$k=\sqrt{(1-\beta^2)}$的物理意义不是动钟慢，而是动钟相对被减慢的份额比例。

通常动能增量ΔE_k有两个含义，一是代表相对动能$E_k=M_0 \cdot u_0{}^2/2>0$，是相对观察者的动能，不同参照系观察动系可以有不同的相对动能，是相对概念。二是代表绝对动能增量ΔE_k，ΔE_k可正可负，与参照系无关，不同参照系观察动系的能量变化都一致，属于绝对概念。

$k=\sqrt{(1-\beta^2)}$只与相对动能E_k有关，以此为标准的势能增量$\Delta\Phi$也是相对势能Φ的概念，以下以相对动能E_k的含义讨论$\sqrt{k=(1-\beta^2)}$的物理意义。

由能量守恒$E_0=E_k+\Phi$以及能量守恒$E_0=E_k+\Phi$的对数表达式(3-5)可得

$$M_0 \cdot c^2 \cdot \ln K_0=-M_0 \cdot c^2 \cdot \ln k+M_0 \cdot c^2 \cdot \ln k_0$$

上式由对数运算可得

$$K_0 \cdot k=k_0$$

$K_0 \cdot k=k_0$与能量守恒$E_0=E_k+\Phi$正好对应。

以上证明并没有特指重力自由落体，而是更一般的相对能量概念。而K_0、k、k_0分别代表系统相对各自观察者的时间快慢比例，并与能量 E_0、E_k、Φ 分别对应，这证明第 1 章提出的系统能量与时间快慢同步变化是正确的，也是找到 $k=\sqrt{(1-\beta^2)}$ 物理意义的关键所在。

动系从外界获得能量 E_0 是相对动系的外界而言的，所以地表观察者是外界，一般设外界是地表静系势能零点的观察者。

自由落体动系时延系数 $k=\sqrt{(1-\beta^2)}$ 的物理意义由式(2-3)

$$\Delta t_k=\Delta t\cdot k$$

Δt 代表动系在最高位势的时间，时间 Δt 相对地表静钟的快慢程度 K_0 代表与从外界获得的最大能量 $E_0=M_0\cdot c^2\cdot\ln K_0$ 相对应。但由于动系的相对动能，结果把动钟的时间快慢比例程度降低为 k，使得动钟的时间快慢降低为 $\Delta t_k=\Delta t\cdot k$。

上式就是 $k=\sqrt{(1-\beta^2)}$ 的物理意义，k 不是动钟相对静钟的相对快慢比例，而是相对输入能量给动系带来的最大时间相对加快程度 K_0 的时间减慢比例 $K_0\cdot k=k_0$。

形象解释就是地表给动系输入能量 $E_0=M_0\cdot c^2\cdot\ln K_0$，也可以理解为把动系推到高位势静钟的时间相对地表静钟的快慢比例 K_0，如果动系是自由落体，k 是相对高位势静钟的相对时间快慢比例。

$M_0\cdot c^2\cdot\ln K_0$ 属于外力对动系做功，如果动系原来在地面 $k_0=1$，使得动系的时间相对加快程度升高为

$$K_0=1+\Delta K_0$$

其中，ΔK_0 是外力对动系做功带来的最大加快程度增量。

由于外力做功引起动系的势能变化 $\Delta\Phi$ 对应的时间加快程度

$$k_0=1+\Delta k_0$$

通常 ΔK_0 与 Δk_0 都很小，由对数函数的近似计算 $\ln(1+x)=x$ 关系，式(3-5)可以表述为

$$M_0\cdot c^2\cdot\Delta K_0=E_k+M_0\cdot c^2\cdot\Delta k_0$$

上式除以质能 $M_0 \cdot c^2$ 并代入相对动能公式 $E_k = M_0 \cdot c^2 \cdot \beta^2/2$ 可得

$$\Delta K_0 - \beta^2/2 = \Delta k_0$$

将上式两边加 1 就是动系相对静系的时间加快程度

$$k_0 = 1 + \Delta k_0 = \Delta K_0 + 1 - \beta^2/2$$

上式与《经典物理学中的相对论·第 1 册》式(8-1)对应

$$k_0 = A \cdot \beta + \sqrt{1 - \eta \cdot \beta^2}$$

ΔK_0 与外力做功项 $A \cdot \beta$ 对应，通常已知外力对动系做功 W，所以

$$\Delta K_0 = W/(M_0 \cdot c^2)$$

因此《经典物理学中的相对论·第 1 册》式(8-1)为

$$k_0 = A \cdot \beta + \sqrt{1 - \eta \cdot \beta^2} = 1 + W/(M_0 \cdot c^2) - \beta^2/2$$

上式就是第 1 册式(10-1)，相对动能 $\beta^2/2$ 减慢动钟，外力做正功 W 加快动钟。

注意，《经典物理学中的相对论·第 1 册》式(8-1)是由光速与动系速度的几何叠加关系逻辑演绎推理的尺缩公式，而上式是以能量守恒以及对数关系推理的尺缩公式，二者是风马牛不相及的两件事，但两个公式正好互相对应，自洽性很强，这就是客观规律的同一律性。

有了这个概念，解释 $k = \sqrt{(1-\beta^2)}$ 的物理意义更通俗易懂。

$k = \sqrt{(1-\beta^2)}$ 的物理意义是动系以动能增量消耗动系从外界获得最大加快程度 k_0 的比例，使系统的时间加快程度由 K_0 降为 $K_0 \cdot k = k_0$。

动系从外界获得能量 $E_0 = M_0 \cdot c^2 \cdot \ln K_0$ 原本可以达到最高位势，对应的时间为 Δt，然而原本可加快的最大时间 Δt 却被动系的动能增量减慢为 Δt_k，只有当物体达到最高位置速度为零 $k = \sqrt{(1-\beta_2)} = 1$，此时的动系达到最高位势，使得系统时间加快程度

达到最大 K_0，使系统的时间 Δt 达到最快。

若系统将输入能量全部转换为自由落体的相对动能，$\Delta\Phi = M_0 \cdot c^2 \cdot \ln k_0 = 0$，因此 $k_0 = 1$，这时动系的时间 Δt_k 与地表失重静系观察者的时间 Δt_0 快慢一致

$$\Delta t_k = \Delta t_0 \cdot k_0 = \Delta t_0$$

在地表观察一般都是相对动能 $E_k = M_0 \cdot u^2/2$，由式(3-3)可得相对动能

$$E_k = M_0 \cdot u^2/2 = -M_0 \cdot c^2 \cdot \ln k$$

令 $x = \beta^2/2$，可得

$$k = e^{-x} \tag{3-6}$$

由 $k = e^{-x}$ 联立动系位移 $dL = u \cdot dt$ 可得

$$dk/dL = k \cdot \beta \cdot d\beta/dL = -k \cdot a/c^2$$

式中，a 是动系的加速度。

动系在地表平动没有势能变化，由式(3-5)，$E_0 = M_0 \cdot c^2 \cdot \ln K_0 = -M_0 \cdot c^2 \cdot \ln k$ 可得

$$dE_0/dL = -M_0 \cdot c^2 \cdot (dk/dL)/k = M_0 \cdot a$$

外力做功 $dE_0 = M_0 \cdot c^2 \cdot dK_0/K_0 = F \cdot dL$ 给动系即时输入的时间加快程度 $dK_0/K_0 > 0$ 正好被动系的减慢程度 $dk/k < 0$ 或加速度 a 即时消耗掉，动系的时间没有变化。这就是牛顿第二定律的意义。

以上证明逻辑严密，没有假设与主观设定，推理源于经过实验证明正确的经典物理学。相对论认为 $k = \sqrt{(1-\beta^2)}$ 的物理意义是动钟互相观察动钟慢属于大错特错，$k = \sqrt{(1-\beta^2)}$ 的物理意义确实是减慢动钟的相对时间，但不是减慢动钟相对观察者的时间，而是将输入能量对应的最快时间相对减慢。

$K_0 \cdot k = k_0$ 另一个物理意义为，当垂直抛射重物达到最高位势，这时失重动系相对地表虽然静止但仍保持失重状态，重物的势

能 $\Phi_m = M_0 \cdot c^2 \cdot \ln k_0$ 就是重力势，并且势能越高 $k_0 > 1$ 越大，高位相对低位的时间越快。

至此由经典物理学证明了重力势能越高的静钟相对地表静钟越快。

所谓机械能守恒，实际就是动系相对时间快慢 $\Delta t_k = \Delta t_0 \cdot k_0$ 与重力势 Φ_m 的时间快慢一致，如果动系的时间与所在高度的重力势的时间不一致，动系必然受力。

实际上引力势与重力势类似，满足机械能守恒或引力平衡失重动系的时间快慢等于引力势 Φ 的固有时间快慢，并且势能越高时间相对越快。

无论重力势还是引力势，包括正电荷电势，势能 Φ 不同代表时间快慢不同，这与参照系无关，无论在哪个参照系观察都一样，具有普适意义。

只有以势能的时间为标准观察动系的运动，才能得到真实的动能增量 ΔE_k，也只有选准了势能标准参照系，动能增量等于相对动能 $\Delta E_k = E_k$，才不影响动能计算的正确性，例如在重力势高位势观察自由落体满足 $0 = E_k + \Phi_m$。

只要给系统输入能量但不产生动能，系统的时钟就一定加快。

3.3　牛顿惯性定律的本质

本节结论：物质保持原有时钟状态的性质叫惯性。

经典物理学的惯性定律是指，“物质保持原有运动状态的性质称作惯性”。

牛顿第二定律是牛顿第一定律惯性定律的具体数学表述形式，牛顿第二定律与 $k = \sqrt{(1-\beta^2)}$ 有关，代表惯性定律与动系的时钟状态有关。

地表动系从外界输入功 W 而加速运动，地表的外界势能没有变化 $\Delta\Phi=0$，由式(3-2)、式(3-3)、式(3-4)以及式(3-5)可得

$$W=M_0\cdot c^2\cdot\ln K_0=-M_0\cdot c^2\cdot\ln k \tag{3-7}$$

$$\mathrm{d}W=F\cdot\mathrm{d}L=M_0\cdot c^2\cdot\mathrm{d}K_0/K_0=-M_0\cdot c^2\cdot\mathrm{d}k/k$$

上式经过换算可得以下两个方程

$$F=-M_0\cdot c^2\cdot(\mathrm{d}k/\mathrm{d}L)/k=M_0\cdot a$$

$$a=-c^2\cdot(\mathrm{d}k/\mathrm{d}L)/k$$

式中，F 是外力，$\mathrm{d}L$ 是动系位移，a 是动系的加速度。

外界输入功 $\mathrm{d}W>0$ 说明 $\mathrm{d}K_0>0$，K_0 是系统时钟由外界输入能量可能得到的相对时间最大加快程度，如果从外界接受能量的系统不产生动能，则系统的时间相对加快，比如给系统加温、充电、充磁等都可以使系统的时间相对加快。

但如果系统将能量全部转换为动能，由 $a=-c^2\cdot(\mathrm{d}k/\mathrm{d}L)/k>0$ 可知 $\mathrm{d}k/\mathrm{d}L<0$，$\mathrm{d}K_0>0$ 让动系的时间相对加快，$\mathrm{d}k<0$ 让动系的时间相对减慢，正好相互抵消，动系的时间快慢相对不变，相对论动钟相对静钟慢的概念根本不存在。

经典理论由 $a=\mathrm{d}u/\mathrm{d}t$ 得出惯性定律是“物质保持原有运动状态的性质称作惯性”，而 k 代表动系时间的相对加快程度，所以由 $a=-c^2\cdot(\mathrm{d}k/\mathrm{d}L)/k$ 得出“物质保持原有时钟状态的性质称作惯性”，本质是动系加速的目的就是消耗外界给动系做功的时间加快程度 K_0，力图使动系的时间快慢保持不变。

惯性定律的“物质保持原有时钟状态的性质叫惯性”，外在表现就是外界给动系做功必须有加速度，由于加速度是即时的，所以加速度消耗外界给系统输入功来加快动钟也是即时的，维持系统的时间快慢不变。

经典物理理论之所以适用于绝对时空，恰恰是经典物理惯性定律所决定的。

这并不是说相对动能不产生尺缩时延，而是相对动能产生的

尺缩钟慢正好抵消了外界输入能量引起的尺涨钟快。

如果不是外界势场相对时空的影响，平坦的绝对时空无论动系速度如何变化，都不会产生相对时空。

由“物质保持原有运动状态的性质称作惯性”进化到“物质保持原有时钟状态的性质叫惯性”，这是一个质的飞跃，它能使许多约定俗成的公理转化为定理。例如动系势能 Φ_m 的高低与时间的相对快慢是同义词，所以惯性定律还可以表述为“物质保持原有势能 Φ_m 状态的性质叫惯性”。

例如，若利用外力改变物质的势能 Φ_m 状态，在自发状态下物质内部的粒子会通过某种方式抵御改变物质的势能 Φ_m 状态的外力，例如陶瓷压电与电磁感应。

当给金属施加交变磁场，实际就是改变电荷的势能状态，自发状态下电荷会自发产生运动抵御外磁场的变化，电学称“电流的变化反对磁场的变化”。

例如，对于牛顿第二定律，设动系的固有速度为 u_0，由于外界势场的影响，通常观察者与动系并不是同一参照系，由式(2-5) $u_0=u/k_0$ 可得

$$\beta=u_0/c=u/(k_0\cdot c)$$

将式(3-6) $k=\mathrm{e}^{-x}$ 以及 $x=\beta^2/2$、$\mathrm{d}L=u\cdot\mathrm{d}t$ 代入式(3-7) $F\cdot\mathrm{d}L=-M_0\cdot c^2\cdot\mathrm{d}k/k$

可得

$$F=M_0\cdot c^2\cdot\beta\cdot\mathrm{d}\beta/\mathrm{d}L=M_0\cdot a/k_0{}^2$$

$a=\mathrm{d}u/\mathrm{d}t$ 是动系相对观察者的视加速度，由式(2-6) $M=M_0/k_0$ 可得

$$F=M_0\cdot c^2\cdot\beta\cdot\mathrm{d}\beta/\mathrm{d}L=M_0\cdot a/k_0{}^2=M\cdot a/k_0$$

$M=M_0/k_0$ 称作动质量，在相对论中 a/k_0 称作四维加速度的空间分量。

相对论认为动系相对静系的时延系数 $k=\sqrt{(1-\beta^2)}$，但在很

多情况下，静系观察动系的时间相对加快程度并不是 k 而是 k_0，只有在高位势能零点观察动系跌落才满足 $k=k_0$。如果忽略相对论 k 与 k_0 混用的错误，相对论有许多观点与经典物理学一致。但是由经典物理学逻辑演绎的 $F=M\cdot a/k_0$ 的物理概念更清晰可靠，而相对论推理已经把 $F=M\cdot a/k_0$ 搞得神秘不堪，甚至出现了时空奇点的概念。

物理学实际是方法论，同一种物理现象可以用不同的方法解释。在经典物理学中如何解释 $F=M_0\cdot a/k_0{}^2$ 呢？

为了简单扼要，设动系从相对速度 $u_0=0$ 开始匀加速运动，与动系同一参照系的时间为 τ。由静系与动系时间快慢比例关系满足 $\tau=\Delta t\cdot k_0$ 以及式(2-5)$u_0=u/k_0$，可得动系真实加速度

$$a_0=u_0/\tau=u_0/(\Delta t\cdot k_0)=u/(\Delta t\cdot k_0{}^2)=a/k_0{}^2$$

式中，$a=u/\Delta t$ 是静系观察动系的视加速度，所以 $a_0=a/k_0{}^2$ 是动系的真实加速度 a_0 与静系观察动系的视加速度 a 之间的换算关系。

例如地表静系观察动系的真实加速度为 a_0，其他星系以自己的时钟观察地表动系的视加速度 a，只有根据 $a_0=a/k_0{}^2$ 计算动系的真实加速度，才能得到正确的动力计算。

用经典物理理论解释

$$F=M_0\cdot a/k_0{}^2=M_0\cdot a_0 \qquad (3\text{-}8)$$

相对论认为 k 是动系相对静系的时延系数，尽管方法不同，$a_0=a/k^2$ 概念实际与 $a_0=a/k_0{}^2$ 一样，只是被相对论混用了。用经典物理学解释真实加速度与视加速度的概念要比相对论更易于理解，物理概念更清晰简单。

3.4 本章总结

在以上讨论中不断出现 $u_0=u/k_0$ 以及 $a_0=a/k_0{}^2$，含义是动

系与静系的时钟快慢不一致，这势必影响到如何选择参照系才能真实反映相对动能的概念。

经典物理学认为，只有没有加速度的参照系才能作为惯性系，在惯性系之间互相观察对方具有相对速度的对称性，即惯性系之间互相观察对方的相对动能对称相等，所以惯性系之间是对等平权的。

惯性系的基本观念是什么？就是惯性系之间互相观察对方的相对速度都必须相等一致，这只有一种可能，惯性系之间互相观察满足 $k_0=1$，即在惯性系之间必须是同一个时间坐标或绝对时空。

当动系的相对动能 E_k 把外界给动系的输入能量 E_0 全部消耗掉，动系在地表的相对动能在重力作用下达到最大，实际就是动系的相对动能 E_k 把外界给动钟的加快程度 K_0 全部储存在相对动能中，$k_0=1$ 代表动钟与静钟快慢永远一致，这就是绝对时空概念。

即相对动能 E_k 是牛顿绝对时空的理论基础，这与实践一致。但这并不等于说动系相对动能的 k 值没有变化，而是动系的 k 值随时都在变化，相对动能公式 $E_k=-M_0\cdot c^2\cdot\ln k$ 始终有效，只是 k 值正好抵消了外界给动系的加快程度 K_0，所以地表静系观察不到动系相对动能的 k 值变化，即便动系达到光速同样适用。

所以绝对时空涵盖加速系，因此绝对时空涵盖惯性系与加速运动的非惯性系两种。绝对时空的特征是所有参照系使用同一时间坐标或 $k_0=1$ 的空间，在四维时空属于同一时间轴的参照系，简称同系。

动系受力被加速的目的都是为了抹平动系相对外界的时间“不平度”，力图使动系与外界环境保持在绝对时空或同系状态。

地表的外界环境就是同一高度的静系，动系在地表同一高度的平动，无论是自发还是非自发状态，相对动能 E_k 的变化或相对加速度都是力图使动系与同一高度的静系保持在绝对时空或同系状态。正是因为相对加速度或相对动能的变化力图使动系与静系保持在绝对时空或同系状态，奠定了经典物理学惯性系存在的基础。

这就是惯性系满足 $k_0=1$ 的基本原理，由此惯性系之间相对运动的平权对称性得到满足。从这点讲，经典物理理论属于逻辑严密、毫无瑕疵的理论，时空之所以不是绝对时空，并不是经典物理学所研究的问题，也因此无人研究相对动能本身就是绝对时空成立基础的课程。如果没有相对论的产生，相对动能的这一功能仍然无人知道，从某些方面来说，相对论触发了人们重新研究经典物理理论的兴趣。

但是系统吸收能量或释放能量与系统的时间相对快慢或物质势能 Φ_m 高低是同义词，显然绝对时空惯性系或同系概念不满足能量与时间快慢同义的概念。

例如地球有自转，地表有牵连速度，如果地表静系对动系做功转换成相对动能，看似满足绝对时空，但由于牵连参照系参与对动系的做功，动系从外界获得绝对运动的能量实际与相对动能并不相等，形不成相互抵消的结论，造成动系与静系不满足绝对时空。

例如动系借助牵连向东的外力做功，动系从外界获得的做功大于相对动能，动钟的时间相对加快，反之动钟向西的时间相对减慢，动钟的快慢与动系的速度方向有关。这与经典物理学中用圆周速度证明惯性离心力解释不一样，这就是不同物理方法研究同一物理现象的交集，也是客观规律的同一律性。

只不过大多数情况下由能量变化引起的时间快慢变化被相对动能的变化相互抵消作用使得动系的时间快慢变化可以忽略不计罢了，所以惯性系概念是近似理论，原因是绝对时空根本不存在。

但物理学应该用精确理论来表述近似理论，并说明近似理论的准确程度或适用范围，这恰恰是相对时空研究的方向。

动系相对地表静系的相对运动以及相对动能概念，不考虑地球自转牵连运动做功，因此牛顿第二定律是建立在相对运动不产生相对时空的理论与惯性定律互相印证。但由于时钟表盘的刻度值与参照系无关，时钟快慢概念是相对的，但也是绝对真实的，这就涉及绝对运动，因此要考虑牵连运动。

如果只考虑相对运动以及相对做功，动能正好消耗外界给动系做功的时间加快程度 K_0，维持动系的时间相对快慢不变是毋庸置疑的。

如果考虑绝对运动，就必须把牵连参照系考虑在内。势能增量 $\Delta\Phi_m$ 代表运动物质时间相对观察者时间的快慢，观察者势能参考点不同，观察动钟的快慢肯定不同。

4 时间物质性的可视性

4.1 能量变化就是时空畸变

本节结论：能量守恒与外界势场与动系以及静系相互间的时钟快慢比列关系式(2-4)$K_0 \cdot k = k_0$ 是同义词。

广义相对论虽然没有给出物质能量与物质的时空畸变的对应关系，但预言物质能量决定时空畸变毋庸置疑是正确的。

由式(3-2)可以得出系统与外界的能量关系直接与系统的时间相对快慢变化有关

$$\Delta E_0 = M_0 \cdot c^2 \cdot \ln K_0$$

因此可用 K_0 值代表系统的特性，$K_0 < 1$ 代表输出能量的系统，$K_0 > 1$ 代表获得能量的系统，系统能量的变化被以系统时钟的相对时间快慢表示出来。

如果宇宙还有其他智慧人类，他们不必像地球人那样“制造”许多物理名词解释自然，而是直接把时间看成物质，当需要输入能量，直接说需要多少时间加快程度 K_0，当然输出能量的能源单位直接用时间减慢程度 K_0 代表产出。

凡是时间减慢都有尺缩，这说明物质密度增加与时间减慢是同义词。

其物质远离地表就是物质之间相互远离引起时钟加快，分子间距离增加必然使时间加快，反过来密度增加使时间减慢。

例如炭的燃烧就是氧分子与碳原子的氧化生成二氧化碳放出热量，碳原子与氧分子燃烧前是分离的，在某种标准状态下如同一温度、同一压力靠机械压缩碳原子与氧分子不可能达到同一标准下将碳原子与氧分子结合在一起的物质密度，所以二氧化碳的密度远远高于氧分子与碳原子在一起的平均密度，即二氧化碳的时钟一定比把氧分子与碳原子压缩在一起的时钟慢，凡是放出热量的化学反应物相对化学反应前的物质一定具有时间减慢效应。

当人类燃烧能源获得能量，实际是就是对能源物质的时间快慢进行调整，并放出热量。

动能系统虽然也使系统的时间减慢，但动能并没有失去能量，而是把能量存储在系统中。动能有可能把能量转化为系统的时间加快，势能提高，如动能可以把重物提高。

如光子的产生，辐射光子是因为电子能级降低，电子越接近原子核，电子的时间越慢，这与引力物质的特性一样，所以辐射光子分子系统的时间是减慢的。

另外分子热核聚变提高物质密度，释放大量的能量，会使恒星系统不断地输出能量。当然恒星系统的聚合分子的时钟时间在减慢，时钟越慢重力越大，失去能量的聚合分子具有跌落趋势，跌落的过程就是物质密度增加的过程。

这些失去能量具有跌落趋势的高密度分子结合在一起，会在初期形成恒星的黑子。恒星的黑子越多，说明恒星的时间越慢或越重，黑子实际是黑洞的雏形。

当恒星能量逐步失去，整个恒星系统的时间减慢到一定程度，整个恒星系统的物质就都具有跌落趋势了。当恒星内部压力无法支撑外部跌落的物质时，于是发生坍缩。发生坍缩的过程实际是分子势能降低、动能增加，动能的增加必然带来时钟减慢，只不过这种时间减慢并不辐射热量，而是把能量存储在分子坍缩过程的分子动能中，所以坍缩的过程就是恒星时间急剧减慢的过程。恒星时间减慢，代表恒星整体受星系中心黑洞的“重力”增加，恒星星体本身必然有向星系中心跌落的趋势，所以恒星坍缩还伴随着恒星向星系中心黑洞跌落的运动。

以上是坍缩原理。

坍缩过程中分子的动能增加，当恒星坍缩到一定程度，随着恒星密度的增加，分子之间剧烈碰撞程度逐步增加，分子速度快速降低，动能释放，动能转化为分子的势能，分子的时间被加快必然降低重力，甚至恒星物质会飞离恒星，所以坍缩恒星末期外观会有膨胀或爆炸过程。

当恒星系统整体的时间被加快，如果质量不大的恒星，恒星坍缩程度受限制，加上恒星物质总量不大，死亡恒星膨胀形成光线暗淡的巨红星，分子物质动能转化势能过程仅仅是使死亡的恒星进行最后的苟延残喘。

但是如果恒星质量巨大，恒星辐射能量巨大，恒星整体的时钟减慢程度也大，坍缩过程非常剧烈，恒星坍缩过程的密度就剧烈增加。由以上的分析过程，恒星坍缩造成大量物质分子动能的剧烈增加，恒星跌落被加速过程表现为星系的势能降低过程，也是恒星动钟的时间减慢的过程。恒星剧烈坍缩到极限状态的过程不但聚合反应让大量物质分子时钟的时间减慢或势能降低，这个过程把能量储存在分子的动能中，而且恒星中心物质被压缩成黑洞，恒星原有引力势的时钟场被黑洞引力势的时钟场重新分布，黑洞时钟场总体平均时间更慢或势能更低。同时大量恒星物质的分子动能也会因互相碰撞而降低，动能将转化为热量与势能，动能转化为热量与势能的过程就是星体时间加快的过程或势能升高过程。当恒星物质时间被迅速加快，坍缩物质的时间被加快或势能升高到远超过恒星围绕黑洞圆周轨道的固有时间分布或势能，这些势能相对升高的物质力图与黑洞引力势半径更大、势能更高的轨道达成一致，这些物质外观会剧烈地被超新星核心黑洞弹出。这就是超新星爆炸原理。

所以超新星整体从坍缩到爆炸期间的星体公转轨道变化也是剧烈的，急速坍缩意味着星体分子密度快速增加以及动能提高，星体总体时间快速减慢，同时超新星公转轨道快速向星系中心黑洞跌落。但之后由于超新星爆炸意味着星体的密度快速降低以及势能提高，星体势能提高，星系会快速远离星系中心向势能更高的方向飞奔，所以将可能会观测到高温星系被所在星系快速弹出。

这种星体或星系由于温度极高，波长呈现蓝色状态，所以被星系踢出去的高速星系多是蓝星。

4.2 时空畸变具有可视性

本节结论：星系物质势场的势能高低分布是真空能密度的高低分布，势能越高真空能密度越高。

物质系统的时间快慢的变化与物质与外界的能量交换有关，这实际就是时间的可视性，可视性的基础表现在系统的能量变化上。

但人们对能量概念已经熟视无睹，能量的变化只是形式，无人在意能量的变化与时间的关系，因此这种可视性并不是视觉，而是能量与时间快慢变化的关系。

如果能像看到粒子一样看到时间的快慢变化，就能把时间的可视性视觉化。

星系势场属于能量分布场，由能量与时间快慢的变化关系可得物质势场就是时间相对快慢的分布场，势能的高低代表势场分布的相对时间快慢。

由能量高低与动钟时间相对快慢变化的结论，势场的能量变化与组成势场背景时空中的含有时间快慢的物质有关,真空背景如果没有携带动钟的物质概念,很难想象时间的快慢分布是怎么产生的。

在真空中,一切自然律的传递信息包括力学以及能量特性信息都是以光速传递的,这种看不见的信息传递的本质是传递统一的时钟信息,由于外在特性而被冠以各种不同名词的信息,这种以光速传递的时钟信息难道仅仅是物理学概念而非具体的物质性粒子?

因此引力势能的高低或时钟场的本质仍是真空中携带有时钟的物质,时空的物质性与具体的物质粒子相联系,这就造成时间物质性的可视性。

物质势场时空中含有时间相对快慢的分布是能量高低与时间快慢的对应关系的必然结果,这种时间快慢不均匀的空间被称作时空畸变场,即时空中的时间快慢是变化的而非时间快慢一致的绝对时空。

这为人们提供了一种思路。势场势能的高低是什么造成的?如果我们能把高位势能的空间通过某种方式移到低位势能空间,并让它保持高位势能的状态,两种势能不一致的时空放在一起,当二者的势能差很大时,由于光线在两个势能不一致的截然分明的界面会发生弯曲或折射,必然会形成势能界面截然不同的可视空间。光线在不同势能界面发生弯曲,就会在视觉上看到“时空”,并且势能相差越大,光线弯曲越严重,可视性越强,于是人们就会感觉到“高能粒子”的出现。当然这种粒子不具有实质量,属于“虚粒子”。这种虚粒子的特性与时空一样,虚粒子之间的空间可以相互嵌套而不受挤压,大量的高能态界面分明的虚粒子相互挤在一起并不占有多少空间,高能量的虚粒子聚在狭小的空间会形成能量极高的极端空间,这个空间就是高能态粒子。

在大部分状态下,在局部范围内,时空通常可以看成时间快慢均匀分布的同系时空,也称作绝对时空。在这个不大的局部时空范围内,人们感觉不到势能的明显变化或时间快慢的明显变化,经典物理学就是建立在这种环境中的。

所谓的均匀时空,就是密度均匀分布的真空能虚粒子,人们对它们没有感觉的原因是这种粒子具有时空的相互嵌套性,真空能量占用具体的空间不会与实体物质空间发生挤压,物理称玻色子,即自旋为1的整数倍的粒子。

但人们可以利用光学特性对它们进行检测,真空能虚粒子密度不同一定会发生折射,人称光线弯曲。

但宇宙背景时空就像大海波动里的浪花一样,宇宙背景时空并不是时间快慢均匀分布的平静时空,同样有时空畸变波动,可视的虚粒子就是这种突起的密度变化波动涟漪飞起的浪花,密度不同必然造成光学效应,人们能发现它们。

所谓时空畸变,就是时空时间快慢不一致,时间快慢的不一致造成势能差。

人们对时空畸变较大的局部区域早已熟视无睹,例如静质量物质周围就是局部时空畸变,有力场存在,但静质量物质具有可视性。正、负电子周围就是局部时空畸变,电场力程(电场力的作用半径)就是时空畸变的局部区域。这类粒子的运动、碰撞、分裂、衰变等都是时空畸变的波动浪花,只不过这种时空畸变及其波动属于有静质量粒子的固有属性之一罢了。

没有静质量的透明清澈的时空在外界时空畸变波动的干扰下,同样可以发生时空畸变以及波动,例如电磁场就是脱离实体物质的时空畸变波动。

实物质势场的时空畸变场代表静质能 $M_0 \cdot c^2$,由同一律性可知没有静质量的局部时空畸变场同样应该代表没有静质量的质能 $m \cdot c^2$。

当这种时空局部畸变相对背景均匀时空变化较大时,说明时空局部能量与均匀分布的能量截然不同，这种局部时空畸变场进入人类实验设备的可视范围，人们无法将这种可视的时空畸变抽象为时空本质概念，将这种没有静质量的局部时空畸变仍称作“粒子”，具有先验论的人类称这种时空畸变起伏较大的可视局部区域为“虚粒子”$m \cdot c^2$。

所以虚粒子就是可视的局部时空畸变，只不过没有静质量，局部时空真空能$m \cdot c^2$密度相对背景时空真空能密度较大或局部区域的势能较高。

势能较高的虚粒子被压缩到高能凝聚态，但虚粒子的质能$m \cdot c^2$没变，仅仅是体积收缩或质能密度ρ提高，但虚粒子已经变成局部区域相对背景时空不均匀的时空畸变，如果势能较高的虚粒子正好直接衰变为光子，则能被实验设备测试到。

所以虚粒子$\Phi_m = m \cdot c^2$是通过凝聚态改变本身的密度ρ来达到时空畸变的。

虚粒子原本就是时空，因此虚粒子真空能密度ρ与背景时空的真空能密度不同，直接代表虚粒子的时空相对背景时空的伸缩度不同，真空能密度不均匀分布代表时空畸变或势能高低。这与引力实物质的时空伸缩代表势能变化的物理意义一样。

虚粒子的能态高低不能用质能的转化而要用真空能密度ρ的概念描述。

虚粒子的势能提高应该看成虚粒子的时空收缩或真空能密度ρ提高，密度ρ越大代表势能越高，时间相对越快，所以引力势是真空能密度场。

虚粒子虽然就是时空，但虚粒子具有与组成背景时空的真空能密度不同的可视界面，时空是暗能量的概念被虚粒子的可视界面形态表达出来。

实物质势场与虚粒子属于同类真空能物质，虚粒子的能量越高代表真空能密度大，所以实物质势场的势能越高同样代表真空能密度大，真空能物质密度可以看成势能密度，所以势能越高势能密度越大。

能量的高低代表时间的相对快慢，所以虚粒子就是因为局部时空的时间相对比背景时空的时间快造成的，因此人们确实能看到纯粹因时间相对加快而产生的粒子，只不过人们不用时间的快慢形容粒子，而用能态高低形容粒子，时间的物质性被可视粒子的能态方式观察到，时间的物质性得到验证。

可以根据虚粒子就是时空的概念分析虚粒子的力学状态。

时空畸变本身就是势场，时空畸变在视觉范围内，能被看到，说明势场范围就在视觉之内，因此虚粒子势场一定是短程力而非长程力。

短程力都属于强力场粒子，称作强作用力粒子；长程力粒子都属于弱作用粒子。物理意义是虚粒子能感觉到外界长程力，但外界长程力势场的物质感觉不到虚粒子，或弱作用粒子不参与强作用粒子作用，而强作用粒子参与弱作用粒子作用，造成相互作用力不对称，使得牛顿第三定律失效。

虚粒子就是时空，所以虚粒子的自旋一定属于1的整数倍，属于玻色子序列。

虚粒子的时间相对比背景时空的时间快，或虚粒子的势能相对比背景时空的势能高，所以虚粒子一定是向外界引力场势能高的方向运动。微观虚粒子与实粒子显示斥力，宏观远离地球而去，地表通常看不到它们的踪迹。

虚粒子的能量就是质能 $m \cdot c^2$，因此虚粒子的质能 $m \cdot c^2$ 与密度直接有关。

因此如果一个虚粒子分裂成多个虚粒子，分裂后的质能更小的粒子的体积膨胀，相反质能很大的虚粒子，体积增加不多。

虚粒子相对能量 $m \cdot c^2$ 越高，相对比时空中真空能密度均匀分布的密度一定更高。密度均匀的时空中冒出界限分明的高密度时空应该不被外界时空所接受，通常很不稳定，多以衰变结束寿命。

如果能把虚粒子放在势能相对较高的环境中，降低虚粒子与外界背景时空的势能差，相当于降低虚粒子相对外界时空的密度差，将会提高虚粒子的寿命。假设虚粒子与外界时空环境真空能密度保持一致，虚粒子就融入时空而非常稳定，例如光子与外界真空能密度保持一致，把能量存在动能中，即便是高能光子也很稳定。利用这个原理，强磁场或强电场的负极一端空间有可能提高虚粒子的寿命。

如果磁场或电场能够改变时空的势能状态，利用这个原理强磁场或强电场的正负极一端空间有可能改变“虚粒子”的寿命。科学实验发现强磁场确实能改变粒子的寿命，尽管解释各不相同，但用降低粒子与外界背景时空的势能差，可以提高粒子的寿命的这种解释可能更本质一些。

4.3 时空是什么

本章结论：势能变化就是真空能密度的变化，同系光速不变。伽马光子在强引力区将衰变为正负电子对。

宇宙中所谓均匀时空背景，实际是由大量密度均匀分布的最低质能 $m_0 \cdot c^2$ 的没有静质量的粒子 Φ_{min} 组成的，由于没有静质量就没有界面分明的空间概念，所以称作虚粒子。虚粒子的能量

$$\Phi_{min} = m_0 \cdot c^2 = \gamma_{min} \cdot h \tag{4-1}$$

式中，h 是普朗克常数；γ_{min} 是虚粒子运动过程对应的振动频率。

这些虚粒子 Φ_{min} 具有原始能量 $m_0 \cdot c^2$。为了与背景时空的势能保持一致，虚粒子同样应该以光速运动，成为时空信息传递的基本粒子。

密度均匀分布的最低质能虚粒子之间的相对势能一致，或动钟的相对时间快慢一致，粒子密度均匀互相之间没有界面区别。由于这种粒子的空间具有相互嵌套性，通俗解释就是这种粒子聚合在一起只改变能量并不增加体积，因此这种粒子可以穿过空间而不会感到被挤压。密度均匀分布的虚粒子与“黑夜里的黑猫”一样没有可视性，看上去空空如也，所以均匀分布的最低质能 $\Phi_{\min}=m_{\min}\cdot c^2$ 的虚粒子就是同系时空或绝对时空。

时空中真空能密度均匀分布代表虚粒子 $\Phi_{\min}$ 密度均匀分布，时空是由空间组成的，可以表示为

$$\Phi_{\min}=m_{\min}\cdot c^2$$

n 个最基本质能的虚粒子组成势场空间的真空能粒子 $m_0\cdot c^2$，真空能粒子 $m_0\cdot c^2$ 所占有的体积为 V_0，所以物质势场的势能

$$\Phi=n\cdot\Phi_{\min}=n\cdot m_{\min}\cdot c^2=m_0\cdot c^2=\rho_0\cdot V_0$$

其中，$\Phi=m_0\cdot c^2$ 是组成势场的真空能质能总和，ρ_0 是组成势场的虚粒子真空能质能总和单位体积的真空能密度，V_0 是组成势场的真空能质能单位所占有的时空体积。

人们说势能，实际上等于说有多少个最基本单位的质能 $m_{\min}\cdot c^2$ 组成的虚粒子，因此势能的变化在逻辑上是量子化的，这在宏观看不出来，但在原子微观能级就能发现势能的变化不是连续的。

所以微观粒子的能量都是量子化的，这代表微观粒子动钟时间的相对快慢变化也是量子化的。

势场势能的另一个概念就是势能的表现形式仅仅是质能，但涵盖势能密度 ρ_0 的概念。

有了以上的势能概念，就可以对势场的势能有一个简单而清晰的物理概念。在势场一定体积 V_0 内，势场是由 n 个最基本单元的真空能质能 $\Phi_{\min}$ 组成的，因此在势场一定体积 V_0 内虚粒子的真空能总和 $\Phi=n\cdot\Phi_{\min}=m_0\cdot c^2$ 是确定的。

虚粒子的真空能 $\Phi_m=m\cdot c^2$ 只要满足

$$\Phi_m = m \cdot c^2 \leqslant \Phi$$

虚粒子在外界势场将会自动伸缩为真空能密度为 ρ_0 的粒子。由于虚粒子与外界的势能密度一样，人们将无法识别虚粒子的界面，所以势场中有各种满足 $\Phi_m = m \cdot c^2 \leqslant \Phi$ 的虚粒子，它们都以光速运行，所以虚粒子的质能满足

$$\Phi_m = m \cdot c^2 = \rho_0 \cdot V \leqslant \Phi = \rho_0 \cdot V_0$$

因此只要虚粒子的真空能密度与外界势场的密度 ρ_0 一致，虚粒子的动钟快慢就与外界势场的相对时间快慢分布一致，虚粒子分布就是时空。

但是对于虚粒子质能单位满足

$$\Phi > \Phi_m = m \cdot c^2 > \Phi_{min}$$

尽管人们看不见它们，但能感觉到它的存在，例如光子的能量。

同样质能的虚粒子的能量高低依靠虚粒子的密度变化而得到，例如光子的势能就是随着外界势场的密度 ρ_0 而变化的，或者说虚粒子的动钟相对快慢是依靠自身的密度变化而得到的。

当外界势场体积 V_0 内虚粒子的质能 Φ_m 满足

$$\Phi_m = \rho \cdot V_0 = m \cdot c^2 > \Phi = \rho_0 \cdot V_0$$

由于虚粒子的空间可以不受挤压地互相嵌套，虚粒子的体积变化并不大，这时的虚粒子的密度 ρ 将大于外界势场的密度 ρ_0，因此具有可视界面的虚粒子 Φ_m 的质能一定大于外界势场的势能 Φ。

例如势能较高的虚粒子如果满足

$$m \cdot c^2 = \rho \cdot V \leqslant \rho_0 \cdot V_0$$

这类虚粒子将会直接转化为伽马光子并自动满足

$$m \cdot c^2 = \rho_0 \cdot V \leqslant \rho_0 \cdot V_0$$

被压缩到高能凝聚态的虚粒子的质能 $m \cdot c^2$ 没变，仅仅是体积收缩或质能密度 ρ 提高，但虚粒子已经变成局部区域不均匀的时空畸变，例如势能 Φ_m 较高的虚粒子能被看到。

所以虚粒子$\Phi_m = m \cdot c^2$通过凝聚态改变本身的时空伸缩度或能量密度ρ，这就是时空畸变的物理意义，爱因斯坦提出时空畸变与物质能量有关准确无误。

虚粒子就是时空，因此虚粒子$\Phi_m = m \cdot c^2$真空能密度ρ的高低直接代表虚粒子的时空伸缩，真空能密度不均匀分布代表时空畸变或势能高低，这与引力实物质的时空伸缩代表势能变化物理意义一样。

势场之所以出现势能高低分布就是因为组成时空的真空能的密度ρ_0分布不同。

光子与组成时空均匀分布的真空能$m_0 \cdot c^2$同系，等于光子能量$m \cdot c^2$与均匀分布的虚粒子的质能密度ρ_0一致，所以光子的能量等于m个最低质能Φ_{min}的

$$\Phi_m = m \cdot \Phi_{min} \leqslant \rho_0 \cdot V_0$$

所以光子的能量由式(4-1)可得

$$\Phi_m = m \cdot \Phi_{min} = m \cdot \gamma_{min} \cdot h = \gamma \cdot h$$

$$\gamma = m \cdot \gamma_{min}$$

光子的频率γ是量子化的，由于$\Phi_m = m \cdot \Phi_{min} \leqslant \rho_0 \cdot V_0$，所以光子的最大频率受到了外界势场势能$\Phi = \rho_0 \cdot V_0$的限制。

例如在高势能区域产生的伽马光子能量满足$\Phi_m \leqslant \rho_0 \cdot V_0$，若伽马光子来到宇宙星系势能很低的势场空间，由于外界势场的ρ_0与V_0同时降低，无法满足$\Phi_m \leqslant \rho_0 \cdot V_0$的条件，通俗解释是势场时空$V_0$内装不下这么多的真空能，而真空能物质的体积伸缩变化又不大，造成伽马光子的势能密度比外界势场的势能密度大，这时伽马“光子对”将会自发衰变为正负“电子对”。这就是伽马“光子对”衰变为正负“电子对”的原因。

所以虚粒子在外界势场中的能态不能用类似于静质量M_0物质的势能与动能的关系$\Delta\Phi_m = -\Delta E_k$表述，实体静质量物质的势能与动能确实由能量的转换而得到，而虚粒子的能态高低不能用

能量的转换，而要用真空能密度 ρ 的概念。

虚粒子的势能提高是由于虚粒子的时空收缩或真空能密度 ρ 提高。

虚粒子本身就是时空，但如果虚粒子具有与组成背景时空的虚粒子密度不同的密度形成的可视界面，时空是“暗能量”的概念就被虚粒子 Φ_m 的可视界面形态表达出来。

若光子与外界同系，代表光子与外界势场的质能密度一致。当外界势场势能变化时，光子的质能 $\Phi_m = m \cdot c^2$ 不变，按照经典物理的概念将会得出光子势能 Φ_m 不变，所以光子的动能 $m \cdot c^2$ 不变。

不仅光子，所有的粒子达到光速都将与背景时空的势能达成一致，或称作同系时空，这时粒子的动能就是质能，粒子的势场能量密度都将自动与外界势场的势能密度达成一致，同样会感觉到粒子的势能不变，从而光速不变。

实际上光速粒子的势能始终在变化，只不过这时粒子的能量已经不能用动能与势能的转换而要用粒子势场的能量密度表示。

人类始终与势场在一起，当势场能量发生变化使得空间伸缩时，如果空间尺度与时间不随着势能变化而变化，人们就可以用自己的尺子测量发现时空的伸缩。

但是势场能量的变化代表时间快慢的变化，势能的高低就是组成时空的虚粒子的密度变化引起的时空伸缩，所以势场的变化代表空间的尺度也在发生同比例伸缩，当然时间的快慢也跟着势能变化而同步变化。

由于空间尺度与时间快慢总是同比例变化，外界势场的伸缩用同样伸缩比例的尺子去测量，能发现外界势场的时空收缩吗？

在同系势场中观察不到时空真空密度的变化，达到光速的粒子来到地球，这种粒子势场的真空能密度总是与外界势场保持一致，人们在本地看到的光速粒子永远是同一密度或同一能量的粒子，因此跟随场源同样观察不到粒子密度的变化，看不到势能密度的变化就看不到势能的变化，由能量守恒可知势能不变必然光速不变，这种状态被称作同系光速不变。

所以具有静质量的物质在外界势场中运动，可以看到动能与外界势能的相互转换，但是人们却看不到光速粒子的势能变化，原因就是尽管光速粒子总是与外界势场的势能保持一致，逻辑上光速粒子在外界势场中也有势能的变化，但是光速粒子的能量是以粒子势场的真空能密度来衡量的，只要光速粒了的真空能密度 ρ 随时与外界势场的真空能密度 ρ_0 保持一致，光速粒子的势能就与外界的势场的势能保持一致，这实际就是机械能守恒。

而人类的时间与标尺也是跟随外界势场同比例伸缩的，而光速粒子的能量密度 ρ 总是与当地势场参照系的能量密度 ρ_0 保持一致，人类永远感觉不到光速粒子的密度变化，实际就是光速粒子的能量总是等于质能 $m \cdot c^2$。既然时空相对尺度永远不变，光子的能量必然满足

$$m \cdot c^2 = \rho_0 \cdot V = \text{常数} \tag{4-2}$$

所以光速不变一定是同系概念或绝对时空概念。

粒子之间相互独立存在，各算各的能量密度，只要相互独立的粒子各自的能量密度一样，它们的时间快慢一样，势能就是一样的。

正因为是独立的粒子，在时空中比外界势场真空能最基本单元质能 Φ_{min} 多出的能量才能被感觉到，所以人们看到光子的速度就是看到组成时空物质的速度，时空或时间相对快慢具有可视性就被验证了。

真空是由真空能粒子组成的“海洋”，对真空能粒子的扰动都将以波动的方式传递能量，真空能密度的扰动波速就是光速。

波动以同系光速传播，物质间的作用力信息是这些超粒子的波动传递，因此可以把真空中最基本质能单元的真空能粒子称为

光力子,光力子传递信息的作用。

形象一点就是互为反力的物质相互间通过光力子相互测试信息并传递反作用力,当互为反力的物质间的相对速度很低时,物质间通过光力子相互测试并传递反作用力可以看成即时力,当互为反力的物质间的相对速度很高时,反作用力的传递将会受到同系光速的影响。

原因是信息传递速度是同系光速,当物质达到光速时,互为反力的物质间的信息传递速度也是光速,由于信息相对物质的传递速度是同系光速,这就好像两个同向运动的光子互相观察对方必须都是光速一样。

只要物质间信息传递畅通,物质就根据受力信息改变运动状态。

如果信息传递受阻,物质将保持原有运动状态等候信息的反馈,如果物质永远收不到信息,物质将永远保持原有运动状态。

所以物质达到极限速度将不可能再受到外界信息干扰,物质的最大极限速度就是时空信息传递的同系光速。

由此可以得出,所谓的“引力子”或“斥力子”等各类近代物理学的“力子”都是光力子,本质都是真空能粒子的传递速度,真空能粒子根据物质相对势场的时空状态来确定充当“引力子”还是“斥力子”。

例如实物质与外界势场不平衡,大部分情况下物质受引力跌落。问题是,外界势场与物质之间是怎么感受到双方之间不平衡的呢?

物质低速时,物质与外界之间有时空不平衡的信息传递,这种信息通过物质力图向满足平衡的方向跌落,跌落过程中物质始终在扰动外界,与外界势场进行信息交流,物质根据这种信息交流来修正本身的运动状态变化,一直到物质达到机械能守恒。

但是当物质达到光速,物质与外界势场不断向对方发出信息,但双方的信息传递被阻断，物质无法获得信息就无法确定本身的运动状态，物质只能保持原有运动状态，保持原有运动状态的极限速度只能是信息传递的最高速度。

反过来如果没有扰动信息传递，意味着物质的真空能密度与外界势场的势能密度一致，一致的密度就无法区分外界与粒子的存在，信息传递的意义就没有了，所以无法传递信息的状态一定是光速状态。

在这个过程中，信息传递的始终是场力，以同系光速传递信息的真空能粒子被称作引力子。

但如果实物质与外界势场是另一种不平衡，信息传递的是斥力，真空能粒子将向物质传递斥力信息，这时传递信息的真空能粒子就是斥力子。

以下各章节将用势场真空能概念证明经典物理学有关定律与定理。

5　绝对时空的质能守恒

本章结论：动系的能量转换源于动系的质能转换。

将动质量公式

$$M = M_0 / k_0$$

代入 $\Delta\Phi = M_0 \cdot c^2 \cdot \ln k_0$ 可得

$$\Delta\Phi = M_0 \cdot c^2 \cdot \ln k_0 = M_0 \cdot c^2 \cdot \ln(M_0/M)$$
$$= M_0 \cdot c^2 \cdot (\ln M_0 - \ln M)$$

当动系由静止加速运动时，地表静系观察动系的质量发生变化

$$\Delta M = M - M_0$$

很显然

$$\ln M - \ln M_0 = \int \mathrm{d}M/M$$

所以 $\Delta\Phi = M_0 \cdot c^2 \cdot (\ln M_0 - \ln M)$ 应该是以下微分的定积分

$$\mathrm{d}\Phi = -M_0 \cdot c^2 \cdot \mathrm{d}M/M$$

在牛顿绝对时空，$M = M_0$，所以上式 $\mathrm{d}\Phi$ 转化为

$$\mathrm{d}\Phi = -c^2 \cdot \mathrm{d}M_0$$

绝对时空势能增量

$$\Delta\Phi = -\Delta M_0 \cdot c^2 \tag{5-1}$$

由自由落体的机械能守恒 $\Delta\Phi + \Delta E_k = 0$ 可得

$$\Delta E_k = \Delta M_0 \cdot c^2$$

上式说明能量变化是由质能转换而来的，这是牛顿绝对时空下的质能守恒。

以上计算都是以经典力学的绝对时空静质量的概念出发而得到的，感觉静质量变化的原因就是动质量 $M = M_0/k_0$ 变化了。

无论相对时空还是绝对时空，只要能得到物理概念统一的正确结果，就是正确的。

经过以上代数配方以及凑微分，由经典动能理论证明了质能守恒，相对论质能守恒 $E = M_0 \cdot c^2$ 实际是绝对时空的质能守恒。以上证明并不复杂，没有使用相对论概念，用经典物理学理论证明过程完整，没有任何假设，逻辑过程很容易理解。

大部分情况下并不满足机械能守恒，动系的势能 Φ_m 并不等于外界的势能 Φ，例如重力势就是因为动系不满足机械能守恒而受力，这个力被称作重力。

在经典物理学中物质受的重力同样用重力势 Φ_m 表达，同样满足

$$\Delta E_k + \Delta \Phi_m = 0 \tag{5-2}$$

动系不满足机械能守恒同样满足 $\Delta E_k + \Delta \Phi_m = 0$，这有没有普适性？例如地表给动系做功提高动能增量 ΔE_k，动系平动有没有势能 $\Delta \Phi_m$ 的变化？

设 Φ_m 是物质的真实势能，由 $\Delta E_k + \Delta \Phi_m = 0$ 可得

$$A = E_k + \Phi_m$$

$\Delta \Phi_m$ 与 ΔE_k 是运动物质的真实能量增量而非相对概念，如果把初始条件设为宇宙初始粒子的势能零点 $\Phi_m = 0$，宇宙初始的物质基本粒子都是光速 $E_k = M_0 \cdot c^2$，$A = E_k = M_0 \cdot c^2$，由此得出

$$E_m = M_0 \cdot c^2 = E_k + \Phi_m \tag{5-3}$$

$E_m = E_k + \Phi_m$ 是代表相对动能 E_k 与势能 Φ_m 之和，如果动系的相对动能满足 $E_k = M_0 \cdot c^2$ 就等于动系的势能 Φ_m 不再发生

变化，所以式(5-3)的另一个物理意义就是动系达到光速时没有势能的变化 $M_0 \cdot c^2 = E_k$，绝对时空没有势能的变化，这实际就是同系光速不变的物理含义，光速粒子始终与外界势场的参照系保持同系。

同系内观察光速粒子永远是相对光速，不是光速粒子没有势能的变化，而是由于同系光速不变，根据动系速度不变已经观察不到势能随速度的变化。有关光速粒子势能的物理意义详见7.1部分的内容。

如果把初始条件设为引力势无穷远为势能零点，动系的初始动能为零，可得

$$0 = E_k + \Phi_m \tag{5-4}$$

物质从无穷远跌落到黑洞视界的相对动能 $E_k = M_0 \cdot c^2$，相对势能 $\Phi_m = -M_0 \cdot c^2$。

式(5-4)就是经典物理学概念。式(5-3) $E_m = M_0 \cdot c^2 =$ 常数，是质能守恒概念，地球所有的能量均来自质能。

式(5-3)的 E_k 与 Φ_m 都是运动物质的绝对能量，说明今天所有的能量 ΔE_k、$\Delta\Phi_m$ 等都是质能 $M_0 \cdot c^2$ 转换而来的。

$M_0 \cdot c^2 = E_k + \Phi_m$ 是能量守恒概念，逻辑上 E_k、Φ_m 与 $M_0 \cdot c^2$ 只要求满足能量守恒配平关系，不要求 Φ_m 必须是外界势场的势能 Φ，更多的时候动系的动能并不满足外界势场引力平衡的动能。

所以 $\Delta E_k + \Delta\Phi_m = 0$ 具有普适性，所有物质包括真空物质的能量 Φ 都代表物质固有的时钟快慢，Φ_m 与真空物质的势能 Φ 一样代表物质的时间快慢，区别是 Φ_m 只代表动钟的快慢。而 $\Delta E_k = -\Delta\Phi_m$ 把动能增量 ΔE_k 引起动钟时间快慢变化以 $\Delta\Phi_m$ 的形式表达出来，目的是把物质的时间快慢用统一的能量形式表达出来。

例如赤道上动系向东运动有飞起来的趋势，看似平动的动系实际速度越高重力越小，动系被抬高了，所以 $\Delta\Phi_m > 0$，显然 $\Delta E_k < 0$。

这是很难理解的，其实由地表观察平动动系观察不到真实的动能增量 ΔE_k，真实的动能增量必须表现为动能增加动钟的时间相对减慢，代表 $\Delta \Phi_m > 0$，代表动钟势能被抬高了。由第 3 章已经得出位势越高动钟越快，所以向东加速的动系的真实动能不可能提高。原因是地表赤道上有无穷多惯性系，站在每一个惯性系观察动系有不同的动能增量，有的认为动能增加，有的认为动能降低，没有确定性。

但是有一个特殊的惯性系能发现动系真实的动能增量，这个惯性系就是沿着地表赤道向东达到失重状态的参照系，这个参照系的势能正好是地表引力势能，引力势具有确定的时间相对快慢分布，并且在全宇宙各个角落观察，引力势的时间相对快慢分布具有绝对性。

当地表动系向东的速度低于失重速度时，在沿着地表赤道向东的失重系观察动系都是向西运动，区别仅在于动系向西的速度不同。

在失重系观察动系的动能增量具有真实性，因为在地表静系观察向东的动能增加，在失重系观察动系向西的速度降低，动能降低必然使动钟的时间相对加快。

所以第 2 章提出要寻找相对时间快慢具有确定性的参照系就是这个道理，引力势的时间相对快慢分布具有确定性，地表失重系就是地表时钟的快慢标准。

在宇宙初始瞬间，设宇宙初始物质 $M_0 \cdot c^2$ 所在地为绝对势能零点 $\Phi_m = 0$，由 $M_0 \cdot c^2 = E_k$ 可以得出宇宙初始的粒子都是光速。所以绝对参照系就是产生物质 $M_0 \cdot c^2$ 那一刻的参照系，实际就是宇宙初始参照系。

式(5-3)才是真正的质能守恒，所谓的守恒应该是一组变量满足守恒运算规则，例如能量守恒、机械能守恒、动量守恒等。

相对论的质能守恒是两个常数的乘积 $E = M_0 \cdot c^2$，常数的乘积还是常数,何来守恒概念?这不符合守恒量的概念。

由式(5-1)可得

$$\Delta\Phi_m = -\Delta M_0 \cdot c^2 \tag{5-5}$$

若动系相对观察者有势能变化 $\Delta\Phi_m$,必有质能与势能的转换 $\Delta\Phi_m=-\Delta M_0 \cdot c^2$,这就是式(5-3)$M_0 \cdot c^2=E_k+\Phi_m$ 的物理含义。

势能与动能是相对概念,因此质能转换也是相对概念。但质能损失不是相对概念,例如太阳辐射光子就是以消耗质能来实现的。而人们利用能量发射卫星,卫星接收的能量转换为势能增量,属于质能转换。

式(5-3)$M_0 \cdot c^2=E_k+\Phi_m$ 给出了 $\Delta E_k+\Delta\Phi_m=0$ 的适用范围是动系必须满足质能守恒即 $M_0 \cdot c^2=$常数,不能把质能转换与质能增量混为一谈,如果动系在运动过程质能有变化,由式(5-3)$M_0 \cdot c^2=E_k+\Phi_m$ 可以得出

$$\Delta E_m = \Delta E_k + \Delta\Phi_m \tag{5-6}$$

$E_m=M_0 \cdot c^2$是动系的质能,ΔE_m 代表动系的质能增量,而 $\Delta\Phi_m=-\Delta M_0 \cdot c^2$代表质能转换,质能转换并不等于动系的质能的变化。

例如电子对光子的吸收与辐射属于质能增量 ΔE_m,所以物质即便没有宏观动能的变化 ΔE_k,同样可以有势能 $\Delta\Phi_m$ 的变化,例如物体的温度变化代表质能的变化,可以改变物体的势能 Φ_m。

注意,$\Delta E_k+\Delta\Phi_m=0$ 只适用于因动系动能变化 ΔE_k 引起势能变化 $\Delta\Phi_m$,并不适用于非动能引起的物质势能变化,例如外力压缩物体同样可以引起势能的变化 $\Delta\Phi_m$。例如重力势重力打夯有动能变化 $\Delta E_k<0$,$\Delta\Phi_m=-\Delta E_k>0$,物理含义是外力做功

$$W = \Delta\Phi_m' - \Delta\Phi_m$$

$\Delta\Phi_m'<0$ 是外力对动系做负功压缩动系体积 $\Delta V<0$,动系的势能降低幅度为 $\Delta\Phi_m'<0$,但外界并没有把全部的做功 W 变成动

系的压缩功或动系的势能降低 $\Delta\Phi_m'$，原因就是由于动能增量 $\Delta E_k<0$，这部分能量并没有转化为动系的压缩功，而是对外界做功。$\Delta\Phi_m'>0$ 抵消了外界对动系做的压缩功 W，如果动系没有动能增量 $\Delta E_k=0$，$W=\Delta\Phi_m'<0$ 全部转化为物质的压缩功。

通常以静钟为势能零点，所以

$$W=\Phi_m'+E_k$$

动钟的势能 Φ_m' 与动钟的时间相对快慢是同义词，$W=\Phi_m'+E_k$ 直接反映相对动能使动钟减慢，但动钟相对静钟的势能高低 Φ_m' 或时间相对快慢并不等于相对动能引起的钟慢效应，这要看输入功 W 的大小与正负。

6 质能转换在实践中的应用

6.1 质能转换的物理意义

本节结论：外界势场填充到物质空间的真空能就是物质的势能增量，质能转换的本质是物质与外界势场真空能的转换。

式(5-5) $\Delta\Phi_m = -\Delta M_0 \cdot c^2$在物理上是什么概念？

首先分析物质本身携带的势场是什么概念。

引力势半径越大势能越高或组成时空的真空能粒子动钟的时间相对越快，同时也代表组成时空的真空能粒子的密度越大。

如果以无穷远为势能零点，引力势相对无穷远是负值，在时空中引力势更像一个“能量坑”。

如果没有引力势中心的静质量 M，这个“能量坑”的空间是被宇宙时空的真空能填平的。

由于静质量 M 的存在，在“能量坑”里缺少了与静质量 M 对应的质能 $M \cdot c^2$，因此这个“能量坑”的总能量相对比没有“能量坑”的时空是负值，这个“能量坑”里缺少的真空能总和用真空能质能表示为 $\Delta m \cdot c^2$，但同时引力势中心又多了一个静质能 $M \cdot c^2$。

由质能守恒可知宇宙中能量既不可能增加也不可能减少，因此物质势场“能量坑”里缺少的真空能总和正好被静质能 $\Delta M \cdot c^2$ 所填补，所以

$$\Delta m \cdot c^2 = -\Delta M \cdot c^2 \tag{6-1}$$

上式的含义是物质势场损失的真空能 $\Delta m \cdot c^2$ 正好是“能量坑”内多出的静质能 $M \cdot c^2$。

由图 6-1 可以看出，如果以动系势场“能量坑”无穷远的“坑边缘”的真空能真实密度为标准

$$\rho_0 = \rho(\infty) + \rho \tag{6-2}$$

式中，$\rho(\infty)$ 是动系势场无穷远的真空能真实密度，ρ 是真实负势能密度。

ρ 的绝对值随着半径增大越来越小，所以动系势场半径越大真空能密度越高，这与 4.3 节的分析一致。

真空能粒子密度越大，真空能粒子携带的动钟的时间相对越快，物质势场的时间分布随着半径的增大而越来越快，这说明经典物理学的分析方法符合客观规律，不同的物理方法研究同一物理现象必须满足同一律性。

由式(6-1)可知，动系势场“能量坑”损失的真空能正好就是静质能，动系“能量坑”的坑内负势能的总和就是引力势中心的静质能 $M_0 \cdot c^2$，有

$$M_0 \cdot c^2 = \int \rho' \cdot \mathrm{d}V_{\mathrm{m}}$$

式中，ρ' 是动系势场“能量坑”损失的静质能密度，ρ' 是动系势场半径的函数。

“能量坑”也可以用平均体积 V_{m} 来表示，ρ_{m} 代表“能量坑”的平均质能密度

$$M_0 \cdot c^2 = \rho' \cdot V_{\mathrm{m}} \tag{6-3}$$

式中，V_{m} 是动系势场“能量坑”的均值体积，ρ' 是动系势场“能量坑”的静质能均值密度。逻辑上可以用动系的实际体积与质能密度的乘积作为动系势场“能量坑”负能量总和的均值概念，平均效果一样即可。

既然物质的引力势可以作为负能的“能量坑”，引力势负能量总和是物质的质能 $M_0 \cdot c^2$，因此引力势每一空间点 ΔV 都分布着损失的质能 $\Delta M \cdot c^2$，引力势每一个空间点都有相对应的质能密度

$$\rho_m = \Delta M \cdot c^2 / \Delta V$$

所以引力势的负能实际是物质势场损失的质能密度 ρ_m 的分布函数，如图 6-1 所示。

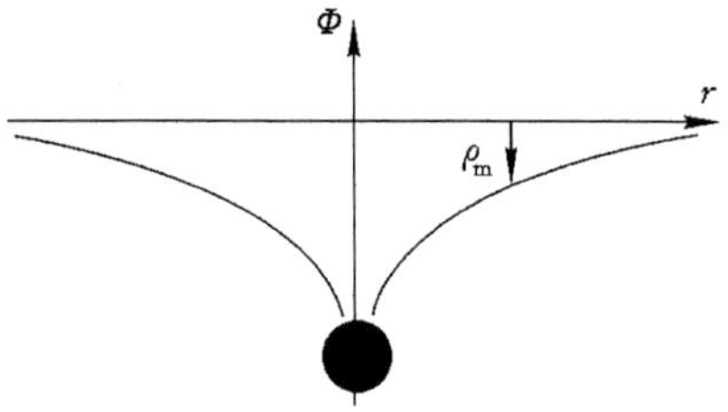

图 6-1　ρ_m 的分布函数

同理当动系在外界势场中运动，外界引力势同样应该是外界势场分布损失的质能密度 ρ_m 的概念，ρ_m 是外界势场半径的函数。

但式(6-1)的含义绝非仅仅如此，例如 4.3 节所述高能态虚粒子也可以衰变为静质量 M_0 的实物质粒子，衰变的过程必然减少了真空能 $\Delta m \cdot c^2 = -\Delta M_0 \cdot c^2$。

$\Delta m \cdot c^2 = -\Delta M_0 \cdot c^2$ 更普适的意义是当动系在外界势场中运动，外界势场的真空能 $m \cdot c^2$ 必须填补到动系“能量坑”里边，动系势能的变化由式(6-2)可得

$$\Delta \Phi_m = \Delta(\rho_0 \cdot V_m) \tag{6-4}$$

其中，V_m 是动系势场的均值体积，即外界势场的真空能密度 ρ_0 与均值体积的乘积正好是动系相对势能 Φ_m。上式对动系势场的均值体积 V_m 提出了约束条件，即如果以动系的实际体积为均值体积 V_m，这个实际体积所含的外界势能 Φ_m 必须是动系势场空间内所含外界的势能，尽管动系势场空间远远大于动系静止能实际体积，其均值效果一样就行。

人们并不知道势场的真实真空能密度 ρ_0，但是实际人们只需

要知道势能的相对变化量 $\Delta\Phi_m$ 而无须知道真实的势能密度，用相对比无穷远势能零点低的负能作为势能。

结合式(6-4)可以得出式(5-5) $\Delta\Phi_m=-\Delta M_0\cdot c^2$ 的物理意义，动系势场原来由于真空能的损失 $\Delta m\cdot c^2$ 而产生了静质能 $M_0\cdot c^2$，如果让动系的部分静质能 $\Delta M_0\cdot c^2$ 再返回到真空能 $\Delta m\cdot c^2$，动系的静质能必然减少为

$$\Delta M_0\cdot c^2=-\Delta m\cdot c^2 \tag{6-5}$$

所以当外界势场的真空能填补到动系的“能量坑”中，填补的真空能量 $\Delta m\cdot c^2$ 正好是势能增量 $\Delta\Phi_m$，等效为动系势场的静质能减少了 $\Delta M_0\cdot c^2<0$。

式(5-5) $\Delta\Phi_m=-\Delta M_0\cdot c^2$ 并不等于动系物质本身静质能 $\Delta M_0\cdot c^2<0$ 真的减少了，物质的质能 $M_0\cdot c^2$ 没变，这是质能守恒所约束的。引力势如果没有相对应的负能分布，时空就不存在势能高低不同分布的引力势。实践发现引力势的负能分布，必须找到势场时空中产生负能分布的物理原因，这个原因就是由于时空中产生了这部分真空能损失 $\Delta m\cdot c^2<0$，这部分真空能损失产生了静质量 M_0 粒子或质能 $M_0\cdot c^2$ 粒子

$$-\Delta m\cdot c^2=\Delta M_0\cdot c^2$$

时空中损失的质能部分 $\Delta M_0\cdot c^2$ 就是势能高低分布的源泉。

反过来说假设动系的静质能 $M_0\cdot c^2$ 能够“蒸发”再转换为真空能 $m\cdot c^2$ 填充到势场空间，转换的量的关系一定满足 $\Delta m\cdot c^2=\Delta M_0\cdot c^2$。

所以动系的“能量坑”被外界势场填充了真空能 $\Delta m\cdot c^2$，实际就是用真空能 $\Delta m\cdot c^2$ 填充物质势场原本损失的静质能 $\Delta M_0\cdot c^2$，这就是式(5-5)质能转换的物理含义，动系“能量坑”里有真实的能量变化 $\Delta\Phi_m=\Delta m\cdot c^2=-\Delta M_0\cdot c^2$。所以人们说动系的势能提高了，本质就是动系空间被外界填充了真空能 $\Delta\Phi_m=\Delta m\cdot c^2$，而不是动系的质能损失了。

由式(5-5)

$$\Delta\Phi_m = \Delta m \cdot c^2 = -\Delta M_0 \cdot c^2$$

$\Delta\Phi_m = \Delta m \cdot c^2$ 是动系势场空间所含外界势场的真空能增量,这种质能关系保证了宇宙静质能物质 $M_0 \cdot c^2$ 与物质势场的负能量的平衡,宇宙的能量总和不会因为静质能物质的多少变化而变化,充其量是能量转换。

人们所说物质势场无穷远为势能零点,实际是指物质势场范围之外已经属于外界的势场,在物质势场无穷远以外,动系势场与外界势场融为一体,所以物质势场之外就是外界势场的真空能密度 ρ_0,因此如果把物质势场的空间均值为 V_m,就等于把物质势场"能量坑"看成被压缩在一个有明显界面的"能量坑"空间 V_m,物质均值体积 V_m 之外就是外界势能密度 ρ_0。

如果取外界势场无穷远的真实势能密度 $\rho(\infty)$,动系的势能由式(6-4)以及式(6-5)的物理意义可得动系的真实势能

$$\rho_0 = \rho(\infty) - \rho_m > 0$$

$$\Phi_m = \rho_0 \cdot V_m = \rho(\infty) \cdot V_m - \rho_m \cdot V_m > 0$$

由式(6-5)可知,动系势场空间所含外界势场真空能就是动系势能概念,动系势场空间所含外界势场的真空能增量未必要用外界势场的真实真空能密度计算,由引力势分布图可知动系势场空间所含外界势场的质能变化 $\Delta(\rho_m \cdot V_m)$ 与动系势场空间所含外界势场的势能变化一致,所以动系的势能变化

$$\Delta\Phi_m = \Delta(\rho_0 \cdot V_m) = \rho(\infty) \cdot \Delta V_m - \Delta(\rho_m \cdot V_m) \quad (6-6)$$

由 $\Delta E_k + \Delta\Phi_m = 0$ 可得

$$\Delta E_k = \Delta M_0 \cdot c^2$$

所以当动系的势能升高 $\Delta\Phi_m > 0$ 或外界势场填补的真空能 $\Delta m \cdot c^2 > 0$,动系的动能增量

$$\Delta E_k = \Delta M_0 \cdot c^2 = -\Delta\Phi_m < 0$$

本节结论在经典物理学式(5-5) $\Delta\Phi_m = -\Delta M_0 \cdot c^2$ 的基础上

得出。以势能零点为标准的势能增量 $\Delta\Phi_m = -\Delta M_0 \cdot c^2$ 这个物理概念，是客观规律的同一律性所要求的。

6.2　机械能守恒的物理意义

本节结论：机械能守恒的物理含义是，动系势场的真空能密度与外界势场的真空能密度正好达成一致。外界对动系的输入功 $W = \Delta m \cdot c^2$ 是真实的质能转换。

$\rho(\infty) > 0$ 是外界势场无穷远势能零点的真实势能密度，ρ_m 是外界势场的真实质能损失密度。

动系在势场中运动总会发生时空伸缩，因此动系的均值体积 V_m 总在变化，由于动系体积 V_m 的变化，由式(6-3)，动系的质能密度 ρ' 也在变化

$$M_0 \cdot c^2 = \rho' \cdot V_m$$

如果动系自身势场的均值体积 $V_m = V_0$ 的大小正好使得外界势场的势能把动系“能量坑”的真空能损失填平，由式(6-3)

$$M_0 \cdot c^2 = \rho' \cdot V_0$$

其中，ρ' 是动系势场“能量坑”的体积 V_0 内损失的相对质能均值密度。

外界势场的相对质能密度为 ρ_m，如果外界势场填充到动系势场“能量坑”的质能正好也是 $M_0 \cdot c^2 = \rho_m \cdot V_0$，即

$$\rho' = \rho_m$$

上式的含义是当动系在外界势场中运动，外界势场真空能正好把动系势场“能量坑”损失的质能密度 ρ' 填平，动系势场本身的相对真空能均值密度 ρ_0 与外界势场的相对真空能密度 ρ_0 一致，那么动系的势能就与外界势场的势能一致。或动钟与外界势场的时间快慢达成一致。这正好是机械能守恒的含义。

将 V_0 代入式(6-6)可得

$$\Delta\Phi=\Delta(\rho_0\cdot V_0)=\rho(\infty)\cdot\Delta V_0-\Delta(\rho_m\cdot V_0)$$

$$\rho_m\cdot V_0=M\cdot c^2=\text{常数}$$

注意 $\rho(\infty)$=常数,$\rho_0=\rho(\infty)-\rho_m$,外界势场的质能损失密度 ρ_m 正好等于动系势场满足机械能守恒的特定体积 V_0 内损失的静质能密度 ρ',实际就是外界势场的真空能正好将动系势场的"能量坑"填平。

经典物理学的解释是 $\Delta(\rho_m\cdot V_0)=0$,动系势场的均值体积 V_m 在引力势中是伸缩变化的,动系的体积 V_m 越小,动系势场的"能量坑"越深,但"能量坑"损失的质能 $M_0\cdot c^2$ 不变,但动系的均值体积 V_m 总是在势场中发生伸缩,所以动系势场的"能量坑"满足的均值质能密度 ρ' 是随着动系势场的均值体积 V_m 变化的。

动系一定存在某一个均值体积 V_0,使得动系势场的质能损失的均值密度 ρ' 正好与外界势场的静质能密度 ρ_m 一致。

在这种状态下,外界势场的真空能正好将动系势场的"能量坑"填平。

动系这个特殊的均值体积 V_0 就是动系在外界势场中必须满足机械能守恒的条件,动系与此对应的势能就是引力势的势能 Φ。

由于动系在外界势场是运动的,如果动系在外界势场中始终满足 $M\cdot c^2=\rho_m\cdot V_0$,由外界引力势势场势能分布可知半径越大 ρ_m 越小,可得 V_0 随着外界势场半径增大而增大,所以 V_0 是外界势场势能的函数。

V_0 就是动系失重的标准,当动系势场均值体积 $V_m<V_0$ 就跌落,反之 $V_m>V_0$ 就升高。

用外界势场真实势能增量可将式(6-6)表示为

$$\Delta\Phi=\Delta(\rho_0\cdot V_0)=\rho(\infty)\cdot\Delta V_0$$

式中,$\rho(\infty)$ 是外界势场无穷远真实的真空能密度,通常所说的引力势就是 $\Delta\Phi=\Delta(\rho_0\cdot V_0)=\rho(\infty)\cdot\Delta V_0$。

人们并不知道 $\rho(\infty)$，但知道如果以外界引力势无穷远为势能零点，以动系在无穷远满足机械能守恒的体积 V_0 为标准，动系的势能变化

$$\Delta\Phi=\rho(\infty)\cdot\Delta V_0<0 \tag{6-7}$$

这只有一种可能，动系随着外界势场的势能降低，动系有尺缩效应。

式(6-7)最大的特点是引力势的势能变化 $\Delta\Phi$ 与引力势无穷远的势能密度 $\rho(\infty)$ 相关，ΔV_0 是与势场半径有关的函数，与具体的动系无关。

这正是经典物理学的出发点，$\Delta\Phi$ 是场函数，人们只需知道相对无穷远势能零点的势能变化 $\Delta\Phi$，无须知道无穷远的具体势能。

经典物理学 $\Delta\Phi=-m\cdot MG/r$，G 是引力常数，$m=\rho''\cdot V_0$ 是动系的质量，ρ''是动系满足机械能守恒状态的质量密度，ρ''是外界势场半径的函数，M 是外界势场中心星体的静质量，规定势能零点以后，势能为

$$\Phi=\rho(\infty)\cdot\Delta V_0=-\rho''\cdot V_0\cdot M\cdot G/r$$

本书将在第 4 册证明 $\Phi=\rho(\infty)\cdot\Delta V_0=-m\cdot M\cdot G/r$。

由 $\Phi=\rho(\infty)\cdot\Delta V_0$ 联立 $F_0=\dfrac{\mathrm{d}\Phi}{\mathrm{d}r}$可得动系时空的伸缩梯度

$$\mathrm{d}(\Delta V_0)/\mathrm{d}r=MG/[\rho(\infty)\cdot r^2]=F_0/\rho(\infty)$$

$F_0=MG/r^2$ 是外界势场引力，引力 F_0 越大，动系空间伸缩随半径变化的伸缩率越大。可以设想在黑洞视界附近，引力 F_0 极大，物质的伸缩率极大，物质都将被撕碎。

通常 $V_m\neq V_0$，式(6-6)动系的势能增量

$$\Delta\Phi_m=\Delta(\rho_0\cdot V_m)>0$$

动钟的时间加快与动尺的尺度增加同步，这与相对论的观点一致。

原因是动系时空并不可以无限制地从外界填充真空能而体积没有变化，动系势场“能量坑”的体积被外界充填的真空能“撑大

了”。

由式(3-1)$\zeta \cdot \beta^2/2 = -\ln k$ 可以证明动系达到光速的最小极限状态 $k_{\min}=1/e$，绝不可能 $k_{\min}=0$。时空能容纳的真空能的极限密度受到约束，除非时空中没有真空能，而没有真空能何来时空？

时空中存在真空能，想让时空收缩为时空奇点是不可能的，相对论的这一近代物理概念是最典型的错误概念，不仅严重违背哲学的时间物质性概念，严格的逻辑演绎也证明不存在这个概念，错误的本质缘于光速不变假设。

静止物质在原地 $\Delta\rho_m=0$ 的状态下设动系体积增大 $\Delta V_m>0$ 有

$$\Delta\Phi_m = \Delta(\rho_0 \cdot V_m) > 0$$

上式很明确，静止物质在原地，如果体积增大 $\Delta V_m>0$，物质的势能增加 $\Delta\Phi_m>0$。

例如转盘离心力使得分子间的势能增加使 $\Delta\Phi_m>0$，如果称量旋转转盘的重量，转盘的重量一定降低。又比如加温静止物质，物质的内能增加必然使 $\Delta\Phi_m>0$，重量同样降低。还有冰的温度越低重量越轻等。

看一个特例，当动系在引力势中运动达到光速，动系物质的质能密度与引力势的质能密度 ρ_m 必须一致，这时满足

$$M_0 \cdot c^2 = E_k = \rho_m \cdot V_0 = 常数$$

满足这种状态的动系一定满足光速不变

$$\Delta M_0 \cdot c^2 = \Delta E_k = \Delta(\rho_m \cdot V_0) = 0$$

$\Delta(\rho_m \cdot V_0)=0$ 正好满足机械能守恒，动系的势能在变化，动系满足同系光速不变。这种动系就是微中子，尽管这种理解太经典，根本无须高等近代物理学知识，但它说明一个问题，只要能按照客观规律做严格的逻辑演绎，经典物理学同样能做到近代物理学的极致，甚至比近代物理学更极致，本书没有使用教科书中的各种假设，仅仅是把相对时空的概念引入经典物理学，许多源于近代物理学混乱不堪的物理概念问题迎刃而解。

动系在外界势场并不是总是保持机械能守恒，当动系势场的均值体积满足

$$V_m \neq V_0$$

若动系不满足机械能守恒，外界势场填充到动系势场均值体积 V_m 内的真空能相对于外界势场填充到动系满足机械能守恒状态下的真空能不一样，二者之差为

$$E_0 = m \cdot c^2 = \Phi - \Phi_m \tag{6-8}$$

$E_0 = m \cdot c^2$ 是由于动系相对于外界势场不一致所造成的真空能差。

由于动系的势能 $\Phi_m < \Phi$，动系将向势能相对低的方向跌落，此时动系受到重力。反之当动系在原地不动的体积由 V_0 拉伸为 V_m，可得

$$\Phi_m > \Phi$$

此时动系受到浮力。

由式(6-8)可得

$$W = \Delta m \cdot c^2 = \Delta\Phi - \Delta\Phi_m \tag{6-9}$$

将式(5-2)$\Delta E_k + \Delta\Phi_m = 0$ 代入上式可得

$$W = \Delta m \cdot c^2 = \Delta\Phi + \Delta E_k \tag{6-10}$$

W 是外力做功。式(6-10)正好表示的是经典物理学的能量守恒。

如果动系势场的均值体积正好等于 V_0，则

$$\Delta\Phi = \Delta\Phi_m$$

式(6-10)转换为机械能守恒式

$$\Delta\Phi + \Delta E_k = 0 \tag{6-11}$$

至此本章将经典物理学概念用真空能量密度的概念证明完毕，但是本章使用的方法并不是实验定律，而是由真空能密度与时间相对快慢关系的逻辑演绎。

外力对系统做功 $W = \Delta m \cdot c^2$ 使得系统的质能增量发生变化，这并不等于物质的静质能发生变化，而是由于外力使得物质的

时空发生伸缩，外界势场填充到物质势场的真空能 $\Delta m\cdot c^2$ 发生了变化。

由式(3-2)，外界输入功 $\Delta E_0=W=M_0\cdot c^2\cdot\ln k_0$，可以看出外界最大的输入功

$$W=M_0\cdot c^2=M_0\cdot c^2\cdot\ln \mathrm{e}$$

在绝对时空是平坦时空，平坦时空的真空能密度是均匀的，$W=\Delta m\cdot c^2$ 代表动系的均值空间被拉伸到静尺的 e 倍，在被拉伸的空间内含有外界真空能的数量正好是

$$\Delta m\cdot c^2=M_0\cdot c^2\cdot\ln \mathrm{e}$$

如果动系又被加速到光速，由式(3-1)得 $k=\mathrm{e}^{-\zeta\cdot\beta\cdot\beta/2}$，其中 $\zeta=1+\beta^2$，得动系达到光速的 $k=1/\mathrm{e}$，相对动能又将被拉伸 e 倍的动尺压缩 $k=1/\mathrm{e}$ 倍，结果动尺长度与静尺一样，动系时空不含有外界势场真空能，没有外界真空能的增量 $\Delta m\cdot c^2$ 就没有动系势能的变化或尺缩变化，所以绝对时空的光速粒子一定满足 $E_k=M_0\cdot c^2$ 而无须考虑动系的伸缩。

物理实验把电子加速到光速没有相对论时空奇点的概念。

以上证明过程并没有新的概念，仅仅是把经典物理学代入势场真空能得到的结果，但内容已经把广义相对论证明的时空伸缩结果涵盖进去了。

这说明经典物理学更严密精确，待挖掘的潜力很大，一定还有更深奥的内涵等待人们去探索。

6.3 动系在外界势场中满足经典物理学浮力定律

本节结论：在浮力场中发生的一切现象都会在引力场中发生。

从前文可以看出，动系的体积变化相当于动系的密度 $\rho=$

M_0/V 变化，动系的密度大于机械能守恒的密度，动系将跌落；动系的密度小于机械能守恒的密度，动系将浮起。

这与浮力定律有区别吗？

如图 6-2 所示，将物体全部浸在水中，物体的体积是 V_0，水的重度是 γ，水对物体的浮力是排水体积 V_0 内对应的重量 $\gamma \cdot V_0 = M \cdot g$，而物体的重度是 γ_0，物体重量是 $M \cdot g = \gamma_0 \cdot V_0$，以重力方向为正，物体受力为

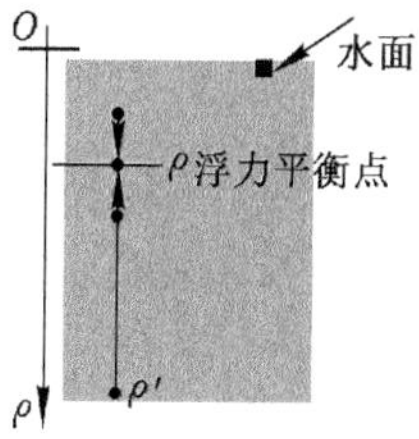

图 6-2　物体浸入水中的受力平衡分析

$$F = \gamma_0 \cdot V_0 - \gamma \cdot V_0 = M \cdot g - \gamma \cdot V_0$$

如果物体的重度与水的重度一样 $\gamma = \gamma_0$，物体合力为零。

若物体本身就是水物质，正好属于物体合力为零，则同样重量 $M \cdot g$ 的水物质体积 V_0 与等量外界水的体积一样。但水物质的重度以及体积可以被人为改变，例如被压缩的水或体积膨胀的冰，压缩水或冰的体积将由常态 V_0 变为 V_m，无论压缩水还是冰的重量不变

$$\gamma \cdot V_m = \gamma_0 \cdot V_0 = M \cdot g$$

所以压缩水还是冰的重量可以用外界水的重度表示 $M \cdot g = \gamma_0 \cdot V_0$。

如果以常态水为标准，水的质量 $M = \rho \cdot V_0$，$\gamma_0 = \rho \cdot g$，ρ 是常态水的密度，V_0 是常态水的体积，与此对应浸没在水中的压缩水或冰的受力为

$$F = \gamma_0 \cdot V_0 - \gamma_0 \cdot V_m = M \cdot g - \gamma \cdot V_m$$

或

$$F/g = \rho \cdot V_0 - \rho \cdot V_m = M - M_0 \tag{6-12}$$

式中，$\rho \cdot V_m$ 代表在浮力场中的物质体积 V_m 排除外界力场的水质量 M_0，可以理解为物质体积 V_m 所含外界力场的水质量 M_0，效果一样。

上式表明压缩水或冰在被浸没的水中受力，受力 F 大小与压缩水或冰相对外界"失重"体积 V_0 的伸缩 ΔV_m 有关。体积收缩受到"重力"，体积膨胀受到浮力，例如冰。

而且当压缩水或冰在外界力场中运动，外界水压会发生变化，外界浮力场与压缩水或与冰同样质量的水的体积 V_0 也将发生变化。例如海洋不同深度的水质量的体积 V_0 是深度的函数，实际是力场水密度 ρ 的函数。

只要同样质量为 M 的压缩水或冰的体积 V_m 与外界力场 V_0 一致，压缩水或冰就不受力，这种运动状态称作机械能守恒。

如果以势能表示，并规定受力向下为正方向，则

$$E_0=\Phi-\Phi_m=\rho_0\cdot V_m-\rho_0\cdot V_0$$

或

$$W=\Delta\Phi-\Delta\Phi_m=-\Delta(\rho_0\cdot V_0)+\Delta(\rho_0\cdot V_m) \qquad (6\text{-}13)$$

$\Phi=-\rho_0\cdot V_0=-mg\cdot h$ 就是重力场的重力势能，在这里 $\rho_0=\gamma_0\cdot h$ 就是外界势场的势能密度。

式(6-13)形式与引力势式(6-9)没有丝毫的差别，外界势场的势能密度是高度 h 的函数，势能密度代表外界势场时间的快慢分布，对于实体物质，收缩度越大时间相对越慢，水越深时间相对越慢。

动系在外界势场中物理原理与浮力概念类似，式(6-13)中 $\rho_0\cdot V_m$ 代表在浮力场中的动系体积 V_m 所含外界物质场的物质质量 M，M 实际是动系体积 V_m 的排水量，与动系体积 V_m 排水量对应的质量等同。在数理方程中只要公式的形式一样，如果不考虑公式的具体物理意义，相同的数理方程具有相同的逻辑概念。例如浮力场中的 $\rho_0\cdot V_m=M$ 方程形式只代表动系体积 V_m 所含外界物质场的物质质量 M，至于 M 是用排水量解释还是用填充量解释并不重要。

同理如图 6-2 所示外界势场也有损失的静质能密度分布 ρ_m，引力场中的 ρ_m 与浮力场中的 ρ_0 一样都是物质场的分布函数。

$\rho_m \cdot V_m = M \cdot c^2$ 的方程形式只代表动系体积 V_m 所含外界物质场的静质能，只要能理解 $\rho_m \cdot V_m = M \cdot c^2$ 是外界填充到动系体积 V_m 内的量，至于填充的静质能 $M \cdot c^2$ 具体代表外界势场损失的静质量概念并不重要。

动系体积 V_m 所含外界物质场填充的静质能 $M \cdot c^2$ 对应的静质量为 M。

无论是排水量 M 概念还是外界势场损失的静质量 M 概念，M 对应的受力方向与式(6-12) 类似，都与场力 F_0 相反。例如在水中就与重力相反称浮力。在水中当 M 与动系的静质量相等，即 $M_0 = M$，由式(6-12)可知浮力与重力相等，动系受到的合力为零。当物理方程形式一样，必然逻辑概念一样，所以动系在引力场中有同样的概念。

在浮力场，$V_m = V_0$，代表 $M = M_0$。在引力场，$V_m = V_0$，代表 $M = M_0$。

在浮力场，$V_m \neq V_0$，代表 $M \neq M_0$，式(6-12)代表浮力场的运动物质受力。在引力场，$V_m \neq V_0$，代表 $M \neq M_0$，代表引力场的运动实物质受力。

如果动系的体积 V_m 与动系达到引力平衡的体积 V_0 不一致，外界势场填充到体积 V_m 内的静质量 M 与填充到 V_0 内的静质量 M_0 不同，由以上分析外界势场填充到体积 V_m 内的静质量 M 与“浮力”对应，所以当 M 与动系的静质量 M_0 不一样，动系受到的“浮力”与引力 F_0 不相等，代表引力场的运动实物质受力。

在浮力场势能越低压强越大，水的压缩度越大。在引力场同样势能越低压强越大，实物质体积压缩度越大。

在浮力场，当 $V_m = V_0$，代表物体与外界力场达到平衡态，如果外界 V_0 发生伸缩，物体的惯性造成物体的形变跟不上外界的变化，会造成物体的 $V_m \neq V_0$，所以物体将由平衡态转为不平衡受力态。在引力场代表黑洞附近时空膨胀，物质体积 V_m 跟不上外

界势场 V_0 的变化，结果黑洞附近大量的星系跌落，而有些星系将会发生振荡，例如磁场振荡翻转。

若浮力场由不同密度的介质组成，例如油水界面清晰可见，当物体 $V_m>V_0$ 上浮，经过界面由于外界 V_0 发生变化，会发生界面效应，例如加速度变化等。

在浮力场，$V_m>V_0$ 代表浮力场中物体浮起，物体最终会达到平衡态。

在水中，动系的体积 $V_m<V_0$，代表物质的均值密度 ρ 大于水的密度 ρ_0 而下沉，在引力场中当动系的体积 $V_m<V_0$，代表星体向引力场中心跌落，并自发寻求引力平衡态，物体在平衡点附近会发生振荡，如果没有阻尼，这种振荡将会永远进行下去。因为外界势场的时空是膨胀变化的，相当于浮力场中水的密度在变化，行星在寻求引力平衡轨道的过程中同样会发生振荡，顺带引起磁场翻转振荡，由于星系间阻尼很小，这种振荡将永远持续下去，区别是由于时空膨胀引起势能密度变化，所以星体的振荡频率是变化的。

物理学只要方程形式一样，边界与初始条件一样，都满足同一律性，而无须了解物理原理细节，在浮力场中发生的一切现象都会在引力场中发生。

实际上重力场本身就是浮力场，失重状态不受力，代表外界重力势场填充到动系的真空能质能 $\Delta m \cdot c^2$ 正好填平动系的“能量坑”。如果物质受力如静止状态受到重力压缩，同一高度的失重系动钟肯定相对比静止状态的静钟快，静止状态的物质的重力势与失重状态的重力势肯定不同，根本不能认为自由落体的重力场与静系的重力场是同一概念，只不过二者误差很小罢了。

从第 1 章到本章，经过逻辑演绎，把很复杂的星系引力场归纳为简单的浮力定律，不是不可思议，而是人们经过几百年的墨守成规，放弃了最初的创新思想。

6.4 黑洞视界

本节结论：黑洞视界至少是广义相对论理论计算的 1.6 倍。

动系达到光速的时空意义是什么？

由式(5-3)$M_0 \cdot c^2 = E_k$，凡是光速粒子都不涉及势能的变化，同系内观察是光速，不同系是视光速。这种粒子的时空含义是什么？

在绝对时空很好理解，没有势能的变化，动尺长度不变。

粒子都有势场，外界势场在粒子势场填充的真空能就是势能，只要光速粒子有势场时空，就应该有可视的势能变化，但实际却没有这个概念。

这就是涉及动系在外界势场达到光速的粒子势场的时空意义。

由式(3-1)$k = e^{-\zeta \cdot \beta \cdot \beta/2}$，其中 $\zeta = 1 + \beta^2$，可得达到光速的相对尺缩为

$$k = 1/e$$

这时动尺长度收缩到静尺长度的 $k = 1/e$，这不是简单的动尺实体的收缩，而是粒子势场的收缩带动粒子实体长度的收缩。粒子势场的时空很大，偌大的势场空间收缩到极限状态的可视态被动尺显示为只有静尺长度的 $k = 1/e$。

动系在外界势场跌落如果满足机械能守恒，外界不对动系做功，动尺确实收缩为静尺的 1/e，这实际也代表动系势场的收缩。

在引力势无穷远势能零点观察动系的尺缩 $k = 1 + \Delta k$，Δk 是尺缩的增量。若 Δk 相对很小 $|\Delta k| \ll 1$，由相对动能式(3-3)

$$E_k = -M_0 \cdot c^2 \cdot \ln(1 + \Delta k) \approx -M_0 \cdot c^2 \cdot \Delta k$$

经典物理低速动能就是这样计算的。

由低速动能的 $\Delta k=\beta^2/2$ 可以近似得出物质的能量除以物质的质能就是 Δk。

例如物质的重力势 $\Phi_m=M_0\cdot gh$，所以对于重力物质

$$\Delta k_0=gh/c^2$$

相对地表高位重力势能的相对 k_0 值为

$$k_0=1+\Delta k_0=1+g\cdot\Delta h/c^2$$

又比如动系在外界势场满足机械能守恒的势能 $-m\cdot M_0\cdot G/r$，动系的 Δk_0 为

$$\Delta k_0=-M_0\cdot G/(r\cdot c^2)$$

在引力势无穷远观察动系势能的相对 k_0 值为

$$k_0=1+\Delta k_0=1-M_0\cdot G/(r\cdot c^2)=1-R_0/r$$

$R_0=M_0\cdot G/c^2$ 是按照牛顿实验引力常数计算的黑洞视界，把 $k_0=1-\Delta k_0$ 代入动系动能 $\Delta E_k=-M_0\cdot c^2\cdot\ln k$ 可得低速状态的相对动能

$$E_k=m_0\cdot M_0\cdot G/r$$

$E_k=m_0\cdot M_0\cdot G/r$ 正好是动系从无穷远跌落满足机械能守恒的相对动能。但当动系从无穷远跌落至黑洞视界的半径 $r=R_0$，$k_0=1-R_0/r=0$，正好满足广义相对论黑洞视界的时空奇点 $k=0$ 概念，至此用经典物理证明了广义相对论的时空奇点概念。

但这时的动系速度是光速，由 $E_k=-M_0\cdot c^2\cdot\ln k$ 可得 $k=1/e$，所以广义相对论的黑洞视界计算并不准确。

公式 $k_0=1+\Delta k_0$ 本身没有错，任何变量的变化都可以增量表示，关键是增量 Δk_0 的精确度。本册计算均来自经典物理学的计算，因此本册所有的计算到本章为止都应该是近似计算而非精确值，而由此近似计算的黑洞视界 $R_0=M_0\cdot G/c^2$ 竟然与广义相对论有关计算一致，说明广义相对论并不是精确理论，也是近似理论。

为了让增量 Δk_0 满足更精确的概念，应在对 Δk_0 进行修正。

由 $k_0=1+\Delta k_0=1-R_0/r$ 可知由经典物理计算的 Δk_0 满足

$$\Delta k_0=-R_0/r$$

更精确的 Δk_0 应该在由经典物理计算的 $\Delta k_0=-R_0/r$ 基础上乘以一个修正系数λ，由此可得

$$k_0=1-R_0\cdot\lambda/r$$

设正确的黑洞视界为 r_0，已知当动系从无穷远跌落至黑洞视界的半径达到光速，动系的 $k_0=1/\mathrm{e}$，所以动系跌落至黑洞视界半径 r_0 满足 $k_0=1/\mathrm{e}$

$$k_0=1-R_0\cdot\lambda/r_0=1/\mathrm{e}$$

$$r_0/R_0=\lambda/(1-1/\mathrm{e})=1.582\cdot\lambda>1.582\approx1.6$$

$$1/(1-1/\mathrm{e})=1.582$$

正确的黑洞视界 r_0 至少是广义相对论黑洞视界 R_0 的 1.6 倍，如果 $\lambda>1$，真实的黑洞视界 r_0 将超过 $1.6R_0$，如果 λ 随着黑洞质量而增大，问题将会很严重。

广义相对论与上述经典物理的方法相互独立却又相互印证，并由此直接证明了经典物理以及广义相对论的结论，经典物理与现代物理有交集，这是客观规律的同一律性，也顺便发现广义相对论是宇宙近似理论，不能无限夸大广义相对论的适用定义域。

7 相对时空的质能守恒

7.1 光速运动的物质都满足机械能守恒

本节结论：光速不变的原因是光子在同系的势能不变。

通过以上分析，物质在外界势场中达成机械能守恒的条件是，物质势场的真空能密度（或势能密度）与外界势场的真空能密度（或势能密度）一致。

静质量物质为了达成与外界势场的真空能密度（或势能密度）一致，是靠外界势场的真空能密度（或势能密度）填充到物质势场中来实现的。

物质在外界势场满足机械能守恒 $\Delta\Phi+\Delta E_k=0$ 的条件，由此得出势能的变化等于动能的变化，没有势能的变化就没有动能的变化，这是经典物理学常识。

但是物质在外界势场满足机械能守恒的条件，仅仅是要求满足物质势场的真空能密度与外界势场的真空能密度一致，只要能达成这个条件，用什么方法并不重要，静质量物质的以动能变化寻求引力平衡并不是唯一满足平衡态的方法。

在第 4 章中介绍真空能粒子的能量并不是靠外界势场填充到真空能粒子的势场中，而是直接靠粒子的体积伸缩获得与外界势场的真空能密度一致的，由式（4-2）可得

$$m \cdot c^2 = \rho_0 \cdot V = 常数$$

上式的物理含义是光子的动能或势能高低都是用质能表示的，只要光子的质能不变，光子的经典物理概念的势能就不变，势能不变就是光速不变。

由 $m \cdot c^2 = \rho_0 \cdot V =$ 常数可以看出，光子在外界势场中运动，自发状态下光子将始终与外界势场的真空能密度 ρ_0 保持一致，即光子始终与外界势能保持一致，而外界势场的能量密度实际是变化的，由于光子满足机械能守恒，光子的势能也在变化。

因此光子的体积均值 V 也是随着外界势场的势能变化而伸缩的，势能越高真空能密度 ρ_0 越大，光子的体积均值 V 越收缩，这应该是真空能粒子的共性而非光子的“独家特性”。

由于光子与当地外界势场的密度总是保持一致，而人类的时空尺度标准总是与计算当地外界势场的密度的时间刻度以及空间尺度保持一致，所以人们在当地势场根本不可能观察到当地光子的势能变化，人们感觉光子的势能不变，由经典物理学可得，势能不变必然速度不变，这就是光速不变的原因。

人们感受到的实际是同系光速不变或绝对时空光速不变，而非光速不变。

例　由光子与外界势场的同系概念证明折射存在。

证明　由式(3-3)相对动能 $\Phi = M_0 \cdot c^2 \cdot \ln k_0$ 可得光速粒子在外界势场的场力

$$F = \mathrm{d}\Phi / \mathrm{d}r_0 = M_0 \cdot c^2 \cdot \mathrm{d}\ln k_0 / \mathrm{d}r_0$$

$\mathrm{d}r_0$ 是动系运动的固有距离，由经典物理动系动量的变化等于动系所受外力的冲量，有

$$F \cdot \mathrm{d}\tau = M_0 \cdot c^2 \cdot \mathrm{d}\ln k_0 \cdot \mathrm{d}\tau / \mathrm{d}r_0 = M_0 \cdot c^2 \cdot \mathrm{d}k_0 / (u_0 \cdot k_0) \tag{7-1}$$

其中，$u_0 = \mathrm{d}r_0 / \mathrm{d}\tau$ 是动系的固有速度；τ 是光子的固有时间。

由于光子总是满足机械能守恒，光子失重，光子真实动能不

变，光子的受力 $F=0$。

但是光子与外界势场保持机械能守恒的 k_0 值始终在变，所以外界势场的场力

$$F=M_0\cdot c^2\cdot \mathrm{d}k_0/(k_0\cdot \mathrm{d}r_0)=M_0\cdot \mathrm{d}\Psi/\mathrm{d}r_0=\mathrm{d}\Phi/\mathrm{d}r_0$$

$F=\mathrm{d}\Phi/\mathrm{d}r$ 实际就是引力。

在两个不同 k_0 值均匀时空之间的边界肯定有 k_0 值过渡区 Δr_0，在两个不同 k_0 值的均匀时空相接触的界面，界面边界层厚度 Δr_0 内将会有 k_0 值梯度 $\mathrm{d}k_0/\mathrm{d}r_0$，即两个不同 k_0 值的均匀时空之间的 k_0 值变化过渡区都在边界层厚度 Δr_0 内。由于光子与外界保持同系，光子的 k_0 值变化必然与边界层厚度 Δr_0 内时空效应 $F=M_0\cdot c^2\cdot \mathrm{d}k_0/(k_0\cdot \mathrm{d}r_0)$保持一致。

因此场力 $F=M_0\cdot c^2\cdot \mathrm{d}k_0/(k_0\cdot \mathrm{d}r_0)$的物理意义是光子调整 k_0 值满足两个不同 k_0 值时空之间的 k_0 值过渡区 Δr_0 的界面边界效应，属于物质的边界层时空效应。

在宏观状态，光子在引力势中 k_0 值过渡区的界面效应始终是从地表到无穷远连续变化的引力势，但 k_0 值变化率 $\mathrm{d}k_0/\mathrm{d}r_0$ 在靠近静质量 M_0 实物质星体的附近较大，势场半径较大的地方 k_0 值变化率 $\mathrm{d}k_0/\mathrm{d}r_0$ 可以忽略不计。

同样道理，在物质界面附近 k_0 值过渡区 Δr_0 内是 k_0 值变化率 $\mathrm{d}k_0/\mathrm{d}r_0$ 集中区，只不过物质界面附近起作用的不仅是引力场，还有正电场，应该是正电场的作用更大，而且分子的正电场越强，k_0 值变化率 $\mathrm{d}k_0/\mathrm{d}r_0$ 变化率越大。

静质量 M_0 实物质在势场中不受力跌落。由于不受力，外界没有输入功，相对动能增量代表动钟相对减慢的效应无法被输入能量抵消，因此动钟的时间一定相对减慢。

所以在引力势中满足机械能守恒的动系，静质量 M_0 实物质一定向 k_0 值降低的势能方向运动，并且总是加速。

这种动钟不受力相对减慢效应用场力 $F=M_0\cdot c^2\cdot \mathrm{d}k_0/$

$(k_0 \cdot \mathrm{d}r_0)$表示，如果用物质不受力“走直线”的观点，场力代表动系满足“走直线”的运动方程。

光子与外界势场同系，由 $F = M_0 \cdot c^2 \cdot \mathrm{d}k_0/(k_0 \cdot \mathrm{d}r_0)$的“走直线”效应，光子的运动同样受到“走直线”的运动方程的制约。

例如光子进入 k_0 值相对降低的时空介质，在 k_0 值过渡区界面 Δr_0 内 $\mathrm{d}k_0/\mathrm{d}r_0 < 0$，所以 $F = M_0 \cdot c^2 \cdot \mathrm{d}k_0/(k_0 \cdot \mathrm{d}r_0) > 0$，$F$ 与 $\mathrm{d}r_0$ 的方向一致，代表动系速度方向将向 k_0 值相对降低的方向偏转，光子好像受到 k_0 值相对降低的时空介质的引力一样。

在引力势中，由于这种界面效应是连续变化的，可以看到光子在引力场弯曲。在透明介质外部的界面区 Δr_0 内，光子将向透明介质方向偏转，形成“折射”。光子“折射”的本质与光子在引力势弯曲是同一概念。

例　由光子同系概念证明光子弯曲是亚光速的。

证明　既然光子“折射”的本质与光子在引力势弯曲是同一概念，说明以上几章理论同样适用于透明介质内。

光子与介质内的势场同系，光子视光速由式(2-5)可得

$$c' = c \cdot k_0$$

透明介质内光子都是亚光速，说明正电场与引力场有相同的时空概念。

顺便证明光子在引力势中的光速不能保证光速不变。

7.2　在经典物理学中相对时空的质能守恒

本节结论：物质的相对势能与相对动能之间的转换遵守质能守恒。

上节推出光速满足同系光速不变，也称绝对时空光速不变。

不同系之间相互观察肯定不满足光速不变，由经典物理学可

知动能增量与势能变化的关系，这个关系应该符合光子运动的机械能守恒。

由式(2-5)$u_0 \cdot k_0 = u$ 与式(2-6)$M = M_0/k_0$ 可得不同系之间互相观察的视光速为

$$c' = c \cdot k_0$$

由式(2-6)可得光子的相对动质量

$$m = m_0/k_0$$

联立上两式可得光子的视动能

$$m \cdot c'^2 = m_0 \cdot c^2 \cdot k_0$$

$m \cdot c'^2/k_0 = m_0 \cdot c^2$就是光子在相对时空的质能守恒关系。

所以光子的视动能增量

$$m \cdot c'^2 - m_0 \cdot c^2 = \Delta E_k$$

光子的动能 $m_0 \cdot c^2$不可能变化，$m \cdot c'^2$是由于参照系之间时间相对快慢不同以及空间相对尺度不同引起的视觉误差，例如介质中的亚光速。

满足机械能守恒的光子势能确实在变化，所以光子视动能增量就是真实的势能变化。由光子的动能增量可得

$$m \cdot c'^2 - m_0 \cdot c^2 = \Delta \Phi$$

尽管光子的动能 $m_0 \cdot c_0^2$ 不可能变化，但由光子的视动能增量可以得到真实的外界势能增量 $\Delta \Phi$。

例如相同质量的透明物质，透明物质密度越大代表物质之间的势能越低，表现为透明介质的亚光速 $c' = c \cdot k_0$ 越低，冰与水都具有这个特点。

低速实物质的动系在外界势场中不但动能在变，连外界势场的 k_0 值都在变，那么动系在满足机械能守恒的条件下，动系相对时空的质能守恒如何计算？

将静系设在高位势，观察自由落体的动系，这时动系的 k 值正好是相对高位势静系的尺缩时延。

将式(2-6)$M=M_0/k$ 代入式(3-3)$\Delta E_k=-M_0\cdot c^2\cdot\ln k$ 可得动能增量

$$\Delta E_k=-M_0\cdot c^2\cdot\ln k=M_0\cdot c^2\cdot\ln(M/M_0)$$

$$dE_k=M_0\cdot c^2\cdot dM/M=k\cdot c^2\cdot dM$$

由式(2-5)$c\cdot k=c'$可得 $k\cdot c^2=c'^2/k$,所以

$$dE_k=c'^2/k\cdot dM \tag{7-2}$$

由式(3-4)$\Delta\Phi_m=M_0\cdot c^2\cdot\ln k$,式(2-6) $M=M_0/k$ 以及 $k\cdot c^2=c'^2/k$ 可得动系的势能增量

$$d\Phi_m=M_0\cdot c^2\cdot dk/k=M\cdot c^2\cdot dk$$

$$=M\cdot d(k\cdot c^2)=M\cdot d(c'^2/k)$$

由 $dE_k+d\Phi_m=0$ 可得

$$(c'^2/k)\cdot dM+M\cdot d(c'^2/k)=0$$

所以 $$M\cdot c'^2/k=\text{常数}$$

将式 $c\cdot k=c'$代入上式可得

$$E_m=M_0\cdot c^2=M\cdot c'^2/k \tag{7-3}$$

$M_0\cdot c^2=M\cdot c'^2/k$ 与式(5-3)$M_0\cdot c^2=E_k+\Phi_m$ 具有相同的物理意义,说明动系的势能与动能均来自动系的质能 $M_0\cdot c^2$。

在低速状态 $k\approx1$,$d\Phi_m=M\cdot d(k\cdot c^2)\approx M_0\cdot dc^2$,$dE_k=(c^2\cdot k)\cdot dM\approx c^2\cdot dM_0$

$$d(M_0\cdot c^2)=c^2\cdot dM_0+M_0\cdot dc^2=0$$

上式并不代表动系静质量的变化,而是动系时空发生伸缩由外界势场填充的真空能或势能,实际就是由式(5-1)推理的式(5-5)$d\Phi_m=\Delta m\cdot c^2=-\Delta M_0\cdot c^2$,动系时空发生伸缩必然产生外界势场向动系填充真空能增量 $\Delta m\cdot c^2$,由式(5-5)这部分真空能增量 $\Delta m\cdot c^2$ 可以折算成给动系补充的静质能或静质量 ΔM_0,而填充能量 $m\cdot c^2$ 引起动系的势能变化 $\Delta\Phi_m\approx M_0\cdot dc^2$。

但同时动系的相对动能必然满足 $\Delta E_k=\Delta M_0\cdot c^2\approx c^2\cdot\Delta M_0$,把外界势场向动系填充折算的补充静质量 ΔM_0 又通过动

能变化 ΔE_k 引起的时空伸缩全部返还给外界势场，这就保证了质能守恒 $d(M_0 \cdot c^2)=0$。

上式 $d(M_0 \cdot c^2)=c^2 \cdot dM_0+M_0 \cdot dc^2=0$ 满足动系所有状态，例如动系在引力势中跌落满足经典物理学式(6-10)

$$W=\Delta\Phi+\Delta E_k$$

由 $d(M_0 \cdot c^2)=c^2 \cdot dM_0+M_0 \cdot dc^2=0$ 式可知 $\Delta\Phi_m=-\Delta E_k$，所以

$$W=\Delta\Phi-\Delta\Phi_m$$

$W=\Delta\Phi-\Delta\Phi_m$ 就是式(6-9)，可以看出经典物理学不但相当自洽，而且与相对时空无缝衔接，但由于光速不变假设，本章相对时空的质能守恒内容在相关教材中是没有的，但逻辑演绎过程没有个人意识，而且这种由一组变量运算满足的质能守恒要比两个常量乘积 $M_0 \cdot c^2$ 的质能守恒更符合守恒概念。

例如赤道上的动系向东运动，体积增大，外界填充的真空能增加代表静质量降低 $dM_0<0$，所以向东运动的动能降低。动系向东的视光速肯定增大，逻辑上视光速的变化可以测量。

7.3 物质惯性的表示法

本节结论：物质的惯性就是物质的质能密度。

设 ρ_m 是动系的质能密度，V_m 是动系的体积，动系的质能

$$M_0 \cdot c^2=\rho_m \cdot V_m$$

由于实物质粒子势场的时空尺度 V_m 在运动过程始终在变动，动系的质能密度 ρ_m 也在变化，动系体积 V_m 的伸缩必然反映为实物质粒子的可视有界体积 V 的伸缩，物质的尺缩实际是势场时空的伸缩在实粒子体积的相互对应。

可用动系的可视体积代表 V，所以

$$M_0 \cdot c^2 = \rho_m \cdot V$$

粒子的质能由式(5-3)$M_0 \cdot c^2 = E_k + \Phi_m$ 以及 $M_0 \cdot c^2 = \rho_m \cdot V$ 可得

$$dE_k + d\Phi_m = V \cdot d\rho_m + \rho_m \cdot dV = 0$$

由式(7-2)$dE_k = c'^2/k \cdot dM$ 可知动质量 M 的变化必然伴随质能密度 ρ_m 的变化，所以 $dE_k = V \cdot d\rho_m$ 以及 $d\Phi_m = \rho_m \cdot dV$。

由 $M_0 \cdot c^2/V = \rho_m$ 以及 $dE_k + d\Phi_m = 0$ 可得

$$dE_k = V \cdot d\rho_m = -\rho_m \cdot dV = -M_0 \cdot c^2 \cdot dV/V$$

将式(7-3)$M_0 \cdot c^2 = M \cdot c'^2/k$ 以及式(7-2)$dE_k = c'^2/k \cdot dM$ 代入上式可得

$$dE_k = c'^2/k \cdot dM = -M \cdot c'^2/k \cdot dV/V$$

所以 $$dM/M = -dV/V$$

两边积分 $$M/M_0 = V_0/V$$

由 $M_0/M = k$ 可得

$$V = V_0 \cdot k$$

其中，V_0 是动系静止的体积，V 是动系的动体积，动体积与静体积的关系 $V = V_0 \cdot k$ 与相对论静尺与动尺的关系 $L = L_0 \cdot k$ 对应。

由 $M_0 \cdot c^2/V = \rho_m$ 以及 $d\Phi_m = \rho_m \cdot dV$ 可得

$$F_m = d\Phi_m/dr = \rho_m \cdot dV/dr \tag{7-4}$$

所以 $$d\Phi_m = M_0 \cdot c^2 dV/V$$

所以 $$\Phi_m = M_0 \cdot c^2 \cdot \ln k$$

上式就是式(3-4)，但注意以上证明与式(3-4)的证明相互独立，此处是以质能守恒为出发点，由动系的质能密度与动系的体积经典物理学关系式证明。

由式(7-4)$F_m = M_0 \cdot c^2/V \cdot dV/dr$ 可知，dV/dr 代表动系空间随动系位移 dr 的变化梯度，与动系的速度变化相关。所以 dV/dr 与加速度对应。

如果将式(3-1)$\zeta \cdot \beta^2/2 = -\ln k$ 代入 $V = V_0 \cdot k$，可直接得出

惯性力

$$F_{m}=\rho_{m}\cdot \mathrm{d}V/\mathrm{d}r=-F=-M_{0}\cdot a \tag{7-5}$$

由经典物理理论力学的达伯朗原理，动系的惯性力 $F_{m}=-M_{0}\cdot a$ 是物质的惯性力，$F=M_{0}\cdot a=-F_{m}$ 是外力，因此质能密度 $M_{0}\cdot c^{2}/V=\rho_{m}$ 代表动系物质的惯性。

如果星系在引力势中的质能密度正好等于引力势质能损失密度 ρ_{m}，a 正好就是场强，星系满足机械能守恒。

动系的相对体积 V 与动钟的相对时间具有同等的意义，统称为物质的时空状态。若外界力图改变动系的时空状态 $\mathrm{d}V/\mathrm{d}r$，必须对动系施加外力 F，所以牛顿第一定律更准确的定义是“物质具有保持原有时空状态的性质叫惯性，惯性等于质能密度 $\rho_{m}=M\cdot c^{2}/V$”，这就是牛顿第一定律的本质。

V 与实物质的可视体积对应，所以密度越大的物体惯性越大，而 V 与物质的伸缩度 k 有关，例如 k 越小物质的惯性质量 $M=M_{0}/k$ 越大，这代表物质的质能密度越大，所以惯性 $\rho_{m}=M_{0}\cdot c^{2}/V$ 与相对论动质量是同义词。

逻辑上，动系势场时空伸缩反映为动系实际体积的伸缩，所以动系的惯性本质是动系势场时空的惯性，时空的势能密度 ρ_{0} 越大惯性越大。例如势能越高势能密度越大，引力势半径越大的时空惯性越大，表现为引力势从中心到无穷远的时空膨胀度不一样。惯性越大，时空抗伸缩能力越强，例如引力势势能越高，时空膨胀相对越弱。

势场时空抗伸缩的能力代表时空具有弹性刚度，刚度越大代表抗伸缩能力越强，这就是惯性的概念。并且若粒子质量不同、速度不同，粒子时空的弹性刚度不同。

时空的惯性就是时空中的势能密度 ρ_{0}，势能密度 ρ_{0} 越大惯性越大，时空抗变形性能力越强，任何粒子从中心到无穷远具有势能态的时空都具有惯性。势场类似于弹性共振系统，粒子势场时空系统有自己的共振频率,若两个粒子的时空刚度一致,具有相同的共振频率,同样会互相感应共振运动。

7.4 物质温度变化对物质时空伸缩的效应

本节结论:电流在不同材质连接面产生的温节效应,以及流体通过节流阀产生的制冷效应,本质都是物质通过时空伸缩引起的能量转换。

分子热动能或内能与温度成正比关系,即

$$dE_k = K \cdot dT$$

由质能守恒 $M_0 \cdot c^2 = \rho_m \cdot V_m =$ 常数可以得出

$$dE_k = -\rho_m \cdot dV_m$$

所以

$$-K \cdot dT = c(\text{常数}) \cdot dV_m / V_m$$

将上式两边同除以常数 c

$$-(K/c) \cdot dT = -k \cdot dT = dV_m / V_m$$

$$k = K/c$$

对上式积分可得

$$-k \cdot \Delta T = \ln V - \ln V_0 = \ln(V/V_0)$$

$$e^{k \cdot \Delta T} = V_0 / V$$

绝热状态下粒子时空尺度的变化总是伴有温度的变化,而且应用相当广泛。比如当高压气体降压时,可以看成粒子间的势能增加 $d\Phi > 0$,势能增加必有微观粒子的体积 V 增加,即 $V_0/V < 1$,或动能降低。代入公式可得 $\Delta T < 0$,表观反映就是温度下降,所以压缩气体经过节流使制冷剂膨胀可以获得制冷量。

不同物质连接处两侧由于真空能密度的不同,会有真空能梯度或势能的不同,表观就有电势差。电子在连接处两边的时空状态不一样，在无源回路中两种不同物质连接处形成大小相等但电势相反的回路，所以回路不产生电流。

当回路有源时有电流，当电子经过连接处时，由于两种物质的分子结构势能不一样，电子时空会有体积 V 的变化，也有温度的变化，两连接处电子时空的收缩与膨胀正好相反，所以两连接处制冷与制热大小相等，这就是温结效应。

V 的变化代表时钟相对时间快慢的变化，实际就是粒子通过两种物质势能的变化，所以温度的变化可以调整物质时钟的快慢，而重力就是时钟效应，所以温度变化可以调整重力的大小。

注意，本节的证明方法基于的是质能守恒，证明结果与经典物理学一致。

8 守恒量与时空物质性共生

本章结论：自然律的守恒量是时空物质性的度量，自然律的确定必须满足时空的物质性，光速不变假设违背这一原则。

由式(6-10)$W=\Delta m\cdot c^2$，外界与物质之间的能量交换是以物质与外界势场的真空能的交换为基础的，时空中没有真空能就没有能量交换的概念。

由式(6-4)可知$\Phi=\rho_0\cdot V_0$，势场空间含有真空能密度ρ_0，一定的空间V_0所含空间的真空能也是一定的。

无论参照系怎么伸缩，必须保证同一计算标准下的尺度要有相同的能量$m\cdot c^2$，这是能量守恒确定的，而时空的物质性度量就是能量，能量守恒就是以物质性为基础的。

也正因为如此，时空伸缩应该自动满足能量守恒。

例如尺子的伸缩满足相对论公式

$$L=L_0\cdot k_0$$

这里应该具有两个意思，一个就是通常最熟悉的尺缩k_0效应，还有一个就是收缩后的尺子刻度值不变，还是L_0。

因此使用$L=L_0\cdot k_0$对空间的测量要满足由时空的物质确定的守恒标准。

例如地球参照系的尺子放入宇宙初始星系，尺子将有伸缩$L=L_0\cdot k_0$，但尺子的刻度值不变，仍是L_0。然后再将尺子放回到地球，放回到地球的尺子将会相对宇宙初始参照系的尺子有伸缩。但放回到地球的尺子刻度值没变，并与地球的尺子一样长，宇宙初始参照系用同样不变的刻度值尺子计算真空能不变，$\Phi=\rho_0\cdot V_0$。

所以同系的人计算的能量与不同系的人计算的能量一致，区别仅是尺子的伸缩不同，但能量守恒。

例如人们测量卫星与地球之间的距离，地表静钟测量地表发射光子到卫星的时间较短，反过来卫星钟测量卫星发射光子到地球表面的时间较长，地球至卫星的距离如果按照光速不变假设，各自有各自的距离，并不统一。但时空的物质性在发挥作用，二者的测量的前提是时空为静态的，真空能密度沿半径的分布没有发生变化。二者之间如何计算空间的能量呢？能量的守恒性制约了光速不变假设的成立。

本章通过守恒观点确定光速不变假设是错误的，不符合能量守恒，也就是不符合时空的物质性原理。

后　记

本册重点是围绕牛顿第一定律与牛顿第二定律展开讨论，即讨论惯性的本质是什么。

如果惯性是物质具有保持原有时钟状态的性质，而原有时钟状态未必与运动状态有关，由此可以得出即便是静止物质，甚至包括物质势场具有势能分布的时空，都必须有惯性，这就为分析问题带来可简单定性的便利。

本册再次对相对论 $k=\sqrt{(1-\beta^2)}$ 展开了讨论。很显然 $k=\sqrt{(1-\beta^2)}$ 是低速近似解，在低速具有一定的准确度，但 $k=\sqrt{(1-\beta^2)}$ 不是动钟慢的含义，而是使动钟减慢的份额，不能由 $k=\sqrt{(1-\beta^2)}$ 得出动钟慢的。

相对论之所以获得极大的成功，就是因为 $k=\sqrt{(1-\beta^2)}$ 在宇宙引力学以及微观粒子在势场中运动的计算中获得成功，但是由证明可知，$k=\sqrt{(1-\beta^2)}$ 恰恰只适用于这个场合，适用 $k=\sqrt{(1-\beta^2)}$ 的前提是低速且满足机械能守恒。

大部分物质或粒子在外界势场中的自发状态基本都是失重状态，从而奠定了相对论作为近代物理学的基础，但通过严格的证明，这确实是一种误解。

错误的概念在很多情况下可以获得短暂的成功。中国的阴历在很大情况下是月亮围绕地球转的结论，从这点讲，地心说有一定的道理，但更大范围的测量证明日心说的正确性。真理的相对性大概就是这个意思吧。

但对真理的理解绝不应该以真理的相对性为理由而抗拒真理。

经典物理学中的相对论·第5册

经典物理学中的相对论

——相对时空的磁场与多普勒效应

王音光　著

中国矿业大学出版社

图书在版编目(CIP)数据

经典物理学中的相对论:全5册 / 王音光著. — 徐州 :中国矿业大学出版社，2019.1

ISBN 978-7-5646-4228-0

Ⅰ. ①经…　Ⅱ. ①王…　Ⅲ. ①相对论—研究　Ⅳ. ①O412.1

中国版本图书馆 CIP 数据核字(2018)第254496号

书　　名	经典物理学中的相对论·第5册
著　　者	王音光
责任编辑	张　岩
出版发行	中国矿业大学出版社有限责任公司 (江苏省徐州市解放南路　邮编 221008)
营销热线	(0516)83884103　83885105
出版服务	(0516)83995789　83884920
网　　址	http://www.cumtp.com　**E-mail**:cumtpvip@cumtp.com
印　　刷	江苏凤凰数码印务有限公司
开　　本	880×1230　1/32　**总印张** 13.875　**总字数** 361 千字
版次印次	2019 年 1 月第 1 版　2019 年 1 月第 1 次印刷
总 定 价	68.00 元

(图书出现印装质量问题，本社负责调换)

前　言

作者曾在郑州大学出版社出版《经典物理学中的相对论》。该书是从逻辑演绎与同一律性观点系统地论证了相对论的有关问题。图书出版后，经过反复思考，认为有必要将书中的重点内容做单独分析，这样既便于理解，又通俗易懂，较适合高中及以上的物理爱好者阅读，遂成此书。

在本书中，读者会发现，将相对时空理论直接代入经典物理学后非常自洽，自洽到令人难以置信的程度，充分展现了物理与数学相结合的魅力。

《经典物理学中的相对论·第1册》介绍了相对论四维时空的出处，逻辑演绎出相对论的观点，并从中发现相对论的问题，使读者对相对论与经典物理学的交集有明确的认识，特别是对物质波概念不太熟悉的爱好者，通过此书能获得物质波的概念；同时把经典物理学的速度叠加的定义域扩展到光速，并首次准确地得出定义域涵盖光速的相对动能公式。

《经典物理学中的相对论·第2册》由经典物理学出发，直接将相对时空引入经典物理学，逻辑演绎出相对论的动钟观点，证明从低速到高速的尺缩公式，并从中发现相对论关于动钟慢的问题，证明了质能守恒概念与质能转换的物理意义，揭示出机械能守恒的物理概念，推埋出引力势的时钟场概念，特别是对牛顿惯性定律的本质给出相对时空的惯性意义，并从中发现时空的物质性具有可视性。

《经典物理学中的相对论·第3册》逻辑演绎出相对时空的热力学第二定律的物理本质，特别是对地球现在的状态进行了论证，

揭示出磁场反转的物理概念。并从经典物理学中科氏力的物理概念出发，在相对时空中证明磁场，从中寻找磁场的物理意义。

《经典物理学中的相对论·第4册》利用已知的经典物理学的基础理论寻找宇宙初始产生物质的逻辑过程。这个过程会充分激发读者的逻辑演绎思维，从中发现宇宙初始时间与物质的演变过程。证明过程中顺便对引力常数进行了证明，论证了引力常数的演化过程，并计算飞出太阳系的探测器的有关问题。这是纯粹的逻辑演绎，将引发更多人重新反思过去的知识哪些更准确。

《经典物理学中的相对论·第5册》对经典物理学的磁场进行了解剖，能感受到电磁场与牛顿力学实际上是从不同的角度观察同一现象。并对相对时空多普勒效应进行了论证，尽管方法与相对论一致，但仍有新的观点。

以上证明过程并没有新的概念，仅仅是把经典物理学带入相对时空得到的结果，但内容不仅证明了经典物理学众所周知的有关定律与定理，而且已经把广义相对论证明的时空伸缩以及质能转换概念涵盖进去。这说明经典物理学更严密精确，由此得到的相对时空概念更容易被物理爱好者理解。经典物理学的待挖掘潜力很大，一定还存在更深奥的规律等待人们去探索。

本书试图用经典物理学的基本概念和原理证明相对论，与相对论有交集，但对相对论没有涉及的部分部分也做出了更合理的解释。

本书的出版得到了家人、专家、学者、物理爱好者、出版社编辑等的支持和帮助，在此向他们表示最衷心的感谢！

在本书的编写和出版过程中，笔者虽然做了很大努力，但因水平有限，加之编写时间仓促，书中难免存在疏漏和不妥之处，恳请读者来信批评指正(邮箱 wyg5412@163.com)。

王音光

2017年11月

目　录

1　运动物质相对场源的时空不平衡度

本章结论：动系受力是因为动系相对外界势场有时空不平衡度；场力不是外力，所以场力没有反作用力；理论力学的达伯朗原理准确地表达了相对动能的要义。

本册将直接使用《经典物理学中的相对论》前 4 册的部分公式。

《经典物理学中的相对论·第 2 册》中介绍了外力做功增量为 $dW = F \cdot dr$，且

$$dW = d\Phi - d\Phi_m \tag{1-1}$$

$d\Phi$ 是外界势场的势能增量，$d\Phi_m$ 是动系粒子的势能增量。

根据经典物理理论力学的达伯朗原理，动系的惯性力为《经典物理学中的相对论·第 2 册》中式(7-4)

$$F_m = d\Phi_m / dr$$

外界势场的场力为

$$F_0 = d\Phi / dr$$

《经典物理学中的相对论·第 2 册》中介绍了动系在势场运动中的势能[式(6-4)]

$$\Phi_m = \rho_0 \cdot V_m \tag{1-2}$$

Φ_m 是动系的势能，ρ_0 是外界势场的势能密度，V_m 是动系的体积。

势场的势能

$$\Phi=\rho_0\cdot V_0 \tag{1-3}$$

Φ 是外界势场的势能，V_0 是动系满足机械能守恒的体积。由《经典物理学中的相对论·第 4 册》可知，V_0 是外界势场的时空尺度分布，与势场的势能分布或时间相对快慢分布是同义词。

将 Φ_m 与 Φ 的密度与体积的关系直接代入式(1-1)可直接得出动系粒子在外界势场的受力

$$F=\mathrm{d}\left[\rho_0\cdot\Delta V\right]/\mathrm{d}r \tag{1-4}$$

$$\Delta V=V_0-V_m$$

ΔV 是动系粒子相对外界势场的体积的变化。相对论中称这种变化为尺缩效应。

当粒子的时空尺度 V_m 相对外界势场的时空尺度 V_0 不一致，即 $\Delta V=V_0-V_m\neq 0$ 时，粒子将会受 F。

场力 F_0 本身并不构成动系的受力条件，场力 F_0 不是外力，所以场力也没有反作用力。

由式(1-1)可得动系受力关系

$$F=F_0-F_m \tag{1-5}$$

动系在地表平面没有势能 Φ 的变化，因此 $F_0=0$，将 $F_0=0$ 代入式(1-5)可得

$$F+F_m=0 \tag{1-6}$$

上式就是经典物理学理论力学的达伯朗原理。

外界对动系做功 $F\cdot\mathrm{d}r$ 就是外界给动系的输入能量 $\mathrm{d}E_0$。《经典物理学中的相对论·第 2 册》式(3-2)中外界给动系输入的能量

$$\Delta E_0=M_0\cdot c^2\cdot\ln K_0$$

$\mathrm{d}\Phi_m$ 是因动系的动能变化引起的势能增量。

《经典物理学中的相对论·第 2 册》中式(5-2)

$$\mathrm{d}\Phi_m=-\mathrm{d}E_k \tag{1-7}$$

《经典物理学中的相对论·第 2 册》中式(3-3)

$$E_k = -M_0 \cdot c^2 \cdot \ln k$$

将《经典物理学中的相对论·第2册》式(3-6)$k=e^{-x}$代入上两式可得

$$d\Phi_m/dr = -dE_k/dr = M_0 \cdot c^2 \cdot dx/dr$$

将 $x=\beta^2/2$ 以及动系的水平位移 $dr=u \cdot dt$ 代入式(1-6)计算可得

$$F - M_0 \cdot a = 0$$

所以 $F=M_0 \cdot a$,但是 $F-M_0 \cdot a=0$ 更准确的物理含义是《经典物理学中的相对论·第2册》式(3-5)

$$dE_0 + d\Phi_m = d\Phi$$

只不过地表动系平动的势能零点 $\Phi=M_0 \cdot c^2 \cdot \ln k_0=0$,动系的势能变化 $d\Phi=0$,所以没有势场 $\Phi=0$ 的参照系就是同系或绝对时空,理论力学的达伯朗原理最准确地表达了相对动能的要义,输入能量将动钟加快的幅度与相对动能将动钟减慢的幅度正好相互抵消,动钟时间的相对快慢不变。

经典物理学的逻辑严密性要远远高于相对论。

2 静系观察两个动系之间的相对尺缩

本章结论：静系观察动系的相对尺缩效应与能量守恒等效。

设有相对地表静系运动的两个动系，分别定义为试验粒子与标准粒子。

静系观察试验粒子的速度为 u

$$\beta = u/c$$

静系观察标准粒子的速度为 u_0

$$\beta_0 = u_0/c$$

两个粒子各自都有势场，粒子之间有场力，两个粒子相对静系有相对速度，两个粒子之间还有相对速度。

当试验粒子在标准粒子的势场中运动，标准粒子作为牵连运动必然对试验粒子做功，粒子之间有能量的交换必然有相对势能的变化，因此两个粒子之间有相对尺缩 k。

静系如何把两个粒子之间的相对尺缩 k 折算为静系观察的相对尺缩呢？

由《经典物理学中的相对论·第1册》式(8-1)

$$k_0 = A \cdot \beta + [1 - \eta\beta^2]^{1/2}$$

k_0 是静系观察试验粒子的尺缩比例，是试验粒子自变量 β 的函数。

当试验粒子自变量 β 增量 $\Delta\beta$ 很小时，可以看成试验粒子的

$k_0=f(\beta)$应该是以 $\beta_0=u_0/c$ 为中心做泰勒级数展开的近似式，自变量的增量 $\Delta\beta=\beta-\beta_0$ 不能太大，这一般是满足的，因为固有光速 c 很大。

因此直接设标准粒子的速度就是 u_0，试验粒子以标准粒子的 $\beta_0=u_0/c$ 为中心做泰勒级数展开的近似式，可以看成试验粒子相对标准粒子的泰勒级数展开的近似式，逻辑上效果是一样的。

取试验粒子的位置在通过标准粒子质心且与标准粒子速度的垂线上，试验粒子与标准粒子的速度同向或反向，这样无须考虑 A 与 β 之间的方向余弦。例如对于实物质 A 与 β 同向一定满足 $A\cdot\beta>0$，根据级数或微分可得

$$k_0=f(\beta)=f(\beta_0)+f'(\beta_0)\cdot\Delta\beta$$

$$\Delta\beta=\beta-\beta_0$$

$f'(\beta_0)$是 $f(\beta)$对 β 的一次导数在 β_0 的导数值；$\Delta\beta=(\beta-\beta_0)$ 是试验粒子自变量 β 的增量，代表试验粒子相对标准粒子之间的速度。

对 $k_0=f(\beta)=A\cdot\beta+[1-\eta\cdot\beta^2]^{1/2}$ 进行泰勒级数展开，经过计算可得

$$f(\beta_0)=A\cdot\beta_0+k$$

$$k=[1-\eta\cdot{\beta_0}^2]^{1/2}$$

$$f'(\beta_0)=A-\eta\cdot\beta_0\cdot[1-\eta\cdot{\beta_0}^2]^{-1/2}=A-\eta\cdot\beta_0/k$$

所以

$$\begin{aligned}k_0&=f(\beta)=f(\beta_0)+f'(\beta_0)\cdot\Delta\beta\\&=f(\beta_0)+A(\beta-\beta_0)-\eta\cdot\beta_0\cdot(\beta-\beta_0)/k\\&=f(\beta_0)+A(\beta-\beta_0)-\eta\cdot\beta_0\cdot\beta/k+\eta\cdot{\beta_0}^2/k\\&=f(\beta_0)+A(\beta-\beta_0)-\eta\cdot\beta_0\cdot\beta/k+[1-(1-\eta\cdot{\beta_0}^2)]/k\\&=f(\beta_0)+A(\beta-\beta_0)-\eta\cdot\beta_0\cdot\beta/k+[1-k^2]/k\\&=f(\beta_0)+A(\beta-\beta_0)-\eta\cdot\beta_0\cdot\beta/k+1/k-k\\&=f(\beta_0)+A\cdot\beta-\eta\cdot\beta_0\cdot\beta/k+1/k-f(\beta_0)\end{aligned}$$

$$=A\cdot\beta+(1-\eta\cdot\beta_0\cdot\beta)/k$$
$$=A\cdot\beta+k'/k \tag{2-1}$$
$$k'=1-\eta\cdot\beta_0\cdot\beta$$

式(2-1)的物理意义是，如果不考虑地表牵连运动做功的影响 $A\cdot\beta$，例如以地表平动汽车为标准粒子参照系，汽车对动点试验粒子做功 $W=\Delta E'$ 产生运动，试验粒子相对汽车参照系的尺缩效应 k' 满足

$$\Delta E'=M_0\cdot c^2\cdot \ln k'$$

$\Delta E'$ 是汽车对试验粒子的输入能量，如果平动汽车相对地表静系静止，静系观察试验粒子的相对尺缩效应也是 k'。

但汽车具有相对动能，静系观察试验粒子的能量还要包括汽车的相对动能，静系观察试验粒子总能量

$$E_0=M_0\cdot c^2\cdot \ln k_0=-M_0\cdot c^2\cdot \ln k+M_0\cdot c^2\cdot \ln k'$$

k_0 是静系观察外界给试验粒子输入的总能量对应的尺缩系数，k 是静系观察汽车相对动能产生的相对尺缩系数，k' 是试验粒子相对汽车的尺缩系数，由对数关系可得

$$k_0\cdot k=k'$$

因此静系观察试验粒子的尺缩系数

$$k_0=k'/k=k'\cdot\gamma_0 \tag{2-2}$$

$(1-\eta\cdot\beta_0\cdot\beta)$ 与 k' 相互对应，$(1-\eta\cdot\beta_0\cdot\beta)$ 就是试验粒子相对标准粒子的尺缩系数，低速状态 $\eta=1$，试验粒子相对标准粒子的尺缩系数

$$k'=1-\beta_0\cdot\beta=1-\Delta k' \tag{2-3}$$

$\Delta k'=\beta_0\cdot\beta$ 是试验粒子的相对尺缩增量，如果试验粒子与标准粒子同向，静系观察试验粒子的牵连运动推动的动能增量 $\beta_0\cdot\beta>0$，动钟的时间相对减慢，这就是式(2-3)的物理意义。

式(2-1)中的 $\beta_0\cdot\beta$ 与 $A\cdot\beta$ 是同一概念，标准粒子代表牵连运动，对试验粒子的牵连做功，逻辑上由 $\beta_0\cdot\beta$ 发生的一切物理现

象，在 $A\cdot\beta$ 同样应该发生。

所以静系观察试验粒子的总尺缩还应加上地表静系本身的牵连做功效应 $A\cdot\beta$，式(2-1)就是经典物理的能量守恒概念。

$k_0=f(\beta)=A\cdot\beta+[1-\eta\beta^2]^{1/2}$ 的第二项

$$[1-\eta\beta^2]^{1/2}=k\approx 1-\beta^2/2\approx 1+\Delta k$$

Δk 是试验粒子的相对动能项 $\beta^2/2$ 引起的尺缩增量份额，本质与动系的势能增量 $\Delta\Phi_m=-\Delta E_k$ 是同义概念，因此 $(1-\eta\cdot\beta_0\cdot\beta)/k$ 与 $1-\beta^2/2$ 也是同义概念，有

$$k\approx k'/k$$

所以 $(1-\eta\cdot\beta_0\cdot\beta)/k$ 的物理概念是设定标准粒子的速度，以标准粒子的相对动能为标准，将试验粒子的相对动能与标准粒子的相对动能进行比较，可以得出试验粒子相对静系的尺缩增量份额 $k\approx k'/k$。

经过以上换算，原来试验粒子是根据相对动能计算相对势能变化 $\Delta\Phi_m=-\Delta E_k$，换算后只要根据试验粒子相对标准粒子的速度方向以及速率大小计算试验粒子的速度。

然后将计算的结果与地表静系牵连做功引起的尺缩 $A\cdot\beta$ 进行叠加，就是试验粒子的实际尺缩。

这种变换的最大特点是，直接计算试验粒子相对标准粒子的尺缩份额 k'，然后在换算成静系观察试验粒子的相对动能引起的尺缩份额。

只要知道了两个动系之间的相对尺缩 k'，根据式(2-2)换算成静系观察试验粒子的尺缩系数，从相对观点来说，物理学关注的是动系势能 Φ_m 相对场源势能 Φ 分布的不平衡，因为这是计算动系受力的基础。

标准粒子自身有势能分布，因此标准粒子的势能分布满足式

$$\Phi=\rho_0\cdot V_0$$

直接设试验粒子与标准粒子都是电荷，在标准电荷的电场分布位

置观察试验粒子的体积满足

$$V_m = V_0 \cdot k_0$$

$\Delta k' = \beta_0' \cdot \beta$ 是试验电荷的相对尺缩系数增量，由式(2-2)

$$\begin{aligned} V_m &= V_0 \cdot k_0 = V_0 \cdot (1-\beta_0 \cdot \beta) \cdot \gamma_0 \\ &= V_0' \cdot (1-\Delta k') = V'_0 - \Delta V \end{aligned} \tag{2-4}$$

$$V_0' = V_0 \cdot \gamma_0$$

V_0 是标准电荷势场的标准体积分布，静系观察标准电荷势标准体积相对伸缩为 $V_0' = V_0 \cdot \gamma_0$，$V_0' = V_0 \cdot \gamma_0$ 的概念是静系观察标准电荷空间 V_0 有相对变形。

标准电荷的势场时空由于相对静系的运动而发生伸缩，标准电荷的势能梯度也会发生变化，所以标准电荷作为运动场源的场力肯定也将发生变化。

$$\Delta V = V_0' - V_m = V_0' \cdot \beta_0 \cdot \beta = V_0' \cdot \Delta k' \tag{2-5}$$

$\Delta V = V_0' - V_m$ 是静系观察试验粒子势场的均值体积 V_m 相对标准电荷势场各点体积分布 V_0' 的差值。V_0' 是标准粒子的势场分布概念，所以不能将 ΔV 简单理解为试验粒子的体积 V_m 相对比标准电荷体积的差值。

式(1-4)与式(2-5)形式上相同。$\Delta V = V_0' - V_m$ 代表试验电荷相对电场的时空不平衡，从而改变试验电荷的受力状态。

但式(2-5)与式(1-4)的受力并不一样，式(1-4)ΔV 是动能增量引起的时空不平衡的受力，而式(2-5)代表试验粒子相对外界势场的时空不平衡与动能增量无关，只要相对外界势场有时空不平衡就一定受力。

但注意以上推理都是建立在能量守恒的基础上，即便观察者站在标准粒子参照系观察，观察者也看不到自身的牵连速度项 β_0，试验粒子相对标准粒子的时空不平衡 ΔV 仍然存在，不会因为观察者的观察点不同而发生任何变化。

例如，由分析可知 $k_0 = A \cdot \beta + [1-\eta\beta^2]^{1/2}$ 的第一项 $A \cdot \beta$ 的

本质就是地表静系相对比引力势的势能差引起的尺缩份额，因此 $\beta_0 \cdot \beta$ 与 $A \cdot \beta$ 作用等同，区别仅仅是在地表静系观察 $A \cdot \beta$ 没有相对运动尺缩 k 这一项。所以地表静系 ΔV

$$\Delta V = V_0 - V_m = V_0 \cdot A \cdot \beta = V_0 \cdot \Delta k' \qquad (2\text{-}6)$$

ΔV 就是地表静系观察试验粒子的相对速度引起的尺缩份额，注意试验粒子的时空伸缩 ΔV 与试验粒子的速度方向有关。

注意式(2-5)的逻辑演绎是建立在《经典物理学中的相对论·第1册》式(8-1)

$$k_0 = f(\beta) = A \cdot \beta + [1 - \eta\beta^2]^{1/2}$$

的基础之上，而《经典物理学中的相对论·第1册》式(8-1)与式(1-4)是两个风马牛不相及的相互独立的物理过程，但结果一样，这是客观规律的同一律性。

3　经典物理学的洛伦兹力与磁场

本章结论：磁场不一定是由电荷产生。

以自转的地球为例，标准粒子势场直接设为地表引力势，试验粒子为平动的动系，设外界势场对应位置的比容为 v_0，试验粒子的比容为 v_m。

试验粒子相对动能变化引起的势能变化份额为

$$\mathrm{d}\Phi_m = -\mathrm{d}E_k$$

由此引起的相对尺缩增量为

$$\Delta k = \beta^2/2$$

由动能增量引起试验粒子的比容伸缩增量为 Δv_m，由式(1-2)以及式(1-4)有

$$f_m = \mathrm{d}\Psi_m/\mathrm{d}r = \mathrm{d}[\rho_0 \cdot \Delta v_m]/\mathrm{d}r$$

试验粒子由此受力 $f = \mathrm{d}\,[\rho_0 \cdot \Delta v_m]/\mathrm{d}r$ 的方向由式(1-5)确定

$$f_m = f_0 - f \tag{3-1}$$

f 实际就是重力场强。

$$f = f_0 - f_m$$

式(3-1)的惯性力就是加速度，与试验粒子的动能变化有关，而试验粒子动能增量引起试验粒子的受力为 $f = f_0 - f_m$，与试验粒子的速度方向无关。

除此以外试验粒子还有一个受力项，就是由式(2-6)引起的受力

$$f=\mathrm{d}[\rho_0\cdot\Delta v]/\mathrm{d}r$$

只要粒子的时空伸缩 Δv 与粒子的运动速度方向有关，粒子就受洛伦兹力。

由式(2-6) $\Delta v=v_0-v_\mathrm{m}$ 有试验粒子因时空不平衡的受力为

$$f=\mathrm{d}[\rho_0\cdot v_0]/\mathrm{d}r-\mathrm{d}[\rho_0\cdot v_\mathrm{m}]/\mathrm{d}r=f_0\cdot A\cdot\beta \quad (3\text{-}2)$$

$$f=\mathrm{d}[\rho_0\cdot\Delta v]/\mathrm{d}r=f_0\cdot A\cdot\beta$$

$f_0=\mathrm{d}[\rho_0\cdot v_0]/\mathrm{d}r$ 是引力势的场强，$f_\mathrm{m}=\mathrm{d}[\rho_0\cdot v_\mathrm{m}]/\mathrm{d}r$ 是单位质量的惯性力。

Δv 是试验粒子速度方向以及速率引起的时空体积伸缩，不会因为观察者不同而发生变化，地表静系的牵连做功项就是$A\cdot\beta$。

如果试验粒子的相对速度为零 $\beta=0$，$f=0$，重物只受重力。

但是引力势的尺缩系数 k_0 分布与势能分布是同义词，由《经典物理学中的相对论・第 3 册》式(13-1)

$$u'=u_0/k_0$$

可以推出引力时空分布的牵连速度 u' 与地球自转的地表牵连速度 A 对应，所以引力势各点都有场源速度项分布

$$A'=A/k_0$$

一直延伸到实物质势场的无穷远，地磁概念与地球自转 A 有关，这才是本章讨论的目的。

通常实物质引力势中洛伦兹力 f 可以忽略不计，但当试验粒子的外力很小例如重力很小，洛伦兹力 f 就不能忽略不计，例如星系向黑洞跌落逐步被撕碎形成吸积盘方向的圆周运动，被撕碎的静质量物质的圆周运动形成的惯性离心力使得重力很小，洛伦兹力 f 的斥力作用不可忽略，从而形成了圆周运动。

$f=f_0\cdot A'\cdot\beta$ 的方向根据 A 与 β 的方向是斥力或引力来确定

$$\boldsymbol{f}=\boldsymbol{u}\times\boldsymbol{B}$$

$$\boldsymbol{B}=\lambda\cdot\boldsymbol{u}_0\times\boldsymbol{f}_0/(k_0\cdot c^2) \tag{3-3}$$

$\boldsymbol{B}=\lambda\cdot\boldsymbol{u}_0\times f_0/(k_0\cdot c^2)$称为磁感应强度；$\lambda$ 是地球物质不满足机械能守恒的程度对应的等效电荷量；$\boldsymbol{u}_0$ 是地表静系的牵连速度，但不是地球自转的地表线速度，而是地表赤道向东运动的失重系观察地表的牵连速度，$\boldsymbol{u}_0$ 实际就是动系向东达到引力平衡的失重速度，但方向向西。

但是由于地球自转方向与 u_0 相反，看上去更像负电荷产生的磁场，整个计算没有用到正负电荷的概念，而是用不满足机械能守恒的概念。

λ 是将静质量物质转换为电荷的比例，因为洛伦兹力要考虑静质量物质的电荷之间转换，所以没有必要定义静质量相当于正负电荷的概念，有时相当于正电荷，有时相当于负电荷，满足机械能守恒 $\lambda=0$。

$\boldsymbol{f}$ 已经考虑 A'与 β 的方向，$\boldsymbol{u}_0$ 是地球实物质作为场源的牵连运动速度矢量，经典物理是绝对时空 $k_0=1$。

目前地球与太阳之间的磁场力就是洛伦兹力 f，把地球看成质点，所以

$$f+f'=f_0-f_m\neq 0$$

f_0 是太阳势场的场强，目前的地球受到磁场外力 f，这个外力 f 相当于正电荷在磁场中的受力，f'是太阳对地球的重力，地球近似满足机械能守恒 $f'\approx 0$。

站在太阳参照系观察，当地磁增强，说明地球的公转轨道圆周惯性离心力下降幅度 Δf_m 超过场强的下降幅度 Δf_0，例如从近日点到远日点就是这种情况。

地磁分布是白天强夜里弱，说明站在太阳参照系观察，赤道昼夜的质点惯性离心力 f_m 相对比场强低的幅度 $f=f_0-f_m$ 不一样。

由此证明只要星系有磁场，就不可能满足机械能守恒。

星系向黑洞跌落，由于黑洞自转的磁场作用，由 $\boldsymbol{f}=\lambda\cdot\boldsymbol{u}\times\boldsymbol{B}$ 可知星系将向黑洞自转方向偏转，并形成吸积盘。

又比如行星反向公转，由于行星总是不满足机械能守恒，最终将跌落。

A 作为实物质场源的运动速度，可以直接作为标准粒子的场源速度，并将其延伸到实物质势场的速度分布 A'。

由《经典物理学中的相对论 · 第 3 册》已经证明

$$\boldsymbol{B}=c\cdot\nabla\times\boldsymbol{A}$$

以上逻辑推理都证明磁场是因为动系在外界势场中不满足机械能守恒所致，动系的势能 Φ_{m} 与场源的势能 Φ 不一致，只要星系存在磁场力，就不可能满足机械能守恒。

因此不能确定磁场必须有电荷产生。

当 $\Delta v=v_0-v_{\mathrm{m}}>0$ 或 $\Phi>\Phi_{\mathrm{m}}$，由于在失重系观察地球自转是反转，静质量实物质相当于正电荷运动产生磁场，但根据地球质心观察地球向东自转，静质量物质更像负电荷运动的产生的磁场，静质量实物质在外界磁场中受到的洛伦兹力却像正电荷。

星系的磁场反转就是静质量实物质的电荷正负性在发生反转，不影响星系的自转方向，当星系满足机械能守恒，即便星系有转速，也不会产生磁场。

在牛顿绝对时空 $k_0=1$，实物质的尺度 V_{m} 与运动无关，这种情况称为中性物质。在相对时空，静质量实物质的尺度 V_{m} 或 k_0 与运动方向有关，从而使得实物质同样具有电荷性。

所以式(3-3)的单位电荷的洛伦兹力 $\boldsymbol{f}=\lambda\cdot\boldsymbol{u}\times\boldsymbol{B}$ 必须还要考虑静质量物质与电荷物质的转换，当静质量动系达到机械能守恒，静质量物质才是真正的中性物质。

静质量实物质粒子在运动方向不变的情况下，静质量物质的时空不平衡 $\Delta V=V_0-V_{\mathrm{m}}$ 并不具有唯一性，会跟着机械能不守恒的状态发生变化，从而造成静质量实物质粒子的电荷正负性发生转换，静质量实物质很难用电荷概念分析受力，这也是磁场反转的主要原因。

4　电荷运动产生的磁场

本章结论：单位正负电荷产生的磁场分布并不相互对称，电子原子轨道的自旋磁矩可以翻转。

当标准粒子是电子场源，场源的速度为 u_0 时有

$$f = \pm \boldsymbol{u} \times \boldsymbol{B}$$
$$\boldsymbol{B} = \boldsymbol{u}_0 \times \boldsymbol{f}_0'/(k_0 \cdot c^2) \tag{4-1}$$
$$\boldsymbol{f}_0' = \boldsymbol{f}_0 \cdot \gamma_0$$

$\boldsymbol{B}$ 是单位电荷产生的磁感应强度，负号代表电子的洛伦兹力，正号代表正电荷的洛伦兹力；绝对时空尺缩系数 $k_0=1$。

电磁与地磁的区别是电荷产生磁场有相对运动，必须考虑相对运动引起的收缩项 γ_0。

因此星系物质产生的磁场除地球外都要考虑相对运动收缩项 γ_0 对磁场的影响，例如自转速度或相对速度很高的星系，星系磁场都很强。

可以看出，正负电荷产生磁场的区别：电子是势垒场，k_0 随着半径增大而增加，但半径越大场力 f_0' 越小，正电荷正好相反，所以电子单位电荷产生磁场的强度相对比正电荷单位电荷产生的磁场强度更大一些。

这意味着两个质心重合的单位正负点电荷运动产生的磁场不能相互抵消。

$\boldsymbol{f}=\boldsymbol{u}\times\boldsymbol{B}$ 以及 $\boldsymbol{f}=-\nabla[\rho(r)\cdot\Delta v]$，说明洛伦兹力是由试验

电子相对外界场源外界运动场源有尺缩，本质是试验电荷的势能相对场源电荷的势能不一样。

当电子在地表沿着地表切向平动，由式(3-1)可得

$$f=f_0-f_m$$

f_0 是引力势场强；f_m 是单位质量的惯性力，可以看成圆周向心力。

由于电子质心的静质量物质势场属于短程力，电子静质量物质势场的均值体积 V_m 相对比等质量的静质量物质小很多，电子的势能 $\Phi_m=\rho_0\cdot V_m$ 相对比外界的势能低很多，电子质心的静质量物质势场的时空伸缩必须与势阱质心的静质量物质的动能变化相互对应。电子质心的静质量物质势场属于短程力，相对比外界引力势能低很多，尽管电子的相对速度可以带来一定的时空伸缩，但电子根本不可能通过速度达到引力平衡。

电子静质量物质势场之外是电子势垒场的均值体积 V_m，电子势垒场就是时空，这个势场并没有静质量物质实体的约束，时空的伸缩相对变化可以很大。

这说明没有静质量物质约束的时空伸缩度 ΔV_m 可以很大，地表势能密度 ρ_0 不变，所以电场时空的势能变化 $\Delta\Phi_m=\rho_0\cdot\Delta V_m$，由此产生的时空不平衡

$$\Delta V=V_0-V_m$$

所以电子为了满足受力 $f=f_0-f_m$，必须具有很高的速度变化来平衡磁场力的变化，这就要求电子本身就必须具备很高的速度。

为什么洛伦兹力与运动方向有关？

因为尺缩系数 k 与运动方向有关，尺涨与尺缩代表运动方向不同。

为什么正、负电荷同一运动方向受力方向反对称？这恰恰是互为反粒子的时空特性。正、负电荷在同一运动方向的尺缩系数 k 正好镜像反对称，粒子的尺涨或时间加快与粒子尺缩或时间减

慢相互反对称，形成受力镜像反对称。

电荷的特性：正、负电荷的尺缩系数 k 相对同一运动方向相互反对称，当同性电荷速度方向相反必然引起尺缩系数 k 相反，并且只要运动方向不变，由尺缩或尺涨引起的时空不平衡 $\Delta v = v_0{}' - v_m$ 的趋势就不变。

电子的势能总是相对比正电荷的势能低，平动永远不可能满足机械能守恒，所以电荷的宏观运动总是有磁场。

不仅电荷之间，电子相对比引力势的势能低，正电荷相对比引力势的势能高，所以正、负电荷在地表运动都能产生磁场，并且都感受地磁。

但静质量物质不感受电荷磁场，原因是引力场相对比电场的力程大很多，长程力物质不感受短程力粒子的场力，逻辑上不感受短程力粒子运动产生的磁场。

但是在微观范围内，电子的速度极高，电子围绕原子核运动利用静质量的惯性力可以满足机械能守恒。

对原子施加外力可以改变电子轨道的机械能守恒状态，因此电子的微观运动可以有电磁翻转，每一个稳定能级都可以有电子自旋磁场反转的两个能级，虽然这两个自旋相反的能级是量子化的，但本质也是电子的自转方向不变，仅仅是电子的电荷性发生反转。

例如机械变形、温度变化、施加电磁场等都将改变组成物质的原子电场的时空分布，而 f 改变电子在原子正电荷电场的受力状态，从而改变电子的能级状态，当然在电子能级分裂的受力不叫洛伦兹力，但 $f = -\nabla[\rho_0 \cdot \Delta v]$同样是由电子相对场源的时空不平衡引起的。

磁场应该包含 $A \cdot \beta$ 这一项，$A \cdot \beta$ 就是静质量物质在地球势场中的洛伦兹力。虽然静质量实物质粒子的力学状态分析使用牛顿力学相对更简单，但由地球势场 A 必须产生磁场，人们承认了

$\beta_0 \cdot \beta/k$ 这一项产生磁场，却不承认星系磁场并非静质量物质所产生，逻辑不合理，而且使得星际磁场成为宇宙之谜之一，当然出现这个矛盾是人们原本就不知道 $K_0 = f(\beta) = A \cdot \beta + [1 - \eta\beta^2]^{1/2}$。

实际上由于时空膨胀，在宇宙早期的正负电荷之间的相对势能差肯定与今天不一样，因此也有类似于静质量物质 λ 的概念，时间越早相同电荷量产生的磁场越强，甚至可以大得惊人。

5　磁场的两个重要应用

5.1　地球自转产生的合成磁场分布

本节结论:地磁分布在赤道上空某一个有限范围内会出现磁场增强现象。

地球有自转,因此赤道位置的牵连速度最大,静质量实物质由于自转将产生磁场,同时组成物质的原子内部正负电荷也将产生磁场,通常认为正、负电荷反对称,所以中性物质不产生磁场。但本书已经证明电子的磁场与正电荷的磁场并不对称,形不成原子正、负电荷相互抵消的中性物质概念,仅仅是这种不对称基本可以忽略不计而已。

此外还有一个原因就是正负电荷的力程略有差别,造成正负电荷的场强分布也不对称,所以地磁应该是静质量实物质与正、负电荷产生的磁场的叠加。

地球静质量物质产生的磁场

$$\boldsymbol{B}=\lambda\cdot\boldsymbol{u}_0\times\boldsymbol{f}_0/(k_0\cdot c^2)$$

电子产生的磁场

$$\boldsymbol{B}=\boldsymbol{u}_0\times\boldsymbol{f}_0'/(k_0'\cdot c^2)$$

原子正电荷的磁场

$$\boldsymbol{B}=\boldsymbol{u}_0\times\boldsymbol{f}_0''/(k_0''\cdot c^2)$$

注意：原子中正、负电荷的速度与地表静系的牵连速度 $\boldsymbol{u}_0$ 一致，为了区别正、负电荷的势能分布反对称，正、负电荷的时间相对快慢分布分别用 k_0' 与 k_0'' 表示。

地磁磁场总叠加

$$\boldsymbol{B}=\lambda\cdot\boldsymbol{u}_0\times\boldsymbol{f}_0/(k_0\cdot c^2)+\boldsymbol{u}_0\times\boldsymbol{f}_0'/(k_0'\cdot c^2)+\boldsymbol{u}_0\times\boldsymbol{f}''_0/(k''_0\cdot c^2)$$

通常认为原子内正、负电荷的速度一样，正负电荷的场强反对称，后两项相互反对称而抵消，这就是中性物质的概念。

如果正、负电荷不对称将会发生什么物理现象？

由于电子的势垒分布与正电荷的势阱分布，正、负电荷在各自电场具有同样的半径，正、负电荷满足

$$k_0'<k_0''$$

由第 4 册分析，以外界引力势场的势能为势能零点标准，电子与正电荷的势能相对都比外界势场的势能低，不满足机械能守恒，所以正负电荷在引力势中运动都将产生磁场。上式的含义是电子与正电荷之间相互比较，在各自电场同样的半径位置，由于势场分布形式不一样，电子的势能相对又比正电荷的势能略低，同义解释是在相同半径的位置，概念是电子势场的时间分布与正电荷势场的时间分布并不对称一致，这将会影响正、负电荷的磁场分布，如果将正、负电荷的势场叠加在一起，未必是中性的。不仅如此，即便不考虑正、负电荷的势场的势能分布形式，由于正、负电荷各自的势能梯度并不一致，电子势场的场强 f_0' 与正电荷的场强 f_0'' 也不一致。

这说明电子运动产生的磁场略高于正电荷运动产生的磁场，正、负电荷的合成磁场不为零，略带有负电荷产生的磁场，因此地球静质量物质自转运动产生的磁场与略带有负电荷产生的磁场相互叠加增强，由于磁场场强随着半径增大而降低，人们认为这是很正常的磁场分布概念。

《经典物理学中的相对论·第4册》已经证明电子的力程略低于正电荷的力程，直接后果就是电子产生的磁场将不如正电荷的磁场范围大，所以最后只剩下正电荷的磁场场强

$$\boldsymbol{B}=\lambda\cdot\boldsymbol{u}_0\times\boldsymbol{f}_0/(k_0\cdot c^2)+\boldsymbol{u}_0\times\boldsymbol{f}_0''/(k_0''\cdot c^2)$$

两个磁场叠加，场强仍然下降，通常认为这是正常的磁场分布现象。

但是正、负电荷相对引力场都是短程力，正电荷的磁场也将消失。

最后结果是静质量物质产生的磁场场强

$$\boldsymbol{B}=\lambda\cdot\boldsymbol{u}_0\times\boldsymbol{f}_0/(k_0\cdot c^2)$$

由于被叠加的正电荷产生的磁场消失，人们会发现地磁竟然随着地球半径增大，地磁会略有上升，然后地磁继续随着半径增大而下降。

因此地磁在赤道上空某一个很小的空间会有地磁上升后继续下降，如果出现这种情况，由于现有电磁理论无法解释，这种现象将属于地磁之谜。

这是验证本理论是否正确的重要依据。

5.2　星系在黑洞引力势的三个区域的磁场

本节结论：星系只有在稳定的相对黑洞退行的公转轨道才发生磁场翻转。

在《经典物理学中的相对论·第4册》第7章证明中设星系在黑洞引力势的势场中分成三个区域，黑洞附近的跌落区，机械能守恒区，与势场边缘的斥力区。

下面将直接利用热力学第二定律的结论，说明星系在外界势场中，将自发满足机械能守恒，因此星系磁场方向直接与星系力图

满足机械能守恒的受力方向有关。

星系在跌落区总是受到黑洞的重力，因此跌落区的星系的磁场方向不变，总是受到黑洞磁场的斥力，但星系受到黑洞磁场的斥力永远不可能大于黑洞对星系的重力，星系将始终跌落。只要黑洞磁场方向不变，星系的磁场方向不变。

机械能守恒区的星系总是力图自发满足机械能守恒，但黑洞势场的势能总是随着时空膨胀在变化，同时星系势场的势能也是在不断变化，因此在机械能守恒区的星系总是动态地自发满足机械能守恒，会形成星系的磁场反转。

恒星势场也有这个特性，行星的磁场通过周期性的翻转来满足机械能守恒。

本质是星系只有在稳定的相对黑洞退行的公转轨道才发生磁场翻转。

机械能守恒区的星系磁场翻转如图 5-1 所示。

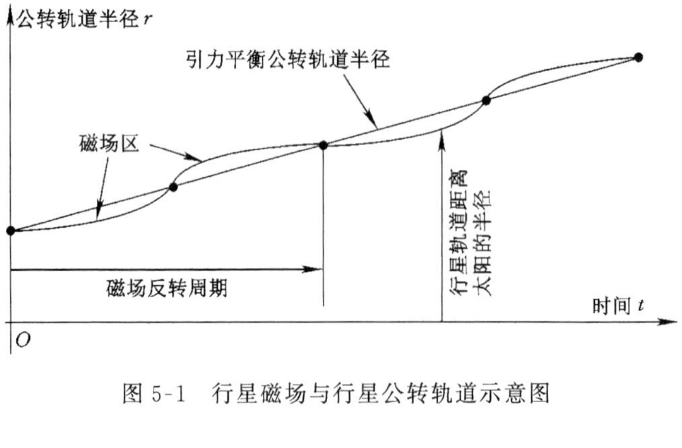

图 5-1　行星磁场与行星公转轨道示意图

引力势边缘的斥力区，星系的磁场不会翻转，星系磁场的方向总受到黑洞磁场的拉力。所以行星的退行速度是脉动的。

综合以上分析，星系跌落区的星系产生方向不变的斥力磁场，力图阻止星系的跌落。星系脱离跌落区刚进入机械能守恒区的磁场翻转周期一定是产生斥力方向的磁场的半个周期大于产生拉力方向的半个周期，磁场翻转周期较短。之后产生斥力方向的磁场的半个周期等于产生拉方向磁场的半个周期，接着星系逐步向产生拉力方向的磁场的半个周期越来越大的方向发展，原因是外界势场的势能梯度越来越低，代表外界势场的膨胀度越来越低，而星系的膨胀度大于外界势场，星系相对黑洞的径向退行速度越来越大，磁场翻转周期也将逐步延长。最后星系进入斥力区。

不仅行星，恒星相对银河系中心黑洞的退行速度也是脉动的。

甚至整个宇宙星系相对宇宙初始的退行速度都是脉动的。

这种脉动退行速度的直接后果就是在地球观察宇宙星系的相对速度并不总是相对退行，也可以是相向运动，光子波长与光色有关，而波长又与星系间的相对速度有关，结果造成星系间观察色差的不同，甚至会认为宇宙在加速膨胀。

6 质电换算与磁轴、磁极的关系

6.1 电荷守恒与质电换算

本节结论：静质量与电磁物质可以相互转换。

$f_q = Q/(4\pi\varepsilon \cdot r^2)$是正电荷场强，电荷场强 f_q 方向与场能质量场强 f 方向相反，这符合电场定义。《经典物理学中的相对论·第 4 册》中已介绍以静质量表示电荷之间的作用力

$$F = G' \cdot M_0{}^2/r^2$$

或

$$F = -G' \cdot M_0{}^2/r^2$$

静电公式

$$F' = Q^2/(4\pi\varepsilon r^2)$$

或

$$F = -Q^2/(4\pi\varepsilon r^2)$$

由受力相等可得 $Q^2 = 4\pi\varepsilon \cdot G' \cdot M_0{}^2$，由此推出质电换算系数

$$Q/M_0 = \lambda = \pm(4\pi\varepsilon \cdot G')^{1/2}$$

λ 是单位静质量对应的电荷量。已知 λ，质量与电荷之间的关系

$$M_0 = Q/\lambda = Q \cdot \lambda/4\pi\varepsilon G' \tag{6-1}$$

所以单位电磁质量的场强

$$f = G' \cdot M_0/r^2 = Q \cdot \lambda/(4\pi\varepsilon \cdot r^2)$$

换算成单位电荷的场强

$$f/\lambda = f_q = Q/(4\pi\varepsilon \cdot r^2) \tag{6-2}$$

通过分析上面公式可以得出结论：

(1) 电荷之间的“引力常数”G'远远大于引力质量实粒子之间的G。

(2) 静质量实物质根据受力方向不同，可以在正、负电荷之间相互转换。

(3) 静质量实物质的电荷性λ会随着静质量在外界势场中满足机械能守恒状态的程度而发生变化，满足机械能守恒程度越高λ越低。

6.2 星系磁轴与多磁极

本节结论：由于星系静质量质点电荷性λ的分布不均匀，不会形成与星系静质量质点自转轴对称的磁极。

由于星系磁场与星系相对外界势场的时空不平衡度ΔV有关，或星系磁场与不满足机械能守恒状态有关，因此星系物质分布所在势场的不满足机械能状态不同，星系各质点的电荷性λ不同，有的质点电荷性强，有的质点电荷性弱，如果将这些不同电荷性的质点产生的磁场叠加，由于星系静质量质点电荷性λ的分布不均匀，就不会形成与星系静质量质点自转轴对称的磁极，因此星系的磁轴与星系的自转轴不对称，甚至磁轴在星系内部不是直线，两个磁极既不同心也不共线，由于星系是椭圆公转轨道，还会发生磁轴的年周期运动。

更有甚者，许多星系体积很大，更多的恒星是高温气体，星系自转速度很高，当恒星在黑洞势场不满足机械能守恒，星系内部物质受到的重力分布很不均衡，不排除有的区域受到重力，有的区域受到斥力，但由于热力学第二定律在发挥作用，同一星系内部物质的电荷性λ分布可能相反，形成磁场方向不一样，这就会形成一个星系内部多磁极现象。

而且恒星通常都有很多黑子，实际是时空高度收缩的静质量物质，每一个黑子就像一个恒星内部的行星，它们在大部分情况下不满足机械能守恒，会有剧烈的圆周与自转运动，这些运动都将产生磁场，磁场的磁极未必一致。这些黑子的磁场相互作用，与星系势场的磁场相互作用，其目的都是力图向满足机械能守恒的方向发展。

甚至不排除半径较大的大型气体行星也有这种多磁极状态。

至此由经典物理学概念将洛伦兹力以及磁场的概念说明完毕。

7 不考虑多普勒效应的尺缩时延与同系光速不变的关系

本章小节:如果不考虑多普勒频移效应,静系观察动系发射光子的波长 λ_0 不随动系的尺缩时延而变。

地球参照系的原子辐射光子的固有周期为 $T_0=1/f_0$,光子的时间与地球的时间快慢一致,当光子由地球运行到其他星系,光子的时间也与星系当地参照系的时间快慢一致。

地球参照系与当地星系参照系观察光子从地球运行到当地的频率是多少?

已知地球参照系的时间 T_0 与星系当地参照系的时间 T' 快慢比例关系是

$$T_0\cdot k_0=T'$$

T_0 是光子的固有周期,所以当光子运行到其他星系,光子的周期被伸缩为 T',由 $T_0\cdot k_0=T'$ 可知,尽管光子的周期在其他星系被伸缩为 T',但对应地球的时间仍是 T_0。

所以地球观察光子运动到其他星系的固有周期 T_0 不变或固有频率 f_0 不变。

但星系当地参照系观察由地球发来的光子周期变化了,所以星系当地参照系观察由地球发来的光子的频率

$$f'=1/T'=f_0/k_0$$

称为频移。

当地观察光子的光速不变，所以地球与其他星系观察光子的光速为

$$c=f_0\cdot\lambda_0=f'\cdot\lambda' \tag{7-1}$$

$\lambda_0=c\cdot T_0$ 是地球参照系观察当地光子的固有波长，$\lambda'=c\cdot T'$是星系观察由地球发来光子的波长，所以

$$\lambda_0\cdot k_0=\lambda' \tag{7-2}$$

地球观察光子到其他星系的视光速是

$$c'=f_0\cdot\lambda'=f_0\cdot\lambda_0\cdot k_0=c\cdot k_0$$

实验方法就是测量透明介质中的光速以及频率 f_0 与波长 λ'正好满足这种关系。

但如果其他星系光源发射光子来到地表，其他星系当地发射光子的固有周期是 T_0，来到地球的光子周期 T 满足

$$T_0=T\cdot k_0$$

所以地球观察外来光子的频率是

$$f=f_0\cdot k_0 \tag{7-3}$$

根据同系光速不变，可得光速

$$c=f\cdot\lambda \tag{7-4}$$

$$\lambda=\lambda_0/k_0$$

波长代表光色，所以波长的伸缩代表红移或蓝移。

人们更关注光子到其他星系的状态，将 T_0、T'、λ_0、λ'分别由 Δt_0、τ、L_0、L 代替，由 $T_0\cdot k_0=T'$、$\lambda_0\cdot k_0=\lambda'$、$\lambda_0=c\cdot T_0$、$\lambda=c\cdot T'$整理后可得

$$L/L_0=\tau/\Delta t_0=k_0 \tag{7-5}$$

$$L/\tau=L_0/\Delta t_0 \tag{7-6}$$

式(7-5)是相对论尺缩时延公式，k_0 是时延系数。

式(7-6)是相对论没有的公式，即地球发射的光速是 $c=L_0/\Delta t_0$，星系当地参照系观察的光速仍是 $c=L/\tau$，光速 $c=L/\tau$ 只满

足光子所在地的当地观察者不变，这就是“光子的时间快慢始终与当地外界势场的时间快慢保持一致”的物理意义。

上式说明，当动系的时间 τ 相对观察者的时间 Δt_0 减慢，动系的尺子 L 也相对观察者的尺子 L_0 同比例变短。

由“时钟的表盘及刻度与参照系无关”与“尺子的刻度与参照系无关”，动系的时间 τ 与尺子的刻度 L 只要满足 $L/\tau=c$，即使尺子有各向异性伸缩变形，同一把尺子的“刻度值”也与参照系无关且各向同性，在同系观察光速各向同性。

但不同系之间互相观察的视光速并非各向同性，而是各向异性。

所以式(7-5)$L/L_0=\tau/\Delta T_0=k_0$ 另一层意思是，虽然静系观察动尺有相对伸缩且各向异性，静系观察动尺长度 L 相对静尺具有各向异性，但由于动钟的时间不具有各向异性，因此静系认为动钟时间测量动尺的长度也具有各向同性，即

$$L=L_0\cdot k_0$$

上式的意思是，同一把尺子可以各向异性伸缩，但刻度值不可能各向异性伸缩，静系以 $L=L_0\cdot k_0$ 计算动尺伸缩量，而不是相对各向异性伸缩，这就保证了时空的各向同性。

例如，地表动系发射光子的波长是 λ_0，λ_0 可以看成动尺的长度，动尺相对静尺有伸缩 $L/L_0=k_0$，人们没有必要考虑各向异性伸缩。

动钟发射的光子固有周期 T_0 也是各向同性，对应静系的时间是 $T\cdot k_0=T_0$ 同样是各向同性，由式(7-5)可得静系观察光子的视光速

$$L/T_0=\lambda_0/T=\lambda_0\cdot k/T_0=c\cdot k_0$$

上式的含义是无论动尺如何伸缩，静系观察动系发射光子的波长还是 λ_0，不能因相对伸缩而改变动尺的刻度值，这就保证了不同参照系观察宇宙距离不因参照系不同而不同。

例如，动系发射光子的固有波长是 λ_0，动系发生光子的周期是 T_0，静系对应的周期是 T，静系观察动系发射光子在静钟周期 T 内走的距离一定是 λ_0。

跟随参照系运动观察参照系自身时空坐标的实验光速 c 不变，这也是保证表盘刻度与尺子刻度不变且各向同性的充要条件，因为人类用时间测量尺子长度总是以光速为标准。

L、τ 是同一参照系的时空坐标，参照系时空伸缩坐标比例就是固有光速 c，各向同性、光速是时空特性而非运动特性。

将 $\tau = k_0 \cdot \Delta t_0$ 代入 $L = c \cdot \tau$ 可得静系观察动系发射光子的视光速

$$L = c \cdot \tau = c \cdot k_0 \cdot \Delta t_0 = c' \cdot \Delta t_0$$

$$c' = c \cdot k_0$$

$c' = c \cdot k_0$ 是观察者用自己的时间测量不同系光子的视光速。

将 $c' = c \cdot k_0$ 代入光速 $c = f_0 \cdot \lambda_0$ 可得

$$c' = c \cdot k = f_0 \cdot \lambda_0 \cdot k = f \cdot \lambda_0 = f_0 \cdot \lambda' \qquad (7\text{-}7)$$

$$f = f_0 \cdot k_0, \lambda' = \lambda_0 \cdot k_0$$

当观察者发射光子运动到相对时间快慢不同的参照系，观察者观察的视光速 $c' = f_0 \cdot \lambda'$，而观察者观察不同参照系发射光子的视光速还是 $c' = f \cdot \lambda_0$。

人们无法观察宇宙早期星系发射光子的视光速，但可以根据接收到的光子频率 $f = f_0 \cdot k_0$ 计算早期星系发射光子的视光速，还有一种办法就是根据光线的弯曲程度知道早期星系的视光速。

尽管推出了与相对论同样的公式以及雷同的尺缩时延有关概念，光速不变假设无论在实践中，还是在逻辑演绎中都不存在。

8　视光速各向异性

本章结论：光速的各向异性是不同系之间互相观察的结果。

如图 8-1 所示，y 轴与水平 x 轴分别表示垂直方向和水平方向的地表重力势。

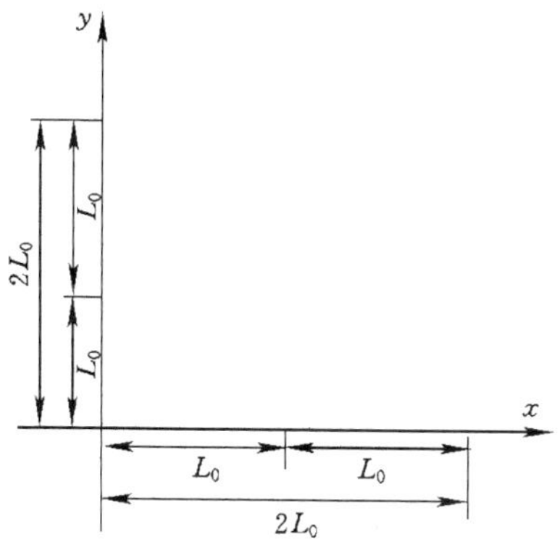

图 8-1　尺子垂直方向与水平方向伸缩示意图

在两个坐标轴分别取"坐标值"为 $2L_0$ 的长度，相同间隔的"坐标值"沿 x 轴均匀分布，而沿 y 轴方向由于重力势的时空分布不均匀，相同间隔的"坐标值"沿 y 轴分布并不均匀，同样的"坐标值"间隔，越接近地面尺子越短，并且时间相对越慢。

光子沿 x 轴测距 $2 \cdot L_0$ 所需时间

$$\Delta t = 2 \cdot L_0 / c = 2 \cdot \tau$$

$\tau = L_0/c$ 是光子测距 L_0 的固有时。

设 y 轴靠近地面的尺子 L_0 所在位置的时间与地面水平 x 轴的时间快慢一样，高位势的时间相对比低位势的时间较快或 $k_0<1$，光子在高位势测量 L_0 同样的固有时 τ，对应地表的时间相对更短 $\Delta t' = \tau \cdot k_0 < \tau$，光子沿 y 轴测距 $2 \cdot L_0$ 所需固有时为 $\Delta t = 2 \cdot \tau$，对应地表的时间

$$\Delta t_0 = \tau + \Delta t' = (1 + k_0) \cdot \tau$$

所以光子沿 y 轴测距 $2 \cdot L_0$ 所需时间

$$\Delta t_0 = (1 + k_0) \cdot \tau < \Delta t = 2 \cdot \tau$$

所以在地表用光子对同样“刻度值”$2 \cdot L_0$ 的尺子测距，所用的时间并不一样，不满足“同系”的概念。

地表系的人用光子测距不满足光速各向同性。人们测量卫星至地球的距离就是这种状态，同步卫星的时间相对比地表的时间快，通过光子测距同步卫星与地表之间同样的距离，同步卫星发射光子测距往返所需时间 Δt 肯定相对比地表发射光子测距往返所需时间 Δt_0 更长。

如果按照光速不变假设测距，同步卫星所测距离相对比地球所测距离更长，这就造成宇宙距离因参照系不同而不同。

如果按照同系光速不变原则，光子的视光速可以不同，同步卫星与地表之间同样的固有距离 L_0 不变。实际上人们从测得透明介质内部亚光速就应该发现光速不变假设的错误。

为了说明这个问题，可以做一个模拟实验，沿地表水平放置边长为光子固有波长 λ_0 的矩形边框，如图 8-2 所示。

当矩形边框静止时，用光速测量边长的固有时周期为 $\tau = \lambda_0/c$，在地表测量矩形两个边长的固有时周期 τ 一样，人们根据光速不变以及固有时周期 τ 或光子固有频率 $f_0 = 1/\tau$，证明矩形边框是正方形。

当正方形边框向西以速度 u 运动，假设动钟的时间 τ 相对静

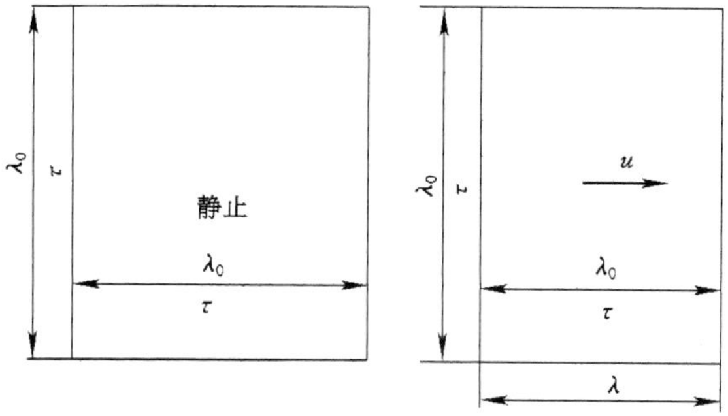

图 8-2　视光速各向异性示意图

钟时间 Δt 减慢满足

$$\tau = \Delta t \cdot k_0$$

与动钟同系运动的人感觉不到动系的运动，在动系上的人用光子测量矩形的两个边长的固有时周期 τ 不变，边长 λ_0 仍满足正方形。

地表静系观察动系发射光子测量矩形边框，却不是正方形，静系观察与动系运动方向平行的边长缩短为 λ，静系观察动系发射光子的频率满足式(7-3)

$$f = f_0 \cdot k_0$$

虽然动系上的人观察正方形边长的固有长度 λ_0 没变，由于静系观察静态的距离 λ_0 没有变，所以与动系运动方向平行的边长相对距离 λ_0 缩短了，因此这时静系观察动系发射光子的测距就不能按照"刻度值"不变的概念，而是根据动尺相对静尺的真实收缩量计算视光速。

按照相对运动原则，静系观察垂直动系运动方向的边长仍是 λ_0。

由 $\tau = \Delta t \cdot k_0$ 可得动系发射光子周期对应的静钟时间为 Δt，

而如图 8-2 所示静系观察动系在平行运动方向的动尺收缩为 λ，如果不考虑多普勒效应，静系在动系前后方观察动系向前后方发射光子的视光速为

$$c' = \lambda/\Delta t = \lambda \cdot k_0/\tau = \lambda \cdot f$$

同理可得静系观察动系向垂直运动方向发射光子的视光速为

$$c'' = \lambda_0/\Delta t = \lambda_0 \cdot k_0/\tau = \lambda_0 \cdot f$$

如果忽略多普勒效应，无论静系在相对动系任何方向观察动系的频率都是 $f = f_0 \cdot k$，但静系观察不同方向的波长不同，因此静系在不同方向观察动系发射光子的视光速不同，所以静系观察动系视光速各向异性。

当人们在“同系”内观察“同系光速”各向同性，在不同系观察可能是视光速各向异性。不同参照系之间互相观察没有统一的空间形式，正方形、矩形、圆形等之间可以通过时空变换相互转换。

当人们发现光线弯曲，这实际就是不同系之间观察的结果，相对论时空弯曲概念毋庸置疑是正确的，但不同系之间观察时空弯曲必然伴随视光速各向异性同样准确无误。

9　绝对时空的多普勒效应

本章结论：经典多普勒频移满足光速不变。

设动系与静系是同系，动系是牵连速度，动系发射光子是相对运动。

《经典物理学中的相对论·第1册》第7章已经介绍了

$$\boldsymbol{V}=\boldsymbol{u}_0+|\xi|\cdot\boldsymbol{v}$$

由《经典物理学中的相对论·第1册》第4章可知，$|\xi|$ 的物理含义是相当速度满足经典物理速度叠加的刚体份额，并非相对论尺缩概念。

当相对速度是光速 c，静系观察的绝对速度也是光速 c，上式为

$$\boldsymbol{c}=\boldsymbol{u}_0+|\xi|\cdot\boldsymbol{c}$$

上式是矢量关系，将光子固有周期 T_0 乘以上式可得

$$\boldsymbol{c}\cdot T_0=\boldsymbol{u}_0\cdot T_0+|\xi|\cdot\boldsymbol{c}\cdot T_0 \tag{9-1}$$

$$\lambda_0=c\cdot T_0$$

上式黑体字代表位移矢量的叠加，λ_0 实际就是光子在一个周期的相对位移矢量，所以如果不考虑多普勒效应，在同系测量动尺的长度仍是 λ_0，如图9-1所示。

因此 $|\xi|\cdot\lambda_0$ 实际就是满足经典物理位移矢量叠加的刚体份额，如果不考虑多普勒效应，在同系测量动尺的长度仍是 λ_0。

如果不考虑多普勒效应，静止光源每隔一个光子固有周期 T_0

向静系观察者发射一个光子，光子在光子周期内走的距离是 λ_0，让静系观察者站在长度为 λ_0 的尺子一端接收静尺另一端静止光源发射的光子，静系观察者每秒接收光子的个数就是光子的固有频率 $f_0 = 1/T_0$。

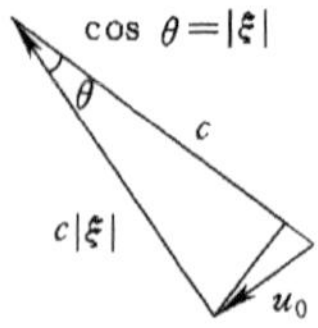

图 9-1 经典物理学的位移叠加示意图

当动系以固有速度 u_0 相对静止观察者前行，并向前进方向的观察者发射光子，由于同系光速不变，静系观察动系发射的光子光速不变。

当动尺以速度 u_0 运动，在静系一个周期内 T_0，动系在光速方向的牵连位移

$$L = u_0 \cdot T_0$$

由于动系向前运行了一段距离 $L = u_0 \cdot T_0$，动系发射光子到动系前方静系接收者的波长 λ' 缩短了，与式(9-1)同样原理，静系观察 λ' 同样应该考虑牵连速度带给相对速度的波速份额，相对位移矢量满足经典物理叠加的刚体份额为 $\lambda' \cdot |\xi|$，如图 9-2 所示。

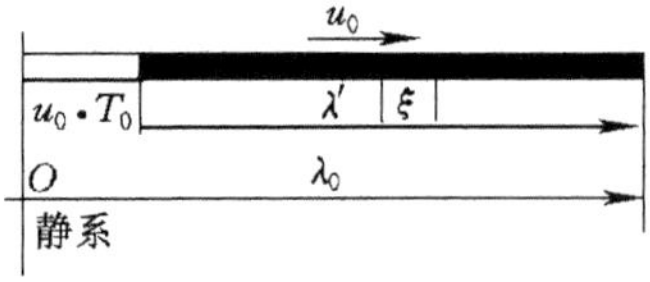

图 9-2 经典物理学计算多普勒波长示意图

但静系观察动系发射光子的绝对位移不变仍是 λ_0，所以静系观察按照经典物理的位移叠加满足

$$\lambda' \cdot |\xi| + u_0 \cdot T_0 = \lambda_0 = c \cdot T_0 \tag{9-2}$$

所以有

$$\lambda' = \lambda_0 \cdot (1-\beta)/|\xi| = \lambda_0/a \tag{9-3}$$

$$a = |\xi| / (1-\beta)$$

同理可得静系观察动系发射光子的经典多普勒周期

$$T' = T_0 / a \tag{9-4}$$

绝对时空的经典多普勒频率

$$f' = f_0 \cdot a \tag{9-5}$$

式(9-5)就是相对论推出的多普勒频移。

相对论多普勒公式本身没有错，错的是相对论的解释，相对论认为 $|\xi|$ 是尺缩效应，而本书观点是 $|\xi|$ 不是尺缩效应，而是动尺能够参与经典物理速度叠加的刚体份额比例，因为物质波的波速份额不参与速度叠加。

将 $|\xi| = (1-\beta^2)^{1/2} = [(1-\beta)(1+\beta)]^{1/2}$ 代入式(9-2)可得

$$a = (1+\beta)^{1/2} / (1-\beta)^{1/2}$$

上式就是相对论推出的静系观察动系光源发射光子的 a 公式。

注意：在以上的推理中，尽管得出与相对论一样的公式，但没有得出相对论与此有关的其他观点，a 与动系的尺缩没一点关系，在整个证明中 a 是绝对时空的概念，在相对论中，始终把 $|\xi|$ 作为尺缩时延的概念，在本书的论证中，$|\xi|$ 是因为动系运动的物质波性引起相对速度矢量叠加的刚性尺度份额。

λ' 是多普勒波长，$f' = f_0 \cdot a$ 是多普勒频移，静系观察动尺的长度仍是 λ_0。

光子的光速不变

$$c = \lambda' \cdot f' = \lambda_0 \cdot f_0$$

10 相对时空的多普勒效应

本章结论:动系发射光子的多普勒波长 $\lambda'=\lambda_0\cdot(1\pm\beta)/|\xi|$ 只与动系的速度有关,与动系的尺缩时延没有关系。

如果动钟本身还有时间相对比静钟快慢不同,动系相对静系有时延系数 k,所以静系观察动系发射电磁波的频率 f 满足式

$$f=f_0\cdot k_0$$

上式的意思是没有多普勒效应仅由尺缩时延引起的频移。

f 是静系观察动系没有多普勒效应的频率。但动系相对静系有相向运动,在此基础上还应该考虑多普勒效应。

注意:站在动系前方的光子接收者距离动系发射光子时刻的静尺距离仍是 λ_0,这是不会变的。动系的固有速度 u 没变,但由于动静系之间的时间相对快慢不同,静系观察动系的视速度

$$u=u_0\cdot k_0$$

由于静系与动系不同系,因此静系观察动系发射光子的视光速满足式

$$c'=c\cdot k=f\cdot\lambda_0$$

在动系一个光子固有周期 T_0 内,对应静系观察光子的周期为 T,光子正好走了一个动尺的距离 λ_0,这时光子也正好到达静系接收者,而静系接受者正好在静尺 λ_0 端点,这是宇宙距离与参照系无关的条件,距离关系满足式

$$\lambda'\cdot|\xi|+u\cdot T=\lambda_0=c'\cdot T$$

$$u = u_0 \cdot k_0$$

$T_0 = T \cdot k_0$ 是动钟发射光子的周期 T_0 对应静系观察光子的周期，由(9-2)式

$$\lambda' \cdot |\xi| = c' \cdot T - u \cdot T = c' \cdot T(1 - u/c')$$

$$c' = c \cdot k_0$$

$c' = c \cdot k_0$ 是静系观察动系发射光子的视光速，将 $c' = c \cdot k_0$ 代入上式可得

$$\lambda' \cdot |\xi| = c' \cdot T - u \cdot T = c' \cdot T(1 - u_0/c)$$

将 $c' \cdot T = \lambda_0$ 代入上式

$$\lambda' \cdot |\xi| = c' \cdot T(1 - \beta) = \lambda_0 \cdot (1 - \beta) \qquad (10\text{-}1)$$

所以静系观察动系相对时空的多普勒波长 λ' 不变

$$\lambda' = \lambda_0 / a$$

由式(10-1)可推出静系观察光子的多普勒周期

$$T' = T \cdot (1 - \beta) / |\xi|$$

可得静系观察动系发射光波的相对论多普勒效应

$$f' = f \cdot a = f_0 \cdot a \cdot k_0 \qquad (10\text{-}2)$$

上式是由时延与相对运动共同引起的频移。

动、静系之间的时钟快慢比例恒定不变，多普勒效应并不影响这种恒定的时钟关系。

总结相对论多普勒效应的相关内容：

(1) 计算动系的经典多普勒周期快慢比例，低速状态下为

$$k' = 1/(1 \pm \beta) \qquad (10\text{-}3)$$

(2) 经典物理的速度叠加必须建立在动系刚体运动的速度份额

$$a = |\xi| / k'$$

(3) 计算静系观察动光源时延系数的电磁波周期与频率为

$$T_0 = T \cdot k_0$$

$$f = f_0 \cdot k_0$$

相对论认为以上周期与频率与动系的运动方向无关，实际上与运动方向有关。

（4）光波的相对论多普勒效应

$$f' = f \cdot a = f_0 \cdot k_0 \cdot a$$

$$\lambda' = \lambda_0 / a \tag{10-4}$$

11 “透明时空介质”与动系发射光子的光速

本章结论：动系空间与静系空间相互独立互不影响。

设动尺长度正好是一个固有波长 λ_0，动系相对静系的时延系数为 k_0，动系保持时延系数 k_0 不变并处于静止状态，称为“静止的动尺”。

尽管不可能存在让动系保持时延系数 k_0 不变的情况处于静止状态，这种假设对于理论分析很重要。借助透明介质的概念，“静止的动尺”的时空状态相当于静止的“透明介质内部”，可以称作“静止动系透明介质”。

动系观察动系发射的光子光速不变，等效为光子在“静止动系透明介质”内部运行，光子相对“静止动系透明介质”参照系的光速不变，由本册第 7 章可得静系观察“静止动系透明介质”内部系的频率为

$$f = f_0 \cdot k_0$$

静系观察“静止动系透明介质”内部发射光子的视光速

$$c' = f \cdot \lambda_0$$

“静止动系透明介质”与保持尺缩 k_0 状态的动系属于同系，让“静止动系透明介质”进入运动状态就是动系，k_0 原本就是静系观察动尺的时延系数，“静止动系透明介质”无论静止还是运动，在静系观察“静止动系透明介质”从静止到运动的频率 f 不变。

动尺运动速度 u 可以看成“静止动系透明介质”以速度 u 运动，“静止动系透明介质”由静止到运动变成“动系透明介质”，动尺的尺缩系数 k_0 或长度 λ_0 不变，这相当于把动系时空折算为没有时空伸缩的绝对时空。

而动系在绝对时空中正好满足经典多普勒效应，光子在“静止动系透明介质”中运行的固有距离是 λ_0，但静系观察光子运行一个固有波长的时间是 $T=T_0/k_0$ 而非 T_0，当动系以速度同向发射光子，动系前方的观察者观察光子的经典多普勒频率为 λ'，经典多普勒效应不改变视光速 c'，用类似式(9-2)的方法可得

$$\lambda'\cdot|\xi|+u\cdot T=\lambda_0=c'\cdot T=c\cdot k_0\cdot T$$

$c'=c\cdot k_0$ 是静系观察“静止动系透明介质”内部的视光速，这与静系观察透明介质内部的视光速一样。所以有

$$\lambda'\cdot|\xi|=c'\cdot T-u\cdot T=c'\cdot T\cdot(1-\beta)=\lambda_0\cdot(1-\beta)$$

可以看出多普勒波长

$$\lambda'=\lambda_0/a$$

多普勒周期

$$T'=T/a$$

由动钟相对静钟的时间比例关系 $T_0=T\cdot k_0$ 可知 T' 与 k_0 有关。

如果在“动系透明介质”内部发射光子，静系观察动系发射光子的经典多普勒频率为

$$f'=f_0\cdot a\cdot k_0$$

与上一章相对时空证明的结果一样，本章也按照这种等效的绝对时空思路进行证明。

由透明介质的实验证明，相对时空肯定发生视光速现象，在静系观察动系发射光子的视光速

$$c'=f'\cdot\lambda'=c\cdot k_0$$

该公式的物理意义是：证明了动系发射光子的光速不能保持不变，静系观察动系发射光子的视光速就是静系观察“静止动系透明介

质”内的视光速 $c'=c\cdot k_0$。

介质内的光速已经被证明可变，所以静系观察动系发射光子的视光速可变。

如果人类看不到动尺，时空是透明的，人类将永远不知道存在“动系透明介质”，只能看到时空凭空产生的光子在时空中运动，静系观察动系空间实际相当于光子在“动系透明介质内”的时空中运动。

这与透明介质一样，区别仅在于“动系透明介质”有相对运动，证明“动系透明介质”的方法就是“动系透明介质”可以产生多普勒效应。

例如从早期高速运动的星系发来的光子，肯定不满足光速不变。

“动光源发射光子”这句话的本质就是光源在“动系透明介质”内运动并发射光子，而不是在静系空间运动，人类在地表观察的光子各自都有自己的“动系透明时空介质”而绝非与静系是同一“透明时空介质”。

动系空间与静系空间相互独立互不影响，所以各自发射的波互不干扰，各自独立运行，形不成“同系”概念。

波长代表色度，$\lambda'=\lambda_0/a$ 的实验意义是当光源有不规则热运动，发光原子的动系速度大小将改变波长 λ'，所以同一颜色的谱线被增宽了。

12 “透明时空介质”的类型

每一个参照系都有自己的“透明时空介质”，“透明时空介质”按照时钟相对快慢关系伸缩，参照系发射的光子只在属于本系的“透明时空介质”内部满足同系光速不变。

问题是，光子能像介质那样穿出介质进入静系满足同系光速不变吗？即动系发射的光子能穿出“动系透明介质”进入静系吗？

如果光子能穿出“动系透明介质”进入地表，静系接受从“动系透明介质”穿出的光子满足同系光速不变，人们不可能发现 $c'=c\cdot k_0$。

静系接受动系发射的光子实际就是接受在动系“动系透明介质”内部运动的光子，因此有关频率、波长、光速计算与光子在介质内部一样，区别仅在于“动系透明介质”是运动的，要考虑多普勒效应。

所以“动系透明介质”与静系的界面就是动系有效空间，逻辑上贯穿宇宙，与透明介质的共同点是视光速的计算雷同。正由于动系的时空“介质”贯穿宇宙，因此静系能够通过光谱仪接收“动系透明介质”的尺缩波长 $\lambda'=\lambda\cdot a$，这就为通过光谱仪接收尺缩波长 λ' 提供了测试基础，并可以通过尺缩波长的光谱色度知道星系的运动情况。

宇宙中动系是唯一能让静系接收多普勒尺缩波长 λ' 的信息台，例如宇宙星系退行红移。

星系之间如果有相对运动，必须考虑动系时钟与运动方向有关的时延效应，否则必然产生误判。静系观察动系发射光子不满足光速不变，但满足同系光速不变。

例如，参照系都是星体引力系发射的光子，“透明时空介质”在不同的引力势按照引力势的固有时钟场被时空拉伸或压缩，“透明时空介质”的伸缩在同一“透明时空介质”内部从光源 f_0、λ_0 到地球 f、λ 满足当地同系光速不变式

$$c = f_0 \cdot \lambda_0 = f \cdot \lambda$$

星体势场固有时间分布不同的“透明时空介质”会有不同伸缩，无论“透明时空介质”怎么伸缩，在这个“透明时空介质”内的人观察满足同系光速不变，地表重力系观察外来星体重力系发来的光子都满足当地光速不变。

由尺子的“刻度值”以及时钟的表盘与参照系无关可知，尽管星系的时空相对地球观察者的时空有伸缩，但星系上的“智慧人”测量宇宙的尺子的刻度值并不变。

星系当地智慧人测量光子的波长、频率、光速分别为 λ_0、f_0、$c = f_0 \cdot \lambda_0$。

星系空间相对地球空间的伸缩系数为 k_0，如果地球人测量距离的尺子长度被定义为光子的固有波长 λ_0，为保证宇宙固有距离 L_0 与参照系无关，在星系上伸缩后的尺子 $\lambda = \lambda_0 \cdot k_0$ 的长度“刻度值”仍是 λ_0。因此地球人知道星系上的光子每经过一个固有波长 λ_0，根据星系相对地球之间的时钟快慢关系，地球人的时钟测量星系的光频是

$$f = f_0 \cdot k_0$$

根据同系光速不变，可得

$$c = f \cdot \lambda$$

$$\lambda = \lambda_0 / k_0$$

所以地球人根据宇宙固有距离不变计算出地球人观察在星系上发射光子的视光速应该是

$$c' = c \cdot k_0 = f \cdot \lambda_0$$

f 具有可测性，地球人可以收到频率 f 的光子，但看不到星系上发射光子的波长 λ_0，长期以来人们是根据光速不变假设认为地球观察星系上发射光子也是光速。

光子来到地球的波长为 λ，所以地球人只能收到波长伸缩后满足同系光速不变的波长 λ。

逻辑上人们应该知道地球观察星系当地的视光速是 $c' = c \cdot k_0$，光线在介质界面被弯曲，光线经过星系当地肯定发生弯曲，而且 λ 的红移越大，当地光线弯曲越严重。

但并不是所有参照系都是重力系或引力势系，例如动系与重力系不是同系，一切动系都是“动系透明介质”。宇宙早期的“动系透明介质”会按照光速延伸到宇宙各处，地表重力系观察“动系透明介质”内部按照视光速传播光波，“动系透明介质”之间同样有相对运动，相互之间产生多普勒频移

$$\lambda' = \lambda / a \tag{12-1}$$

$$f' = f \cdot a \tag{12-2}$$

星系远离宇宙初始向地球而来，星系的时钟由运动方向产生的尺缩 $\lambda' = \lambda / a > \lambda$ 称多普勒红移，反之 $\lambda' = \lambda / a < \lambda$ 称多普勒蓝移。

无数个参照系的“透明时空介质”相互嵌套，互相独立，互不干扰，逻辑上互相独立的各“透明时空介质”之间不满足“同系”。

人类看不见“透明时空介质”，以为光子都在“同一时空”运动，其实光子各自运行在“不同的时空系统”，不同“透明时空介质”互相观察，根本无法保证视光速不变。

人类无法对这些“透明时空介质”进行检测，例如通过三棱镜介质截流光子，光子进入介质内部系满足同系光速不变，所以地表重力系观测介质内部光子有折射率，但人们无法感觉到“透明时空介质”的存在。

但人们可以通过接收光子的波长发现“透明时空介质”的存在。

星系之间的时空或“透明时空介质”通过引力势时空被连续拉伸，光子在星系之间运行相当于在“透明时空介质”内部运行满足当地即时光速不变。

例如星系智慧人观察星系地表的光子即时光速不变，地球人观察外星系来的光子的即时光速不变。

将相对折射率不同的透明介质叠放，光子在折射率不同的透明介质内部穿行，透明介质内部的即时光速不变，当光子穿出透明介质进入外部地表静系的即时光速不变。

但相对折射率不同的介质之间互相观察却不满足光速不变。

而星系间的“透明时空介质”的相对折射率是被引力势时空连续拉伸变化，相对折射率不同的“透明时空介质”之间互相观察不满足光速不变，但能发现光线弯曲，这与地球人观察透明介质内部一样。

无论是透明介质还是星系间的“透明时空介质”，光子穿出当地“透明时空介质”进入外界另一个相对折射率不同的“透明时空介质”，尺缩波长 λ 必然也跟着变化，所以介质外部收不到当地“介质”尺缩波长 λ 信号，但观察者可以“看到” 介质内部因 λ 引起的色度变化。

虽然人们无法观察到星系上的光速，但介质内部的亚光速实验直接验证了人们应该如何计算宇宙星系之间的距离与光速。

13　相对时空多普勒频率与动系的运动方向有关

本章结论：狭义相对论的尺缩系数 k 与动系速度方向无关，而本书证明动系的尺缩系数 k_0 与动系速度方向有关，直接后果是相对时空多普勒频率不仅与动系相对观察者的前行与退行有关，还与动系的运动方向有关。

由式

$$f' = f_0 \cdot k_0 \cdot a$$

$$\lambda' = \lambda_0 / a$$

可得视光速

$$c' = f' \cdot \lambda' = c \cdot k_0$$

结合地表动系向东、西方向运动的时延系数 k 不同，测量频率将有很大的方向感，但测量波长只与 a 有关，这就造成在地表有两套不同用处的测量多普勒效应的系统。

测量光子波长没有方向感，只能得到相对退行或相对前行的关系。

测量无线电频率不仅可以测量相对退行或相对前行的关系，还能从中得到东南西北方向的信息。

人们可以准备两套系统相互比较，可以从中发现哪是南北向与哪是东西向。例如没有动系相对退行或相对前行就没有多普勒波长，但测频仍可以发现频移，可以证明动系速度方向与观察者接收光子速度的方向相互垂直，还能根据具体测试数据确定动系的方向。

光子通常不测光频，所以只有光子波谱的平移。

由 $a=|\xi|/(1+\beta^2)$ 可知，地球观察行星退行速度越大多普勒红移越大。

大多数情况下星系由运动引起 $|\xi|$ 的变化很小，主要是引力红移或宇宙红移，所以即便有运动蓝移，星系总体仍是宇宙红移或引力红移。

光谱仪原本接收的波长应该是宇宙红移波长或引力红移波长 λ，由 $\lambda'=\lambda/a$ 可知光谱仪收到光子的波长 λ 再次被相对速度拉伸变形为 λ'，物理含义是光谱仪接收的波长 λ' 是由已经被宇宙红移拉伸的波长 λ 再次被多普勒效应拉伸，波长与色度有关，直接效果是光谱沿着 $\lambda'=\lambda/a$ 变化的方向被平移。

人们观察光谱线但并不测量频率，频率是按照光速不变计算而非实测。

同理，电磁波是测量频率，波长按照光速不变计算而非实测。

光子波长的变化 $\lambda'=\lambda/a$ 会带来光色的变化，并留在光谱上。

例如地球表面实际是真空的重力系空间，无论光子原来什么状态，地球人观察外来光子进入透明介质中的亚光速都一样，地球人无法知道外来光子在真空中的原始光速。同理，当光子从透明介质中穿出进入地表大气中，地表大气同样是非真空的透明介质，在真空的重力系观察光子在大气介质中运动同样是亚光速，无法判断光子的原始光速，所以地表重力系根本无法观察光子在过去的原始光速。

但是地球人能观察到光子的光谱与电磁波的频移，这些都能发现光子的原始状态。

14　相对论多普勒频移系统

本章结论：宇宙不会加速膨胀，充其量是退行速度的脉动引起星系间的相对速度不同。

相对论有两套频移系统，其中一套满足光速不变

$$c = f \cdot \lambda = f_0 \cdot \lambda_0$$

这套系统的频率 f 与波长 λ 是按照光速不变关系而同步移动

$$\Delta f = -\Delta\lambda$$

虽然结论不错，但概念错误，光子满足同系光速不变并不是与观察者无关。

相对论按照光速不变同样有一套动系的多普勒频移，并按照相对论尺缩时延关系计算，但这是错误的。

那么为什么这套系统与实验没有矛盾呢？

原因是频移量很小，很难精确计算，人们更注重的是测量结果是不是有频移或谱移，以及判断频移或谱移的方向与动系相对观察者的相向与背向运动是否正确，而不是验证公式本身的准确度。

实际上，从定性的角度来说，本书论证的与相对论论证的都一样，甚至连公式都一样。

但如果精确定量，这二者必有一个准确一个误差很大。相对论认为谱线移动与频移同比例移动，只能判断动系相对观察者的相向与背向运动，但本书证明谱线移动与频移作用不一样，频移可

以判断动系相对观察者平面360度甚至包括立体角的各种方向的运动。

相对论还有一个基础错误，相对论是按照光速不变 $c=f\cdot\lambda=f_0\cdot\lambda_0$ 作的谱线分布图，谱线平移是按照 $c=f\cdot\lambda$ 关系理论标注的频率，这在大部分情况下是正确的。但对动系并不正确，由于人们无法测量光子的频率，因为同系光速不变的光子能量不因频移而发生变化，只能测量谱线移动，实际上直接在谱线标注频率而不是测量频率，结果是同一张频谱图既用在了频移又满足谱线移动。

宇宙星系相对宇宙初始的退行速度是脉动的，因此地球观察宇宙星系未必都是退行的：可以是相向运动，也可以是退行运动；会出现宇宙近期的星系退行速度大于宇宙早期的星系退行速度，也会出现宇宙近期的星系退行速度与宇宙早期的星系退行速度一样。由

$$\lambda'=\lambda/a=\lambda_0/(k\cdot a)$$

k 是宇宙早期相对势能更低的星系相对地球的尺缩系数，由于星系相对宇宙初始是脉动的退行速度，各种错综复杂的因素总会造成宇宙近期某距离的星系的波长红移与宇宙早期的星系的波长红移一致。

例如，虽然宇宙近期星系的 k 值相对比宇宙早期星系的 k 值大，但由于宇宙近期的星系相对退行速度大于宇宙早期的星系相对退行速度，使得宇宙近期的星系的 a 值比宇宙早期的星系的 a 值小，结果形成宇宙近期星系的 $k\cdot a$ 与宇宙早期星系的 $k\cdot a$ 值一样，于是人们会认为宇宙近期的星系相对退行速度不减，从而得出宇宙加速膨胀。

宇宙不会加速膨胀，充其量是退行速度的脉动引起的星系间的相对速度不同。

15 相对论时空奇点与引力红移

15.1 相对论施瓦西解

本节结论:广义相对论的有关理论都是近似理论,宇宙近程有效,不适于宇宙远程以及宇宙初始。

本书为了着重说明动系因相对运动产生的相对论尺缩 k 与动系相对静系的尺缩 k_0 不是一个概念,将相对论尺缩 k 与动系相对静系的尺缩 k_0 严格分开。

为了与相对论教科书一致,本书势能高低引起的尺缩仍用 k 表示,《经典物理学中的相对论・第 2 册》中介绍单位静质量的势能分布

$$\ln k = \Delta\Psi / c^2$$

将 $\tau/\Delta t = k$ 代入上式可得

$$\tau/\Delta t = \exp(\Delta\Psi / c^2) \tag{15-1}$$

取无穷远点为参考点 $\Psi(\infty)=0$,$\exp(\Psi/c^2)=1$,τ 就是势场不同半径的固有时,所以

$$\tau/\Delta t = k = \Psi / c^2$$

或

$$\tau/\Delta t = k = e^x$$

$$x = \Psi / c^2$$

这实际规定了在无穷远的时间 Δt 是世界时或坐标时。

由式 $L/L_0=\tau/\Delta t=k$，dr/dr_0 与 L/L_0 相对应，所以

$$dr/dr_0=k=\exp(\Psi/c^2) \tag{15-2}$$

当地实际测量的固有时空尺度应该是 τ 与 dr_0，在相对论中 $\tau=dt_0$，代入相对论四维时空距离，实际是《经典物理学中的相对论·第1册》四维复空间的垂直轴关系，可得

$$\begin{aligned}(ds)^2&=-c^2(dt_0)^2+(dr_0)^2\\&=-c^2(dt)^2\exp(2\Psi/c^2)+(dr)^2/\exp(2\Psi/c^2)\end{aligned}$$

或
$$(ds)^2=-c^2(dt)^2\cdot e^{2x}+(dr)^2\cdot e^{-2x}$$

由经典物理 $\Psi=-G\cdot M_0/r$，如果当 $2\Psi/c^2\ll 1$

$$\exp(2\Psi/c^2)\approx 1+2\Psi/c^2$$

施瓦西解

$$\begin{aligned}(ds)^2&=-c^2(dt)^2(1+2\Psi/c^2)+(dr)^2/(1+2\Psi/c^2)\\&=-c^2(dt)^2(1-2G\cdot M/rc^2)+(dr)^2/(1-2G\cdot M/rc^2)\end{aligned}$$

这里的 dt、dr 物理意义比施瓦西解更明确，dt、dr 是无穷远观察不同半径位置的时空坐标，dt_0、dr_0 是 Ψ 处的时空坐标。即 $dt>dT_0$，$dr_0>dr$。

由 $2\Psi/c^2\ll 1$ 可知广义相对论并不广义，是宇宙近程、低速近似解。

关于黑洞：

施瓦西解的时空奇点是 $r=2GM_0/c^2$，r/M 是形成黑洞的单位质量理论半径。

相对论出现了大量的时空奇点概念，从中可以看出所有这些不同类型的时空奇点概念都是近似理论，实际上不可能存在，原因是：

(1) 黑洞视界的引力势时钟相对无穷远正好达到极限状态 $k=1/e<1$，即便黑洞视界有物质达到光速也只能与引力势达到平衡，但不可能飞出黑洞。

(2) 黑洞视界不存在时空奇点，与引力物质相斥的粒子无须

达到光速就可以逃离黑洞，例如纯能态虚粒子。

15.2 引力红移 γ

本节结论：外界势场是判断正、反粒子的反对称力学行为的中性标准。

用引力红移 γ 对以上概念的总结，式(15-1)是 Δt、τ 坐标时之间的关系。

如果以地球参考点的时间 Δt_0 为标准观察宇宙，式(15-1)可以表示为

$$\Delta t/\Delta t_0 = k = \exp(\Delta\Psi/c^2)$$

代表不同势能 Ψ 之间的坐标时 Δt_0、Δt 关系。

令 $\gamma=(\Delta t-\Delta t_0)/\Delta t_0$，因 $\Delta t=\Delta t_0+(\Delta t-\Delta t_0)$

所以 $$\Delta t/\Delta t_0=1+(\Delta t-\Delta t_0)/\Delta t_0=1+\gamma$$

由 $\Delta t/\Delta t_0=k=\exp(\Delta\Psi/c^2)$ 可得

$$k=\Delta t/\Delta t_0=\exp(\Delta\Psi/c^2)=1+\gamma$$

$$\gamma=\exp(\Delta\Psi/c^2)-1$$

如果 $|\Delta\Psi/c^2|\ll 1$，则有

$$\exp(\Delta\Psi/c^2)\approx 1+\Delta\Psi/c^2$$

所以

$$\gamma\approx\Delta\Psi/c^2 \tag{15-3}$$

所以引力红移 $$|\gamma|\ll 1$$

15.3 星系在引力势的时空畸变

本节结论：粒子的反对称力学行为不改变粒子的正、反物质性。

当物质在引力势中运动，dV_m/dr 代表物质势场均值体积的变形，最终落实在物质实体积的变形，物质的实体积满足 $V=V_0\cdot K_0$，这说明引力势的时空畸变拉伸物质的时空变形，所以星系在引力势都有沿径向的拉伸变形。

如果星体就像柔软的面条，各质点在拉伸过程都满足机械能守恒，这种拉伸变形不会带来星体的破坏，充其量是变形。

但星体的体积较大，各质点很难满足机械能守恒，假如跌落过程星体势场势能均值满足机械能守恒，仅仅代表行星质心满足机械能守恒而非星体各质点都满足机械能守恒，例如在《经典物理学中的相对论・第 3 册》的计算中，地表各质点的重力不同就是星体各质点不满足机械能守恒的实例。

由于星体的体积较大，靠近黑洞的质点的势能相对比外界势场的势能低，受到外界势场的重力而被拽向黑洞的力量就大，而星体距离黑洞最远的质点反而因为自转受到重力就小，因此星体不仅受到拉伸变形，实际还受到拉伸力。

如果星系跌落本身就不满足机械能守恒，受力就更大了，这种受力在星体跌落过程足以大于星体质点之间的引力。

当这种拉力超过行星自身的引力以及分子间作用力，行星就会遭到破坏。

所以星系向黑洞跌落一般都先从星系的拉伸破坏开始分裂，最后形成吸积盘。

16 总结

(1) 电磁波或光子的多普勒效应与方向有关

产生多普勒效应的原因是地球有自转。

动钟向不同方向运动动钟的离心力不同,实际代表动钟的重力不同,而动钟的重力不同又代表动钟的势能不同,最终代表动钟的相对快慢不同。所以动钟向不同方向运动代表动钟的相对快慢不同,这将直接影响动钟发射光子的多普勒频率。

马航 370 客机的失踪是根据相对论的多普勒效应测算的位置,但这种方法很粗略,如果能再根据本书逻辑演绎的测量方法计算一下,完全有可能更精确一些。

(2) 牛顿力与电磁力是同一种力

本书没有使用电磁学,但证明了引力场与电场,二者的区别仅仅是势场时空的膨胀程度不同,静质量物质不感受电场力仅仅是力程大小的不同。

引力常数的证明是普适的,适用于电场。所以引力场与电场的场力公式的形式都是一样的,介电常数不过是引力常数的另一种表达形式。

磁场的证明简单而明了,证明了静质量物质同样可以产生磁场。

所以牛顿力与电磁力是同一种力,属于对同一物理现象用了不同的物理解释而已。例如,外界势场的势能高低与时钟快慢是同义词,但动钟也有相同概念,方法应该同义,但长期以来动钟的快慢与物质势能没有同义,各说各话,结果动钟慢的概念被异化。

同一物理现象可以用不同的方法表达,但要同义,否则就很难将牛顿力与电磁力统一起来。本书的阐述过程力图把证明结果与经典物理学的概念进行同一解释,不至于像相对论那样抽象,概念很不清晰,而且有各种不同的歧义解释。

后　记

本册内容是对经典物理学的磁场概念进行讨论。

虽然这是一个很成熟的理论，但是由此产生的宇宙之谜很多。

例如，磁场真的是必须由正、负电荷来产生吗？

本章对证明过程所用到的公式的来源进行了探讨，证明经典物理学的电磁学公式准确无误。但也同时也可以发现产生磁场的原因，这样必须由正、负电荷的运动产生磁场的结论并不完全准确，这为研究地磁的特性以及星系磁场翻转提供了很大便利。

另外，本章还对脍炙人口的相对论多普勒效应给予重新证明。相对论的多普勒效应并没有错误，但相对论提出的概念却很不准确。

本套书整个5册内容看似只是重新证明一遍经典物理学的有关自然理论，但可以看出无论是物理概念还是证明过程完全是全新的思想，也可以看到相对时空与经典物理学的无缝衔接程度，人们并没有把经典物理学的潜力挖掘出来。

相对论把经典物理学的概念向前推进了一步，但是相对论由于坚守了光速不变这个假设，失去了非常光彩一面。但必须承认：没有相对论关于相对时空的准确认识，经典物理学可能将仍停留在绝对时空的阶段。

本书应该是在相对论基础上的一个完善或补充吧。

经典物理学中的相对论

——在经典物理学中寻找四维时空

王音光　著

中国矿业大学出版社

图书在版编目(CIP)数据

经典物理学中的相对论:全5册 / 王音光著. — 徐州 :中国矿业大学出版社，2019.1

ISBN 978 - 7 - 5646 - 4228 - 0

Ⅰ. ①经… Ⅱ. ①王… Ⅲ. ①相对论—研究 Ⅳ. ①O412.1

中国版本图书馆 CIP 数据核字(2018)第254496号

书　　名　经典物理学中的相对论・第1册
著　　者　王音光
责任编辑　张　岩
出版发行　中国矿业大学出版社有限责任公司
　　　　　　(江苏省徐州市解放南路　邮编 221008)
营销热线　(0516)83884103　83885105
出版服务　(0516)83995789　83884920
网　　址　http://www.cumtp.com　**E-mail**:cumtpvip@cumtp.com
印　　刷　江苏凤凰数码印务有限公司
开　　本　880×1230　1/32　**总印张** 13.875　**总字数** 361 千字
版次印次　2019 年 1 月第 1 版　2019 年 1 月第 1 次印刷
总 定 价　68.00 元

前 言

作者曾在郑州大学出版社出版《经典物理学中的相对论》。该书是从逻辑演绎与同一律性观点系统地论证了相对论的有关问题。图书出版后，经过反复思考，认为有必要将书中的重点内容做单独分析，这样既便于理解，又通俗易懂，较适合高中及以上的物理爱好者阅读，遂成此书。

在本书中，读者会发现，将相对时空理论直接代入经典物理学后非常自洽，自洽到令人难以置信的程度，充分展现了物理与数学相结合的魅力。

《经典物理学中的相对论·第1册》介绍了相对论四维时空的出处，逻辑演绎出相对论的观点，并从中发现相对论的问题，使读者对相对论与经典物理学的交集有明确的认识，特别是对物质波概念不太熟悉的爱好者，通过此书能获得物质波的概念；同时把经典物理学的速度叠加的定义域扩展到光速，并首次准确地得出定义域涵盖光速的相对动能公式。

《经典物理学中的相对论·第2册》由经典物理学出发，直接将相对时空引入经典物理学，逻辑演绎出相对论的动钟观点，证明从低速到高速的尺缩公式，并从中发现相对论关于动钟慢的问题，证明了质能守恒概念与质能转换的物理意义，揭示出机械能守恒的物理概念，推理出引力势的时钟场概念，特别是对牛顿惯性定律的本质给出相对时空的惯性意义，并从中发现时空的物质性具有可视性。

《经典物理学中的相对论·第3册》逻辑演绎出相对时空的热力学第二定律的物理本质，特别是对地球现在的状态进行了论证，

揭示出磁场反转的物理概念。并从经典物理学中科氏力的物理概念出发,在相对时空中证明磁场,从中寻找磁场的物理意义。

《经典物理学中的相对论·第4册》利用已知的经典物理学的基础理论寻找宇宙初始产生物质的逻辑过程。这个过程会充分激发读者的逻辑演绎思维,从中发现宇宙初始时间与物质的演变过程。证明过程中顺便对引力常数进行了证明,论证了引力常数的演化过程,并计算飞出太阳系的探测器的有关问题。这是纯粹的逻辑演绎,将引发更多人重新反思过去的知识哪些更准确。

《经典物理学中的相对论·第5册》对经典物理学的磁场进行了解剖,能感受到电磁场与牛顿力学实际上是从不同的角度观察同一现象。并对相对时空多普勒效应进行了论证,尽管方法与相对论一致,但仍有新的观点。

以上证明过程并没有新的概念,仅仅是把经典物理学带入相对时空得到的结果,但内容不仅证明了经典物理学众所周知的有关定律与定理,而且已经把广义相对论证明的时空伸缩以及质能转换概念涵盖进去。这说明经典物理学更严密精确,由此得到的相对时空概念更容易被物理爱好者理解。经典物理学的待挖掘潜力很大,一定还存在更深奥的规律等待人们去探索。

本书试图用经典物理学的基本概念和原理证明相对论,与相对论有交集,但对相对论没有涉及的部分部分也做出了更合理的解释。

本书的出版得到了家人、专家、学者、物理爱好者、出版社编辑等的支持和帮助,在此向他们表示最衷心的感谢!

在本书的编写和出版过程中,笔者虽然做了很大努力,但因水平有限,加之编写时间仓促,书中难免存在疏漏和不妥之处,恳请读者来信批评指正(邮箱 wyg5412@163.com)。

王音光

2017年11月

目　录

1　四维复空间

本章结论：相对论四维时空是四维复空间的特例，具有普适性。

静系观察动系的绝对位移矢量 $\Delta \boldsymbol{X}$，动系的相对速率为 u，所以

$$|\Delta \boldsymbol{X}| = u \cdot \Delta t$$

上式并不适用于动系观察者，因为动系观察者观察自己的位移 $\Delta X'$ 为零，即 $\Delta X' = 0$。

如何把动系观察与静系观察统一起来？

由 $|\Delta \boldsymbol{X}|^2 = \Delta X^2$ 可得

$$(u \cdot \Delta t)^2 = \Delta X^2$$

所以

$$0 = (u \cdot \Delta t)^2 - \Delta X^2$$

令 $\Delta L = u \cdot \Delta t$ 可得

$$\Delta \boldsymbol{S} = \boldsymbol{I} \Delta X + \boldsymbol{j} \Delta L$$

$\boldsymbol{I} = \mathbf{i} \cdot (-1)^{1/2}$ 是虚数基矢量，$|\mathbf{i}| = 1$ 是虚轴单位矢量的长度值，ΔX 是虚轴空间分量，代表静系观察动系的绝对位移 ΔX。

$\boldsymbol{j}$ 是实空间基矢量，$|\boldsymbol{j}| = 1$ 是实轴单位矢量的长度值，ΔL 是实空间分量。

$\boldsymbol{I}$ 与 $\boldsymbol{j}$ 互相垂直，矢量 $\Delta \boldsymbol{S}$ 的点积

$$\Delta\boldsymbol{S}\cdot\Delta\boldsymbol{S}=(u\cdot\Delta t)^2-\Delta X^2=0$$

因此平方项$(u\cdot\Delta t)^2$与$-\Delta X^2$可以看成矢量$\Delta\boldsymbol{S}$的分矢量的点积自乘。

静系观察动点的相对位移是$\Delta\boldsymbol{S}$，$|\Delta\boldsymbol{S}|=0$是因为动系在三维空间观察与动系同系的动点相对动系的位移$\Delta X'=0$。在三维空间静系观察动系的绝对位移$\Delta X=u\cdot\Delta t$，所以矢量关系$\Delta\boldsymbol{S}=\boldsymbol{I}\Delta X+\boldsymbol{j}\Delta L$把动系、静系观察的结果统一起来，这是四维时空的精髓。

由于ΔL是实空间，逻辑上包括所有三维空间，而ΔX是虚轴空间，多出一维空间，因此$\Delta\boldsymbol{S}$是四维复空间矢量。

虚数基矢量$\boldsymbol{I}=\mathbf{i}\cdot(-1)^{1/2}$是基矢量而非复数的虚数概念，在四维时空具有方向性，显然不能根据四维时空矢量的垂直关系推出三维空间也是垂直关系。

由于四维空间轴$\boldsymbol{I}$、$\boldsymbol{j}$的方向互相垂直，四维矢量$\Delta\boldsymbol{S}$在四维空间轴的投影分量分别为ΔL、ΔX。

如果动系上的动点在动系速度u的基础上再叠加动点的相对速度v，有

$$\Delta X'=v\cdot\tau$$

$\Delta X'$是动系观察动点的相对位移。由于$v\cdot\tau$是动系观察动点绝对位移的结果，所以在动系观察动点的绝对位移，根据同样原理动系观察动点的绝对位移应该是虚轴概念，所以

$$\Delta\boldsymbol{S}=\boldsymbol{I}\Delta X'$$

以上数学推导过程把静系观察动点与动系观察动点结合了起来

$$\Delta\boldsymbol{S}=\boldsymbol{I}\Delta X'=\boldsymbol{I}\Delta X+\boldsymbol{j}\Delta L \tag{1-1}$$

相对论公式$\mathrm{d}S^2=\mathrm{d}x^2+\mathrm{d}L^2$实际就是由相对论四维时空矢量式得出的速度叠加公式，其中，$\mathrm{d}L$是三维空间距离，$\mathrm{d}x=\mathbf{i}\cdot c\mathrm{d}t$是第四维时空坐标，实际就是光子的绝对位移。$\mathrm{d}t$是静系时间，$\mathbf{i}=$

$(-1)^{1/2}$是纯虚数，x 一般也称为时间轴，相对论认为在静系观察 dx、dL 二者同样应该相互垂直，相对论四维时空是四维复空间动点速度达到光速的特例，可以设想由此推理的速度矢量叠加定义域一定包括光速在内。

以上推理 $\Delta \boldsymbol{S}=\boldsymbol{I}\Delta X'$ 是动系观察动点的绝对位移，$\boldsymbol{I}\Delta X$ 与 $\boldsymbol{j}\Delta L$ 是静系观察动点的牵连位移与绝对位移的矢量和，动系与静系各自在用各自参照系的时空坐标对动点位移进行测量，本质是同系测量的结果，因此 $\boldsymbol{I}\Delta X'$ 与 $\boldsymbol{I}\Delta X+\boldsymbol{j}\Delta L$ 并不是动系与静系互相观察的结果，在逻辑上 $\Delta \boldsymbol{S}=\boldsymbol{I}\Delta X'=\boldsymbol{I}\Delta X+\boldsymbol{j}\Delta L$ 仅仅是满足动系观察动点绝对位移的长度值，因此以上观点是把经典物理学三维空间矢量叠加直接移植到四维空间中。

静系观察动点的相对位移在逻辑上是否与动系观察动点的 $\Delta X'$ 一致呢？长期以来人们已经习惯于在静系中观察的结果，没人意识到静系与动系观察的相对位移原本就不应该一致，动系速度都含有物质波，物质波的波速运动与刚体运动共同影响着人们看到的动点的相对位移，只不过低速状态的物质波波速几乎为零。经典物理学刚体运动的矢量叠加是建立在物质波为零的基础上的，而相对论直接把这种物质波为零的运动观点移植到相对时空中。

考虑物质波的影响，静系观察动点的相对位移的长度值将发生变化。设 $\boldsymbol{I}'$ 是静系观察动点的虚基矢量，静系观察相对位移 $\Delta \boldsymbol{S}$ 的虚基矢量 $\boldsymbol{I}'=\mathbf{i}'\cdot(-1)^{1/2}$，动系速度 u 是动点的牵连速度，ΔX 是动点的绝对位移，所以

$$\Delta \boldsymbol{S}=\boldsymbol{I}'\Delta X'=\boldsymbol{I}\Delta X+\boldsymbol{j}\Delta L$$

$\boldsymbol{I}'=\mathbf{i}'\cdot(-1)^{1/2}$，$|\mathbf{i}'|$ 是静系观察动点相对位移的单位矢量的长度值，$\Delta X'=v\cdot\tau$ 是动系观察动点相对动系的相对位移，τ 是动系时钟的时间。

从逻辑上说，即便没有物质波的概念，人们也无法确定静系观

察相对位移与动系观察相对位移必须一致，实验物理学从来就是在动系与静系的观察之间加一个修正系数，只不过在低速状态 $|\mathbf{i}'|\approx 1$ 罢了。

如果 $|\mathbf{i}'|=1$，当 $v=c$，c 是光速，矢量 $\Delta\boldsymbol{S}$ 的点积就是相对论关系

$$\Delta S^2=-\Delta X^2+\Delta L^2$$

如果动系是低速，动系时钟的时间 $\tau=\Delta t$，ΔL 是动系牵连位移，ΔX 是静系观察动点的绝对位移。在四维时空的相对位移 $\Delta X'$ 成了牵连位移 ΔL 与绝对位移 ΔX 的矢量和，且这三者之间不是牛顿叠加关系。

2 四维复空间的矢量特性

本章结论：相对论四维时空矢量与三维空间矢量互为投影关系，并有明确的数学对应关系式。

$\Delta\boldsymbol{X}$、$\Delta\boldsymbol{L}$ 在四维空间相互垂直，所以四维矢量 $\Delta\boldsymbol{S}$ 的自身点积

$$\Delta\boldsymbol{S}\cdot\Delta\boldsymbol{S}=-\mathbf{i}'^2\cdot\Delta\boldsymbol{X}'^2\cdot\xi^2=\Delta L^2-\Delta X^2 \tag{2-1}$$

为了叙述方便，令

$$-i'^2=\xi^2$$

则上式写为 $\Delta\boldsymbol{S}\cdot\Delta\boldsymbol{S}=\Delta X'^2\cdot\xi^2=\Delta L^2-\Delta X^2$。

ξ^2 具有几何意义，因为在三维空间坐标满足

$$\boldsymbol{r}=\boldsymbol{i}x+\boldsymbol{j}y+\boldsymbol{k}z$$

$\boldsymbol{r}$ 是矢径，$\boldsymbol{i}$、$\boldsymbol{j}$、$\boldsymbol{k}$ 分别是三个相互垂直的坐标单位矢量，矢径 $\boldsymbol{r}$ 在三个坐标轴的投影分别是 $x=r\cdot\cos\theta$、$y=r\cdot\cos\alpha$、$z=r\cdot\cos\beta$，三个坐标的方向余弦分别满足

$$1-\cos^2\theta+\cos^2\alpha+\cos^2\beta$$

出现这种情况的原因是 $\boldsymbol{i}$、$\boldsymbol{j}$、$\boldsymbol{k}$ 的长度值都是 1，且都是实数。

可以设想如果 $\boldsymbol{i}$、$\boldsymbol{j}$、$\boldsymbol{k}$ 当中有一个是虚数，情况将大不一样。

同理，式(1-1)$\Delta\boldsymbol{S}=\boldsymbol{I}\Delta X'$满足动系观察的结果而不满足静系观察的结果，而 $\boldsymbol{I}\Delta X$ 与 $\boldsymbol{j}\Delta L$ 分别是静系观察的结果，由于四维复空间 $\boldsymbol{I}\Delta X$ 与 $\boldsymbol{j}\Delta L$ 相互垂直，合成矢量是动系观察的结果 $\Delta\boldsymbol{S}=\boldsymbol{I}\Delta X'$，因此 $\Delta X'$在静系空间坐标轴方向同样应该有投影，$\Delta X'$在

四维坐标 $\boldsymbol{I}$ 以及 j 同样应该有方向余弦，四维复空间与三维空间在逻辑上应该相对应。

所以四维时空矢量 $\Delta\boldsymbol{S}$ 在静系四维空间的投影分量分别是

$$|\Delta X'|\cdot\xi(\theta)=\Delta X$$

$$|\Delta X'|\cdot\xi(\alpha)=\Delta L$$

$\xi(\theta)$、$\xi(\alpha)$分别是四维空间矢量 $\Delta\boldsymbol{S}$ 在四维时空轴投影的“四维方向余弦”，四维矢量 $\Delta\boldsymbol{S}$ 的自身点积就是坐标分矢量各自的点积

$$\begin{aligned}\Delta\boldsymbol{S}\cdot\Delta\boldsymbol{S}&=-\Delta X^2+\Delta L^2\\&=-|\Delta X'|^2\cdot\xi(\theta)^2+|\Delta X'|^2\cdot\xi(\alpha)^2\\&=|\Delta X'|^2[\xi(\alpha)^2-\xi(\theta)^2]\\&=\Delta X'^2\cdot\xi^2\end{aligned}$$

$\xi^2=\xi(\alpha)^2-\xi(\theta)^2$是四维矢量 $\Delta\boldsymbol{S}$ 投影到静系四维时空轴“方向余弦”的平方和，由于是在静系的投影，所以 ξ^2 是静系观察的结果。

由 $\boldsymbol{I}'=\boldsymbol{i}'\cdot(-1)^{1/2}$可得

$$-\boldsymbol{i}'^2=\xi^2=\xi(\alpha)^2-\xi(\theta)^2$$

在静系观察四维空间矢量和 $\boldsymbol{I}\Delta X+\boldsymbol{j}\Delta L$ 的方向基矢量 $\boldsymbol{i}'$ 的长度值

$$|\boldsymbol{i}'|=|\xi|\neq 1$$

$|\boldsymbol{i}'|=|\xi|$是静系观察动点的四维空间矢量叠加后的基矢量长度值，代表静系观察动点相对动系的基矢量长度$|\xi|$是变量，所以在静系观察

$$\Delta\boldsymbol{S}\cdot\Delta\boldsymbol{S}\neq-\Delta X'^2$$

以上证明过程与相对时空无关，即便是绝对时空同样应该存在 ξ^2。

相对论实际上忽略了四维空间矢量在四维空间轴的投影的“方向余弦”平方和概念，而且矢量的长度值必须与矢量点积相对

应，这是典型的数学概念，其证明逻辑同样适用于四维空间，这是数学基础理论的同一律所要求的。

以静系四维空间矢量和 $\boldsymbol{I}\Delta X+\boldsymbol{j}\Delta L$ 的方向基矢量 $\boldsymbol{i}'$ 的长度值作为逻辑演绎，无法证明在静系观察动点的相对速度基矢量长度值 $|\boldsymbol{i}'|=1$。

人们在日常实验中看到的 $|\boldsymbol{i}'|=1$ 应该是低速空间观察的结果，长期以来一直把 $|\boldsymbol{i}'|=1$ 当成真理。但作为逻辑演绎不能把三维空间基矢量的理念 $|\boldsymbol{i}'|=1$ 直接带入四维时空，而是应该按照同一律的原则将 $|\boldsymbol{i}'|=|\xi|\neq 1$ 的普适原则进行逻辑证明，并以实验方式给予证明 $|\boldsymbol{i}'|$ 是否为 1，这恰恰是相对论的疏忽之处。相对论证明过程缺少四维时空“方向余弦”平方和这个程序，或者说不加证明地认为四维时空“方向余弦”平方和为 1。

如果 $|\boldsymbol{i}'|=|\xi|\neq 1$，那么静系观察动点相对动系的运动基矢量长度 $|\xi|$ 是变量，所以

$$\Delta\boldsymbol{S}\cdot\Delta\boldsymbol{S}\neq -\Delta X'^2$$

即在四维时空观察尽管动点的位移 $\Delta X'=v\cdot\Delta t$，但静系观察相对位移矢量 $\Delta\boldsymbol{S}$ 的基矢量 $\boldsymbol{i}'$ 的长度值未必等于 1，后面将证明动系在低速时满足 $|\xi|=1$。

只有当四维时空方向余弦的平方和满足 $\xi^2=\pm 1$ 或 $|\xi|=1$ 时，在三维时空观察动点相对位移、动系牵连位移才满足经典物理学中位移矢量直角三角形，例如当 $\xi^2=-1$ 代入 $\Delta\boldsymbol{S}\cdot\Delta\boldsymbol{S}=\Delta X'^2\cdot\xi^2-\Delta L^2\quad\Delta X^2$ 式可得

$$\Delta L^2+\Delta X'^2=\Delta X^2$$

上式恰恰是三维时空观察的速度矢量直角形。又比如由 $\xi^2=1$ 可得

$$\Delta X^2+\Delta X'^2=\Delta L^2$$

所以四维时空矢量式 $\Delta\boldsymbol{S}=\boldsymbol{I}'\Delta X'=\boldsymbol{I}\Delta X+\boldsymbol{j}\Delta L$ 的含义是相对运动 $\boldsymbol{I}'\Delta X'$ 在四维时空坐标轴的投影分别是三维空间的牵连运

动 ΔL 与绝对运动 ΔX。

更一般地，令 $v=u\cdot K$，K 是相对速度与牵连速度的比例关系，当牵连动系速率 u 一定，任意矢量关系满足

$$\begin{aligned}\Delta X^2&=(u\cdot\Delta t)^2-\xi^2(v\cdot\Delta t)^2\\&=(u\cdot\Delta t)^2-\xi^2\cdot K^2(u\cdot\Delta t)^2\\&=(1-\xi^2\cdot K^2)(u\cdot\Delta t)^2\end{aligned}$$

$$\Delta X=\pm(1-\xi^2\cdot K^2)^{1/2}\cdot(u\cdot\Delta t)\tag{2-2}$$

如果在三维空间观察速度关系满足垂直叠加关系 $\xi^2=-1$，则

$$\Delta X=(1+K^2)^{1/2}\cdot(u\cdot\Delta t)$$

当在三维空间观察 u、v 同向共线且 $v=u$，$K=1$，$\xi^2=-3$，代入 $1-\xi^2\cdot K^2$ 可得动点的绝对位移

$$\Delta X=2u\cdot\Delta t$$

若在三维空间观察 u、v 相向共线且 $v=-u$，$K=-1$，$\xi^2=1$，代入 $\xi^2(v\cdot\Delta t)^2=(u\cdot\Delta t)^2-\Delta X^2$ 可得动点的绝对位移

$$\Delta X=0$$

若 $K=0$ 可得

$$\Delta X=u\cdot\Delta t$$

以上恰恰是我们最熟悉的三维矢量叠加方法。

更一般地，$\xi^2\neq\pm1$ 或 $|\xi|\neq1$ 时，尽管在四维时空观察 ΔX、ΔL 的方向互相垂直，并且四维时空也满足垂直矢量叠加的平方和关系，在三维空间观察四维矢量 $\Delta\boldsymbol{S}$、$\boldsymbol{I}\Delta X$、$\boldsymbol{j}\Delta L$ 相互之间并非直角三角形，并且 $|\xi|\neq1$，这至关重要，也是经典物理学矢量叠加定义域只能适于低速的唯一原因。

如果把四维空间矢量 $\Delta\boldsymbol{S}$ 投影到三维空间，能证明在低速状态满足

$$|\boldsymbol{i}'|=|\xi|=1$$

因此 $|\Delta\boldsymbol{S}|=\Delta X'$，可直接按照矢量长度以及方向把 $\Delta\boldsymbol{X}'$、$\Delta\boldsymbol{L}$、$\Delta\boldsymbol{X}$

矢量首尾相接按照三维空间计算

$$\Delta \boldsymbol{X}' + \Delta \boldsymbol{L} = \Delta \boldsymbol{X}$$

上式为牛顿位移矢量叠加关系。逻辑上三维空间矢量同样可以由四维时空矢量表示，只要知道 ξ^2 的数值就可以计算三维空间的矢量关系，只不过用四维空间计算三维空间的矢量不方便罢了。

只要不嫌麻烦，用四维时空计算三维空间逻辑上一样，相对论四维时空应该满足以上同一律而非与此相悖。

可以看出四维时空的虚基矢量 $\boldsymbol{I}'=\boldsymbol{i}'\cdot(-1)^{1/2}$ 的方向 $\boldsymbol{i}'$ 在四维复空间不具有确定性，完全由三维空间的观察者来确定。

3 速度矢量叠加中的相对速度的基矢量$|\xi|$

本章结论：$|\xi|=(1-\beta^2)^{1/2}$不是动点的相对论尺缩时延系数，而是静系观察相对速度的基矢量长度值。

四维时空数学逻辑包括动点相对动系的速度是光速c，设动系时间$\tau=\Delta t\cdot k$，k是相对论时延系数。而本书证明ξ与时间的相对快慢并不是同义词，$|\xi|=|\boldsymbol{i}'|$是静系观察相对位移$\Delta \boldsymbol{S}=\boldsymbol{I}'\cdot\Delta X'$的基矢量$I'$的单位长度值，所以不仅是相对时空，包括同系$k=1$的情况或绝对时空也都存在$\xi$。由实验物理学的概念，人们无法证明动系观察动点的相对位移$\Delta X'$与静系观察动点的相对位移$|\Delta S|$必须一致，$|\xi|$可以理解为静系观察动点相对位移的修正系数。

当静系与动系同系，动系的时间$\tau=\Delta t$，静系观察动系发射光子，将动系观察的相对速度$v=c$代入$\Delta X'$可得

$$\Delta X'=c\cdot\Delta t$$

再将静系观察动系的牵连位移$\Delta L=u\cdot\Delta t$以及光子的绝对位移$\Delta X=c\cdot\Delta t$与式(2-1)联立

$$\Delta X'^2\cdot\xi^2=c^2\cdot\Delta t^2\cdot\xi^2=(u\cdot\Delta t)^2-(c\cdot\Delta t)^2$$

由上式约分等式两边的时间Δt可得

$$c^2\cdot\xi^2=u^2-c^2$$

即
$$-\xi^2 = 1-\beta^2$$
$$\beta = u/c$$

注意以上证明过程与相对论证明 $k^2=1-\beta^2$ 的方法雷同，但区别是本书证明四维时空的矢量 $\Delta \boldsymbol{S}=\boldsymbol{I}'\Delta X'$在四维坐标轴分量的投影的方向余弦的平方和$\xi^2\neq1$，从而证明在绝对时空下的四维时空矢量 $\Delta \boldsymbol{S}=\boldsymbol{I}'\Delta X'$的基矢量长度值$|\boldsymbol{i}'|\neq1$。

上式的含义是特指当动点相对动系是光速 c，静系观察动系应满足的条件。

当 $\xi^2<0$，$-\xi^2>0$ 属于实数，$(-\xi^2)^{1/2}=|\xi|$，上式可得

$$|\xi| = (1-\beta^2)^{1/2} \tag{3-1}$$

注意$|\xi|=(1-\beta^2)^{1/2}$与相对论 $k=(1-\beta^2)^{1/2}$形式一样。

所以相对论证明的不是时延系数，而是静系观察相对速度基矢量的长度$|\xi|$，本书不介绍 k 的计算方法，只证明低速状态时 $k=(1-\beta^2)^{1/2}$，但不适于高速。

在低速时 $\beta\approx0$

$$|\xi| = 1$$

低速的矢量叠加满足经典物理学。

$\xi^2=0$ 的物理概念是什么？

如果牵连速度达到光速，无论动系观察动系发射动点的相对速度大小与方向如何，静系观察相对速度基矢量的长度$|\xi|$均为0，所以静系观察动点的绝对速度是光速。包括光速动系向任何方向发射的光子，按照经典物理学的速度叠加后都是光速，这就是绝对时空满足光速不变的原因。无须进行光速不变假设，逻辑上可以证明只要是绝对时空就一定满足光速不变。

相对论的观点实际是不加证明地直接把静系观察动系发射光子的相对运动的基矢量长度$|\boldsymbol{i}'|=1$ 代入式(2-1)引起的错误。

4 $|\xi|$的物理意义

本章结论：$|\xi|$是动系物质波的衍生概念，由此可直接推出定义域涵盖光速在内的相对动能公式：

$$E_k = \zeta \cdot M_0 \cdot u^2/2$$
$$\zeta = 1 + \beta^2 \geqslant 1$$

下面直接引用两个实例进行分析。

实例1：当牵连速度 u 达到光速 c，在静系观察$|\xi|=0$代表牵连动系向任何方向发射火箭的速度都是光速，即动点的绝对速度只与牵连速度有关而与动点的相对速度无关。例如达到光速的牵连动系反向共线发射光子，光子相对牵连动系的相对速度是光速，但静系观察光子的速度也是牵连动系的光速，似乎不满足经典物理学刚体运动的速度叠加。

实例2：静系相对牵连动系的相对速度同样是反向共线的光速，同样的相对速度，静系物质与牵连动系之间却满足经典物理学刚体运动的速度叠加，所以静系物质之间的绝对速度为零。这是为什么呢？

以经典物理学中的空气声波作为比较，在经典物理学中静系与空气相对静止属于同系，无论动系波源的相对速度为多少，都不影响静系观察空气的波速不变，这叫同系同媒质波速不变。同系不同媒质波速不同，例如静系与静止的水同样同系，但水与空气的波速不同。但是静系在水中发射声波再通过空气传到另一个静系观察者，两个静系观察者会发现通过水与空气的声波的平均波速不变，原因是两个静系观察者会发现声波传播的时间不变。

无论是经典物理学还是近代物理学，都应该基于一种观点，即同系波速不变，包括光速。

由量子力学可知，物质的相对运动都有物质波，称作波粒二象性。

同系的物理概念只要求动钟与静钟的时间快慢一致，同系并不限制动、静系之间的相对运动状态，所以动、静系不能根据自己的运动状态对真空媒质进行相对运动的定义，只能根据光速是否变化确定动、静系是不是同系。

同系状态下的静、动物质都可以把同系状态的真空背景时空看成相对静止的媒质，这是真空背景时空媒质与传播声速的空气媒质的主要区别。

由同系同媒质震荡的波速脱离于动系波源相对速度的概念，当静系与动系同系，静系或动系观察波速与波源的相对速度无关。

在同系同媒质波速不变的概念下使用经典物理学速度叠加，会产生许多奇异效果。例如当牵连运动速度与相对运动速度都达到光速，这时牵连动系与相对运动都同时达到纯波性，速度已经不是刚体运动的速度概念，而是物质波的波速不变概念。

纯波性的叠加还是纯波性，静系观察光速的绝对运动也是纯波性，绝对速度也是波速，所以无论动系还是静系观察光速都不变，这与相对时空概念无关。

当外界给实体物质输入能量，无论是产生声波的空气媒质还是产生电磁波的真空媒质，波的传播都必须依托在具体的媒质物质上，例如均匀分布的空气分子或均匀分布的真空能物质。

同理，相对运动的物质波也是依托在实体物质的震荡，如果没有实体物质的相对运动作为物质波运动的依托，就不存在物质波的概念。

尽管物质波的运动与物质相对运动不是一个物理概念，但物质的波性肯定与物质的相对速度密切相关。人们之所以能看到动系的相对运动，就是因为物质波必须依托在相对运动的物质上，外界给实体物质的初始外力加速运动实际就是为物质波提供可依托的实体物质，因此物质相对速度是产生物质波的基础，实体物质更像一个运动的物质弧波。

人们看到动系的相对速度实际上是实体物质波的可视影子，低速状态就是刚体粒子的相对速度。

如果实体物质的相对速度较小，实体物质的物质波运动相对动系的刚体物质空间可以忽略，物质波运动将被动点的刚体平移空间所覆盖，这时就是经典物理学的速度叠加概念，实体物质的相对动能公式就是牛顿经典动能。

如果实体物质的相对速度较大，物质的物质波将会显现出来，经典速度涵盖波源的波速概念就会很明显，这时静系观察实体物质的宏观运动的相对速度就不是简单的刚体运动，物质的相对速度已经含有物质波的波速成分，由于物质波的波速成分并不满足经典物理学速度的矢量叠加，而造成经典物理学的速度叠加将会失效。

物质的相对速度的高低直接代表外界给物质输入能量施加时空畸变的程度，因此物质的相对速度不同，代表物质波的载体媒质不同，即便是同系，不同媒质的载体也有不同的波速。所以相对速度不同代表传递物质波的媒质特性不同，这与水中静系与空气中的静系一样，传播媒介不同，波速会发生变化，但只要是同系，观察平均波速就不变。

实际上没有达到光速的物质运动并非纯波性，而仅仅是具有一定的波粒二象性，物质波的波动性大小与粒子的相对速度大小互相对应，这相当于虽然传播媒质不同但不影响动静系之间是同系。

由于动系之间的波速成分并不参加刚体速度的矢量叠加，由此可以得出物质的波动性使得被叠加在牵连速度之上的相对速度的刚体性被打了折扣的结论。

物理概念是相对速度 v 必须是在动系上的动点，这个动点如果相对动系静止，动点必将与动系融为一体并与动系保持同样的牵连速度，动点是在动系牵连速度的基础上被加速而产生相对速度的。速度是物质波的载体，因此动点运动不可能独立于牵连运动而存在，静系观察动点是在牵连运动物质波载体的基础上叠加的相对速度。在这个基础上无论动点的绝对速度高低，在静系观察动点含有牵连速度 u 的物质波份额，代表动点与牵连速度有同样的物质波传播媒质，由同系波速不变原则，当动点的相对速度 $\mathbf{v}$ 与牵连速度 u 叠加时，能满足同系波速不变原则的只有牵连速度 u 的物质波份额。

所以$|\xi|$的物理本质是牵连速度 u 中的刚体速度所占牵连速度的比例，因此$|\xi|\cdot u$ 代表牵连运动中的刚体速度所占份额。

由于相对速度的动点是在牵连速度基础上产生的，实际上是在牵连运动物质波的载体上附加的，例如由牵连动系发射火箭，火箭相对速度 $\mathbf{v}$ 中的纯刚体速度份额占相对速度同样的比例$|\xi|$，这也是同系同媒质波速不变所要求的基本条件。

因此$|\xi|\cdot \mathbf{v}$ 代表静系观察相对运动的刚体速度所占的份额，这部分刚体速度份额可以参与经典物理学刚体运动的速度叠加。

例如，达到光速的动系与静系互相观察，相对速度都是光速，并且都满足物质波的概念。但静系与动系的相对速度方向相反，静系把达到光速的动系作为牵连运动，静系物质之间满足经典物理学的速度叠加原理，因此静系物质之间的绝对速度为零。但是动系向静系发射光子，动系发射来的光子相对速度仍是光速，地球观察光子的绝对速度还是光速。

这就是$|\xi|$只与牵连速度相关的物理原因。

所以，$|\xi|$的物理含义是由牵连动系发射的动点带有牵连动系物质波载体的波性，从而抵消相对速度的刚性程度，而与牵连速度无关的相对速度仍满足经典物理学速度叠加规律。例如静系相对动系的相对速度并不是动系发射的动点速度，不含有动系的物质波成分。

由此可以知道，人们看到的相对运动同时含有刚体运动与牵连动系的物质波载体的运动，由于物质波运动必须依托在物质的速度之上，所以刚体运动与物质波运动二者在逻辑上不可绝对区分为纯波态运动与纯刚体运动，人们很难区分物质波的波速与物质波的载体速度，但是人们可以通过速度的叠加将其分离出来，因为波速不参与刚体速度的叠加。

纯粹的波动成分并不参与经典物理学速度矢量叠加，如果能够在相对速度中把不参与矢量叠加的波动成分与参与矢量叠加的刚体速度成分加以区分，与物质波有关的所有问题即可迎刃而解。

而$|\xi|\cdot \boldsymbol{v}$的物理概念是在相对速度$\boldsymbol{v}$中将牵连运动的物质波成分过滤掉，能够参与矢量叠加的刚体速度份额，所以$|\xi|$的物理意义是相对速度$\boldsymbol{v}$中的纯刚体运动速度占相对速度的比例。

相同频率的波谱可以被过滤器过滤，经典物理学矢量叠加相当于天然的频谱过滤器，利用同系波速不变原则把两个动系共有的相同波动成分过滤掉了，相对速度$|\xi|\cdot \boldsymbol{v}$作为刚体速度份额与牵连速度叠加。

注意过滤的本质是，牵连运动物质波对应的波速份额并不参与矢量叠加，动点的绝对运动仍然含有牵连运动物质波对应的波速份额，例如，在静系观察牵连动系反向共线发射相对同速的火箭的绝对速度并不为零。

牵连速度与相对速度其中有一个达到光速，矢量叠加的绝对速度肯定是光速，这个现象的物理本质是，凡是到达光速的物质，产生物质波的物质实际上与时空背景的媒质达成一致，例如电子达到光速，尽管电子物质作为物质波的载体或媒质与背景时空似乎截然不同，但电子物质作为传递物质波的媒质已经与时空背景媒质没有区别，同系原本就是以时空背景为标准媒质进行定义的，即同系同媒质波速不变。所以，静系观察的绝对速度还是光速，这意味着所有达到光速的物质都是纯物质波，速度就是物质波的波速。

在搞清楚$|\xi|\cdot v$是动点相对速度的刚体份额的概念后，由此计算动点相对速度的刚体相对动能份额为

$$E_k' = |\xi|^2 \cdot M_0 \cdot v^2/2$$

$|\xi|^2$的物理含义是刚体动能占相对动能的比例。

由$|\xi|^2$可简单得出物质运动的波动能占相对动能的比例为

$$B = 1 - |\xi|^2 = \beta^2 \tag{4-1}$$

B应该理解为动点每单位相对动能$M_0 \cdot v^2/2$额外增加的波动能。

由此可以理解$|\xi|$的物理意义，动点的相对速度原本是v，静系观察动点的相对动能实际就是经典动能$M_0 \cdot v^2/2$。如果经典动能总额$M_0 \cdot v^2/2$为1，刚体动能占相对动能总额的比例为$|\xi|^2$，波动能占相对动能总额的比例为B，所以刚体动能与波动能比例满足

$$1 = |\xi|^2 + B$$

波动能所占份额是以经典动能为标准计算的比例，所以动点的相对动能为

$$E_k = E_k' + B \cdot M_0 \cdot v^2/2 = M_0 \cdot v^2/2 \tag{4-2}$$

E_k'是静系观察动点相对速度v对应的可测的刚体动能份额，$B \cdot M_0 \cdot v^2/2$是与动点相对动能对应的波动能份额，低速状态波动能通常忽略不计。

上式的含义是静系观察动点相对速度的相对动能正好是经典

动能，不会因为速度叠加份额的不同而发生变化，本质是能量守恒的同一律在发挥作用。

在速度矢量叠加中只能观察到刚体份额项 E_k'，波动能同样不参与经典刚体动能的数量叠加，但波动能不可省略。

从物理概念来说，式(4-2)的物理含义是在刚体相对动能的基础上额外加上波动能，虽然相对速度占有牵连运动的波速成分不参与刚体速度的矢量叠加，但动点额外增加的波动能是不可能被抵消的，这是能量守恒所决定的，这与相对速度的物质波份额是否参与速度叠加无关。

即便动点的相对速度都是刚体速度，相对速度占有牵连运动的波速成分同样具有波动能，由能量守恒可知比例关系 $1=|\xi|^2+B$ 并不是必要条件，只是在动点相对速度的特定条件下正好满足这种比例关系。我们从这种比例关系中发现了物质波动能份额的计算方法。

当相对速度为零，即 $v=0$ 时，动点与牵连动系融为一体，牵连动系不涉及相对速度与牵连速度的矢量叠加，动系不涉及物质波成分对速度的影响，所以动系的速度根本就不涉及刚体速度份额与物质波份额的概念。

牵连动系的刚体动能本身就是经典动能 $M_0 \cdot u^2/2$，牵连动系速度 u 的载体含有物质波的波动能，物质波必须依托在物质真实的相对运动之上，因此产生物质波的基础必须是外界推动物质真实的相对速度 u。

因此物质波肯定是在经典动能 $M_0 \cdot u^2/2$ 的基础上额外增加的波动能，波动能所占份额是以经典动能为标准计算的比例关系是 B。由波动能所占份额是以经典动能为标准计算的比例关系，牵连动系的刚体动能 $M_0 \cdot u^2/2$ 加上物质波的波动能份额应该是物质相对运动的总动能，由式(4-1)及式(4-2)可得物质运动的相对动能

$$\begin{aligned} E_k &= M_0 \cdot u^2/2 + B \cdot M_0 \cdot u^2/2 \\ &= (1+B) \cdot M_0 \cdot u^2/2 \\ &= \zeta \cdot M_0 \cdot u^2/2 \geqslant M_0 \cdot u^2/2 \end{aligned} \tag{4-3}$$

$\zeta=1+B=1+\beta^2\geqslant 1$，$\zeta$ 代表实际动能与经典物理学刚体运动动能的比例系数。

式(4-3)在物理上很好理解，经典物理学的动系刚体速度 u 与动系物质波的波速 $u \cdot \beta$ 互为垂直关系，动系的绝对速度满足经典物理学的速度叠加关系。

直到今天，物理教科书找不到涵盖光速的相对动能计算公式。

$B=\beta^2$ 代表波动能占经典刚体动能的份额比例，所以波动能部分

$$B \cdot M_0 \cdot u^2/2 = M_0 \cdot (\beta \cdot u)^2/2$$

显然 $\beta \cdot u$ 的概念就是波速的概念，因此牵连速度无量纲速度 β 代表牵连速度的波速份额占刚体速度 u 的比例，当 $\beta=1$，$u=c$ 就是光波的速度。

可以看出，当 $|\xi|\approx 1$ 或 $\beta\approx 0$，相对运动的相对动能 $E_k=M_0 \cdot u^2/2$。当 $|\xi|=0$ 或 $\beta=1$，相对运动的相对动能 $E_k=M_0 \cdot c^2$，这与经典物理学完全对应。

例如，当相对速度达到每秒 10 万千米，每秒 10 万千米的速度要比每秒 1 千米的速度多出 10 万倍，但精确相对动能比经典物理计算结果只增加了 10%，所以每秒万千米以下数量级的相对速度都可以用经典动能计算。

如果把 $B=\beta^2$ 作为运动物质的波动性度量，由此证明相对速度越高，物质运动的波性越强，相对速度越不符合经典物理学平移速度叠加原理。本例说明经典物理与近代物理的概念边缘“接壤”，因此经典物理学可挖掘的潜力很大。

本章重点说明了经典物理学速度叠加在高速失效的物理本质，物质相对速度是产生物质波的基础，运动物质的波动性与物质

的相对速度相互对应，由于物质波的波动性不满足刚体运动速度的矢量叠加，由波动性对应的相对速度已经带有波速成分，并非纯粹的刚体粒子的速度，必然影响到经典物理学刚体速度的叠加，因此经典物理学的速度叠加将会失效，经典物理学的速度矢量叠加实际是粒子波粒二相性的低速定义域。

有关实例与计算请看第 7 章有关结论。

5 对光速的诠释

本章结论：同系或绝对时空满足光速不变。

在经典物理学中，同系同媒质波速不变，同系不同媒质波速不同，不同系波速肯定不同。如果动系发射声波，不能将动系中的速度按照牵连速度与音速叠加，并且音速相对静系不变，或称同系波速不变。

同系波速不变，这应该是具有普适性的原理。因此当静系或动系发射光速，均光速不变，应该首先考虑静系或动系满足同系波速不变原理。

波动性的运动量不能与物质运动的刚性运动量叠加。物质运动含有波动性的运动量，速度越高物质的波动性越强，导致速度叠加不适用于高速。

为了说明这个问题，可以设声源动系的牵连速度为 u，运动声源发射声波，声波波阵面的音速为 c。

设动系的牵连速度正好是主波波阵面的音速 $u=c$。

由于静止的空气与静系同系，由经典物理学波动学的惠更斯原理，空气音速波阵面任何一点的空气质点的震动本身就是声波波源，物理学中称为子波波源，而原声波波阵面被称为主波。

在主波波阵面上的波源产生声波，在静系观察子波波阵面相对主波波阵面波源的相对速度 v 同样是音速 $v=c$。

由于 $v=c$，所以在静系观察子波相对主波波阵面的相对速度

为零，即

$$v' = v - c = 0$$

动系的牵连速度 $u=c$ 在经典物理学称为一倍的马赫数。

注意上式的特点，虽然静止的空气与静系同系并且相对速度 $v'=0$，但在形式上动系的牵连速度为 $u=c$，即动系观察自己发射声波的相对波速为零。

由动系的牵连速度 $u=c$，尽管音速相对动系的相对速度 $v'=0$，但子波的相对速度 v' 是由牵连动系发射的，在静系观察子波波阵面的绝对速度 V 同样满足速度叠加原理

$$V = u + v'$$

在静系观察子波波阵面的绝对速度 V 还是音速 c，即波速相对同系不变。

静系观察子波相对主波波阵面的相对速度

$$v' = v - c = (1 - c/v) \cdot v = \xi \cdot v \tag{5-1}$$

$$\xi = 1 - c/v$$

静系观察子波的绝对速度同样应该满足速度叠加原理

$$V = u + v' = u + \xi \cdot v \tag{5-2}$$

将 $v=c$ 代入 $\xi=1-c/v=0$，再将 $u=c$ 以及 $\xi=0$ 代入式(5-2)可得子波的绝对速度

$$V = c$$

无论是主波波源还是子波波源，静系观察声波的音速不变。

注意 $v'=\xi \cdot v$ 表达的意思是波速相对动系的相对速度 $v'=0$，因为经典物理学的动系速度没有波速的概念。但 $v'=\xi \cdot v$ 与本书第 4 章推理的相对速度概念在形式上一致，当牵连速度与音速一致 $u=c$，牵连速度实际等同于与主波波阵面的波速，在主波波阵面的基础上观察子波属于纯波性 $\xi=0$。$\xi=0$ 意味着子波的相对速度是波速概念，而主波波速与子波波速之间不满足经典物理速度的叠加原理，所以 $\xi=0$ 的意思是将子波相对速度的波速成

分全部剔除，它代表子波的相对速度属于纯波概念，不是经典物理刚体速度的概念，这实际就是第 4 章的物理概念。

可以设想，静系发射光波的波速是 c，如果动系速度本身就是光速 c，然后动系再发射光子，光子的速度本身就是波速，正好与式(5-2)的概念完全一致。采用类似于式(5-2)的方法可以证明，如果静系实验发现动系发射光子的光速不变，就可以直接证明动、静系是同系，因为只有同系波速不变。

这里的同系指的是参照系的时间快慢一样，只要动钟与静钟的时间快慢一样就是同系。尽管式(5-2)由声波推理出来，但逻辑上满足 $\xi=0$ 的概念并不要求达到光速的动系观察发射光子的相对速度为零，数学本身并不要求具体的物理形式必须一样，只要原理一样即可。例如静系发射光波的波速是 c，只要光子也是电磁波，在原理上满足 $\xi=0$ 即可，并不要求光子相对动系的速度为零，但同系要求光子的动钟必须与静钟的快慢一致。

动系发射的光子是动点的位移概念，而非经典物理的波速概念，达到光速的动系发射光子与声波主波波阵面的波源发射声波在形式上并不一样。式(5-2)中动系的速度是音速 c，但动系速度并不是波速，因此只有子波的波速概念才满足式(5-2)，所以非波动概念的动点相对速度可以有非波速的超音速概念。

恰恰是这个问题提醒人们，如果达到光速的动系在速度同向发射非光子的实体粒子，例如达到光速的动系分裂为两个粒子，无论由动系发射的粒子相对动系是否有相对速度，在静系观察由动系同向发射的粒子都不会有超光速现象。

从实验的角度可以解释这个现象，由式(5-2)可以简单推知，该现象出现的唯一理由必定是所有达到光速的动系都不是经典物理的刚体速度概念，而是波速概念。由经典物理学的惠更斯原理，达到光速的动系实际是作为主波源概念，动系同向发射的任何粒子的速度实际都是子波的波速概念，即实体粒子的相对速度已经转化为可视的波速概念，满足纯波性 $\xi=0$，而非经典物理的刚体速度概念。

所以式(5-2)涵盖了达到光速的动系发射实体粒子的概念，在静系观察达到光速的动系同向发射粒子的光速不变。

通常经典物理学的同系波速不变与实体粒子位移速度的波速概念很难对应起来，使得习惯于经典物理学动系牵连速度与动点相对速度的叠加概念很难与同系波速不变概念统一起来。

但式(5-2)确实涵盖了从音速到光速所有波速的现象。

这就在波动学的基础上与实验相结合证明了运动粒子的波粒二象性。

人们原本应该由波动理论与实验相结合发现同系光速不变，但由于当初人们是将动系看成实体刚体运动而非涵盖波动，因此很难理解这种物质的极限光速现象，于是假设了光速不变。

实际上地表表面由各种实验发现的光速不变，都是同系光速不变概念，因为地球表面几乎可以看成绝对时空或同系。

式(5-2)就是对 $|\xi|$ 概念的物理解释，动系的牵连速度含有波动成分，使得动点的相对速度所含牵连速度的波速成分并不参与速度叠加，尽管 $|\xi|$ 的计算相对比式(5-2)的 ξ 更复杂，但其原理毫无二致。

由动系发射动点的相对速度包含牵连速度的波速成分，由于这部分波速成分并不参与速度叠加，所以在计算中应予剔除。

在物质运动中剔除运动波性对刚性运动量叠加的干扰，逻辑演绎出来的速度叠加方法，这种方法将适用于高低速度。

由以上分析可以发现经典物理学的同系波速不变的物理概念在理解上并不复杂，动系与静系只要满足同系概念，光速作为波速同样满足同系波速不变。但这种并不复杂易于理解的物理概念却被长期搁置，原因应该是相对论出现后阻塞了这种原本早就该被发现的同系光速不变现象。

6 同系四维时空时间轴

本章结论：相对论四维时空时间轴概念有误。

在绝对时空，$\Delta X = c \cdot \Delta t$ 实际上是静系四维空间的时间轴而非简单的光子位移矢量概念。逻辑上，如果当光子位移矢量 ΔX 与动系位移矢量 ΔL 是同系观察的结果，四维时空矢量和 $\Delta \boldsymbol{S} = \boldsymbol{I}\Delta X + \boldsymbol{j}\Delta L$ 肯定是同系概念，静系观察动系的牵连速度 u 以及动系发射光子的相对速度 c 是固有速度概念，所以动系发射光子相对动系的位移 $\Delta X' = c \cdot \Delta t$ 实际是动系的同系时间轴，而 $|\Delta \boldsymbol{S}| \neq \Delta X'$，每个参照系都是自己的同系，各自都有自己的时间轴，时间轴概念具有普适性。

$$\Delta \boldsymbol{S} = \boldsymbol{I}' c \cdot \Delta t = \boldsymbol{I} c \cdot \Delta t + \boldsymbol{j}(u \cdot \Delta t)$$

$$|\boldsymbol{I}'| = |\xi|$$

相对论光速不变假设认为 $|\boldsymbol{I}'| = 1$。

7　四维复空间在三维空间的投影以及速度叠加

本章结论:定义域涵盖光速在内的速度矢量叠加公式为

$$\boldsymbol{V}=\boldsymbol{u}+|\xi|\cdot\boldsymbol{v}$$

$$|\xi|=(1-\beta^2)^{1/2}$$

$$\beta=u/c$$

$\boldsymbol{V}$ 是绝对速度,$\boldsymbol{u}$ 是牵连速度,$\boldsymbol{v}$ 是相对速度。

由四维复空间矢量叠加 $\Delta\boldsymbol{S}=\boldsymbol{I}\Delta X+\boldsymbol{j}\Delta L$ 推理的绝对位移式(2-2)

$$\Delta X=\pm(1-\xi^2\cdot K^2)^{1/2}\cdot(u\cdot\Delta t)$$

将 $K=v/u$ 代入上式,静系在四维复空间观察绝对速度满足

$$V^2=u^2-v^2\cdot\xi^2=u^2-(v\cdot\xi)^2$$

上式并不是由三维空间的矢量叠加得到的公式,ξ^2 完全由四维绝对时空矢量叠加概念代入计算获得,所以 ξ 是复数。在四维复空间观察虚数 ξ 的长度值并不等于$|\xi|$。

在三维空间观察牵连速度 $\boldsymbol{u}$ 与相对速度 $\boldsymbol{v}$ 的叠加,逻辑上实验物理并不知道速度叠加一定满足 $\boldsymbol{V}=\boldsymbol{u}+\boldsymbol{v}$,在三维空间观察速度矢量叠加满足

$$\boldsymbol{V}=\boldsymbol{u}+|\xi|\cdot\boldsymbol{v}$$

$|\xi|$实际是实验配平系数,$|\xi|$表示 ξ 只取实部。

不但静系观察动系相对速度的基矢量长度$|\xi|$发生变化,在静

系观察相对速度 $|\xi|\cdot \boldsymbol{v}$ 的方向与动系观察相对速度 $\boldsymbol{v}$ 的方向也不一致,逻辑上静系观察不到相对速度 $|\xi|\cdot \boldsymbol{v}$ 的方向,静系只能根据速度矢量首尾衔接的速度矢量三角形原理计算绝对速度 $\boldsymbol{V}$,绝对速度 $\boldsymbol{V}$ 与牵连速度 $\boldsymbol{u}$ 的可视方向与速度矢量叠加的方向并不一致。

仅仅是在低速时 $|\xi|=1$,才有经典物理学的可视速度方向叠加概念。人们已经习惯于速度矢量首尾衔接的速度矢量三角形就是可视的真实速度矢量方向。

在四维复空间观察,当 ξ 为虚数时,代表三维实空间相对速度 $\boldsymbol{v}$ 与牵连速度 $\boldsymbol{u}$ 的夹角是大于 90°的钝角,$\boldsymbol{V}^2=\boldsymbol{u}^2-\boldsymbol{v}^2\cdot\xi^2$ 的物理意义是绝对速度 $\boldsymbol{V}$ 作为直角三角形的斜边,牵连速度 $\boldsymbol{u}$ 作为直角三角形的底边,把三维空间动点的相对速度矢量 $|\xi|\cdot v$ 旋转到与动系速度 u 垂直的方向,然后将长度 $|\xi|\cdot v$ 拉伸为 $|\xi\cdot v|$ 作为直角三角形的高。如图 7-1 所示,在四维复空间总是能找到相应的实数或虚数与 ξ 对应满足速度叠加。

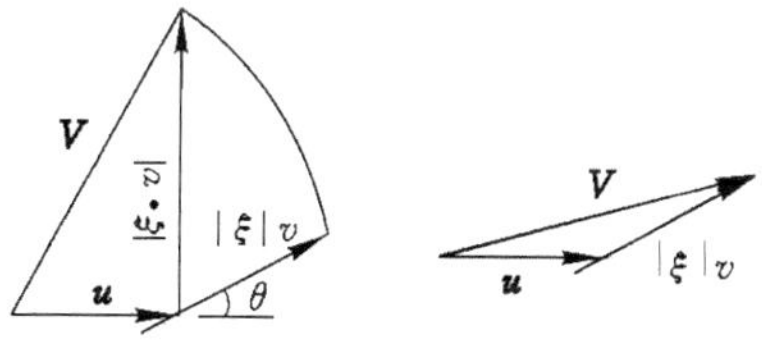

图 7-1 三维空间矢量关系

以绝对速度 $|\boldsymbol{V}|$ 为半径画弧,直接画出 $\boldsymbol{V}^2=\boldsymbol{u}^2-\boldsymbol{v}^2\cdot\xi^2$ 的关系。很显然,虚数 ξ 被拉伸的长度值与 $|\xi|$ 并不一致,在三维空间观察矢量 $|\xi|\cdot \boldsymbol{v}$ 越靠拢速度的垂直方向,虚数 ξ 的长度值越接近 $|\xi|$,例如在三维空间观察牵连速度 $\boldsymbol{u}$ 与相对速度 $\boldsymbol{v}$ 相互垂直,虚数 ξ 的长度值正好等于 $|\xi|$。

所以 $|\xi|$ 就是四维复空间观察 ξ 的长度值在三维空间的投影。

同理，当相对速度矢量 $\boldsymbol{v}$ 与牵连速度 $\boldsymbol{u}$ 之间的夹角是小于 90° 的锐角时，在四维复空间观察有

$$\boldsymbol{V}^2+(\boldsymbol{v}\cdot\xi)^2=\boldsymbol{u}^2$$

在三维空间观察 ξ 是实数，相对速度 $\boldsymbol{u}$ 作为直角三角形的斜边，绝对速度 $\boldsymbol{V}$ 作为三角形的一个直角边，将静系观察的相对速度 $|\xi|\cdot\boldsymbol{v}$ 拉伸后作为三角形的另一个直角边 $\boldsymbol{v}\cdot\xi$，同理 $|\xi|\cdot\boldsymbol{v}$ 被拉伸后 ξ 的长度值与 $|\xi|$ 不一致。

无论相对速度 $\boldsymbol{v}$ 与相对牵连速度 $\boldsymbol{u}$ 之间的实际夹角如何，在静系观察它们之间的夹角并不与实际夹角一致，只有在低速状态时 $|\xi|=1$，才是经典物理学的矢量叠加。

例如，当相对速度矢量 $\boldsymbol{v}$ 或牵连速度 $\boldsymbol{u}$ 向高速发展，静系观察相对速度矢量 $\boldsymbol{v}$ 相对牵连速度 $\boldsymbol{u}$ 之间的夹角都在向相对直角的方向发展。

这就是经典物理学的速度叠加不满足高速叠加的原因。

结论 1　牵连速度 $\boldsymbol{u}$ 与相对速度 $\boldsymbol{v}$ 同向共线。

由几何矢量关系可以简单得出

$$\begin{aligned}\boldsymbol{V}^2&=(\boldsymbol{u}+\boldsymbol{v}\cdot|\xi|)^2-2\boldsymbol{v}\cdot\boldsymbol{u}|\xi|\cdot(1-\cos\theta)\\&\leqslant(\boldsymbol{u}+\boldsymbol{v}\cdot|\xi|)^2\end{aligned}$$

在动系牵连速度低速时 $|\xi|=1$ 以及 $\cos\theta=1$，动点的绝对速度 $\boldsymbol{V}=\boldsymbol{u}+\boldsymbol{v}$。

当牵连速度或相对速度在高速时，例如在极限状态，相对速度 $v=c$ 达到光速，绝对速度还是光速 $V=c$，这时相对速度矢量 $|\xi|\cdot\boldsymbol{c}$ 向垂直方向偏转 90° 与牵连速度 $\boldsymbol{u}$ 相互垂直，绝对速度成为直角三角形的斜边。可以看出，与动系同向的相对速度 v 越大，$|\xi|\cdot\boldsymbol{v}$ 向垂直方向偏转的角度就越大，理论上的速度矢量叠加三角形与可视的速度方向没有关联。

由图 7-1 可以看出，动点的绝对速度

$$V\leqslant u+v\cdot|\xi|\leqslant u+v$$

出现这种情况的原因是，动点含有牵连速度的物质波成分，这部分物质波成分含有的波速成分并不参加刚体矢量叠加，造成绝对速度中含有牵连速度的物质波份额，但速度叠加却没有波速成分，极限状态就是纯物质波光速的叠加仍是光速。

结论 2　在三维空间观察 $\boldsymbol{v}$ 与 $\boldsymbol{u}$ 相互垂直。

由以上分析，$-\xi^2=|\xi|^2$，由式(2-2)可得

$$(V/u)^2=1+(|\xi|\cdot K)^2$$

在低速状态，将 $v=u\cdot K$ 与 $|\xi|=1$ 代入上式，$V^2=u^2+v^2$。

上式只要知道 β，就可以知道 $|\xi|$ 与 $\boldsymbol{u}$，根据 K 值就可以计算 $\boldsymbol{V}$。

比如，当动系速度 u 达到光速 c，由 $|\xi|=0$ 可得 $V=c$。

又比如，当 $v=c$ 时可得

$$V^2=u^2+(|\xi|\cdot c)^2$$

上式正好是 $|\xi|=[(V/c)^2-\beta^2]^{1/2}$，所以 $V=c$。

至此证明，牵连速度与相对速度其中有一个达到光速，动点就达到光速，所以光速是宇宙速度的极限，而无须假设光速不变。

结论 3　牵连速度 $\boldsymbol{u}$ 与相对速度 $\boldsymbol{v}$ 反向共线且有

$$K=v/u=-1$$

将 $K=v/u=-1$ 代入式(2-2)通过简单计算可得

$$(V/u)^2=\beta'^2=1-\xi^2$$

所以

$$(V/u)^2+\xi^2=1$$

绝对速度 V 与动系牵连速度 u 的比值 $\beta'=V/u$ 与 ξ 正好构成圆的内接直角三角形的两个直角边，直径是 1，如图 7-2 所示。

低速状态时 $\xi=1$，β' 或 $V=0$，这是经典物理学的概念。当动系达到光速时 $\xi=0$，$V=u=c$。

可以看出当 $K=v/u=-1$，绝对速度 V 的大小不可能超过动系速度 u，$\xi=(1-\beta'^2)^{1/2}$ 与 $|\xi|=(1-\beta^2)^{1/2}$ 的直径一样，相似三角

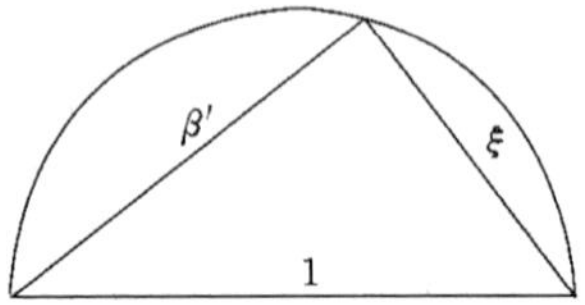

图 7-2 β'与ξ的关系图

形对应边的比例必须满足

$$\beta'/\beta=\xi/|\xi|=1$$

其物理意义是当u与v反向共线$K=-1$这一特例，静系观察动点的绝对速度$\boldsymbol{V}=\boldsymbol{u}+|\xi|\cdot\boldsymbol{v}$，$\boldsymbol{V}$与$|\xi|\cdot\boldsymbol{v}$之间正好呈直角关系，且$\xi=|\xi|$，绝不是$V=u-v=0$。

结论 4 动系$\beta=0.01$且$K=-1$的速度叠加。

动系相对静系退行$u=0.01\cdot c=3\ 000$ km/s，如果动系反向发射火箭的相对速度$v=0.01\cdot c$，满足$K=v/u=-1$。由$V/u=\beta$可得静系观察动系反向发射火箭的绝对速度

$$V=0.01\cdot u=0.000\ 1\cdot c=30\ \text{km/s}\neq 0$$

设宇宙初始相对地球的退行速度如果降低到$u=0.000\ 1\cdot c=30$ km/s数量级，u是牵连速度，按此计算星系相对宇宙初始的退行速度$v=30$ km/s，v是星系相对宇宙初始的相对速度，地球观察星系的绝对速度$V=0.000\ 1\cdot u=3$ m/s≈ 0。

如果用式(4-1)与式(4-2)的波动概念，$\beta=0.000\ 1$，$v=30$ km/s，相对动能的波动能

$$B\cdot M_0\cdot v^2/2=M_0\cdot(\beta\cdot v)^2/2=M_0\cdot V^2/2$$

$$V=\beta\cdot v=3\ \text{m/s}$$

在静系观察物质波的波速$V=\beta\cdot v=3$ m/s，静系观察的3 m/s正好是动点的绝对速度，实际上是物质波速对应的相对速度，β的物理含义是波速成分占相对速度的份额的比例。

凡是 $K=v/u=-1$ 的情况，经典物理学速度矢量叠加为零，必定留下残留速度，这个残留速度实际就是波速。

最典型就是光速叠加满足光速不变。

注意：式(4-1)、式(4-2)推理属于经典物理学的刚体速度份额叠加概念，而结论 4 是从四维复空间逻辑演绎的结论，两个完全相互独立的逻辑演绎正好一致，反映了客观规律的同一律性，这是证明 $|\xi|$ 物理意义的最典型例证。

人们通常看到的速度应该是波速与被打折扣的相对速度之和，只不过波速成分太小了，通常可以忽略不计。

出现这种情况的原因是，牵连速度的物质波成分不参与刚体速度的矢量叠加，造成绝对速度含有牵连速度的波速成分不可能被刚体速度抵消，静系观察 3 m/s 的速度就是牵连速度物质波对应的遗留速度，这符合经典物理学波动理论的惠更斯原理。动点原本是牵连动系的一部分，因此动点含有牵连运动的物质波成分，当牵连动系对动点做功使得动点具有相对速度，动点同样会产生与相对速度对应的物质波成分，动点叠加的应该是与动点物质波对应的相对速度，而不是与牵连速度对应的物质波成分，但动点含有牵连动系的物质波成分，动点物质作为牵连运动物质波与动点相对运动物质波的共同载体，两种波动按照各自独立互不影响的方式运动，所以经典物理学矢量叠加只能抵消与动点物质波对应的刚体相对速度，无法抵消牵连运动物质波的运动。

这说明，动系速度在 $u=100$ km/s 数量级以下基本满足经典物理学中的速度叠加原理，$V\approx u-v=0$，每秒百千米数量级以下的速度基本满足经典物理学的矢量叠加。

动能与速度的平方有关，所以每秒万公里数量级以下的速度满足经典物理学动能的叠加。

相对论四维时空理论很准确，但相对论由于光速不变假设以及对四维时空的认识不足，由此推论相对速度与牵连速度的叠加公式是错误的。

尽管以上证明过程逻辑上仍属于经典物理运动学范畴而非相对时空概念,但实践证明是正确的。所以,静系观察动点的绝对速度的矢量叠加 $\boldsymbol{V}=\boldsymbol{u}+\boldsymbol{v}$ 是低速效应,在高速动系不适用。高速的速度矢量叠加仍满足经典物理学,速度矢量叠加形式为

$$\boldsymbol{V}=\boldsymbol{u}+|\xi|\cdot\boldsymbol{v} \tag{7-1}$$

但要注意,静系观察相对速度 $|\xi|\cdot\boldsymbol{v}$ 的方向与动系观察相对速度 $\boldsymbol{v}$ 的实际方向并不一致,例如,当相对速率 v 是光速时,无论相对速度 $\boldsymbol{v}$ 方向如何,$\boldsymbol{u}$ 与 $|\xi|\cdot\boldsymbol{v}$ 都是垂直叠加的。

若动系速度低于 $u<100$ km/s 数量级,$|\xi|\approx1$,式(7-1)基本满足经典物理学的速度矢量叠加原理。若动系速度低于 $u>100$ km/s 数量级,在静系观察 $\boldsymbol{u}$ 与 $|\xi|\cdot\boldsymbol{v}$ 开始向相互垂直的方向发展,不满足经典物理学的速度叠加。

当 $\boldsymbol{u}$ 与 $|\xi|\cdot\boldsymbol{v}$ 之间的真实矢量是锐角关系,在静系观察 $\boldsymbol{u}$ 与 $|\xi|\cdot\boldsymbol{v}$ 之间的矢量关系将大于实际的锐角,因此矢量和的绝对速度 $\boldsymbol{V}$ 大于经典物理学的矢量和。

同理,当 $\boldsymbol{u}$ 与 $|\xi|\cdot\boldsymbol{v}$ 之间的真实矢量是钝角关系,在静系观察 $\boldsymbol{u}$ 与 $|\xi|\cdot\boldsymbol{v}$ 之间的矢量关系将小于实际的钝角,因此矢量和的绝对速度 V 小于经典物理学的矢量和。

若 $\boldsymbol{u}$ 与 $\boldsymbol{v}$ 之间有一个达到光速,矢量和的绝对速度 V 就是光速。

所以式(7-1)涵盖了从低速到高速的矢量叠加。

结论 5 静系观察相对速度达到光速的绝对速度。

无论牵连速度与相对速度的方向如何,二者之间都是垂直叠加关系,将 $|\xi|$ 代入速度垂直叠加平方和关系可得静系观察的绝对速度

$$V^2=u^2+|\xi|^2\cdot c^2=c^2$$

在以上的逻辑演绎中根本不涉及动钟时间的相对快慢,但结论毋庸置疑与实践一致,说明同系光速不变的普适性。

8 证明相对论时延系数

本章结论：在地表静系观察动钟时间的相对快慢不仅与速度有关，还与速度方向以及外界势场环境有关。

相对论将三维空间的垂直距离平方关系直接移植到四维时空，但三维空间的距离平方关系是基矢垂直关系。相对论认为四维时空两点之间的距离也满足坐标平方关系

$$\mathrm{d}s^2=\mathrm{d}x^2+\mathrm{d}L^2$$

其中，$\mathrm{d}L$ 是三维空间距离；$\mathrm{d}x=\mathrm{i}\cdot c\Delta t$ 是第四维时空坐标，实际就是光子的绝对位移。Δt 是静系时间，$\mathrm{i}=(-1)^{1/2}$ 是纯虚数，x 一般也称为时间轴，相对论认为 $\mathrm{d}x$、$\mathrm{d}L$ 二者相互垂直。

式 $\mathrm{d}s^2=\mathrm{d}x^2+\mathrm{d}L^2$ 实际就是 $\mathrm{d}\boldsymbol{S}=\boldsymbol{I}\mathrm{d}X+\boldsymbol{j}\mathrm{d}L$ 的矢量点积，对应的位移矢量分别为

$$\mathrm{d}\boldsymbol{x}=\boldsymbol{I}\mathrm{d}X \qquad \mathrm{d}\boldsymbol{L}=\boldsymbol{j}\mathrm{d}L$$

$\Delta\boldsymbol{S}$ 在静系四维时空轴 $\boldsymbol{I}$、$\boldsymbol{j}$ 的投影分量分别是 $x=c\cdot\Delta t$，L，同理

$$\mathrm{d}s^2=\mathrm{d}x^2+\mathrm{d}L^2$$

适用所有参照系，包括动系本身。

四维时空矢量分量 $\mathrm{d}x$、$\mathrm{d}L$ 在三维空间观察满足垂直关系并不是证明出来的，而是直接引用三维空间轴之间的平方和关系，相对论直接将三维空间轴平方和概念引入四维时空矢量属于数理逻辑错误。

四维复时空矢量分量 dx、dL 在三维空间观察是任意三角形关系，由此可以求得动系真实的时延系数或动钟的时间加快程度 k。

由上节证明，若动系在低速状态时 $|\xi|=1$，四维时空矢量在三维空间观察满足首尾衔接的矢量叠加，若动系发射光子，动系速度 u 就相当于牵连速度，光子就是相对运动，速度叠加矢量如图 8-1 所示。

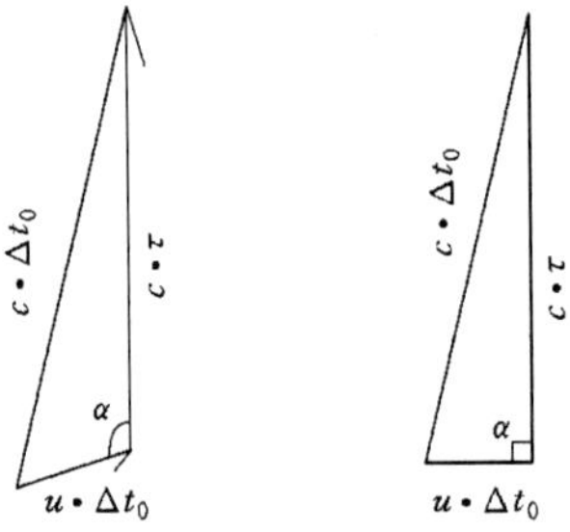

图 8-1　三维空间观察四维时空矢量叠加关系

图中，Δt_0 是静系时间，τ 是动系时间，$A=\cos\alpha$ 是动系空间矢量 $u \cdot \Delta t_0$ 与动系时间矢量 $c \cdot \tau$ 之间的夹角 α 的余弦，由余弦定理可得

$$(u \cdot \Delta t_0)^2 + (c \cdot \tau)^2 - 2 \cdot A \cdot (u \cdot \Delta t_0) \cdot (c \cdot \tau) = (c \cdot \Delta t_0)^2$$

$$\tau^2 = \Delta t_0^2 + 2 \cdot A \cdot u \cdot \Delta t_0 \cdot \tau / c - (u \cdot \Delta t_0)^2 / c^2$$

$$= \Delta t_0^2 \cdot [1 + 2 \cdot A \cdot u \cdot \tau / (\Delta t_0 \cdot c) - u^2/c^2]$$

通常动钟与静钟的快慢不一样，动钟时间与静钟时间的快慢比例满足

$$\tau = \Delta t_0 \cdot k_0$$

经过运算后可得

$$\tau=\Delta t_0\cdot[1+2\cdot A\cdot k_0\cdot\beta-\beta^2]^{1/2}$$

$$k_0^2=1+2\cdot A\cdot\beta\cdot k_0-\beta^2$$

求解 k_0 的 2 次方程 $k_0^2-2\cdot A\cdot\beta\cdot k_0-(1-\beta^2)=0$ 可得

$$k_0=f(\beta)=A\cdot\beta+[1+(A^2-1)\beta^2]^{1/2}$$

当物体低速运动时两个时空矢量垂直,必有 $A=0$,可得

$$k=f(\beta)=[1-\beta^2]^{1/2}$$

令 $\eta=1-A^2$ 可得

$$k_0=f(\beta)=A\cdot\beta+[1-\eta\cdot\beta^2]^{1/2} \tag{8-1}$$

k_0 就是动系的相对论尺缩时延。

下面证明 $k_0=f(\beta)=A\cdot\beta+[1-\eta\cdot\beta^2]^{1/2}$ 的正确性。

由误差近似理论可以得出当 $\eta\cdot\beta^2\ll 1$ 时,$[1-\eta\beta^2]^{1/2}=1-\eta\cdot\beta^2/2$,所以

$$k_0=A\cdot\beta+[1-\eta\cdot\beta^2]^{1/2}=1+(A\cdot\beta-\eta\cdot\beta^2/2)$$

如果 $A=\beta_0=-u_0/c$,u_0 是牵连速度,低速状态可得

$$\eta=1-A^2=|\xi|^2\leqslant 1$$

在低速状态 $|\xi|=1$,所以 $\eta=1$,由此可得动系的尺缩时延系数

$$k_0=A\cdot\beta+[1-\beta^2]^{1/2}=1+(A\cdot\beta-\beta^2/2)=1+\Delta k_0$$

$\Delta k_0=A\cdot\beta-\beta^2/2$ 是动点的尺缩时延增量。

上式正好是经典物理学低速度叠加的绝对动能增量,$\eta\cdot\beta^2/2=|\xi|^2\cdot\beta^2/2$ 的物理含义——相对动能的刚体份额参与经典动能的叠加,相对动能的波动能份额不参与经典动能的叠加。

$k_0=A\cdot\beta+(1-\beta^2)^{1/2}$ 与动能增量 $\Delta E_k=M\cdot u^2/2+M\cdot u_0\cdot u$ 相互对应,说明动系的尺缩时延 k_0 肯定是动能增量 ΔE_k 的函数,而动能增量 ΔE_k 与尺缩时延的增量 Δk_0 直接相关。所以式(8-1)$k_0=A\cdot\beta+[1-\eta\cdot\beta^2]^{1/2}$ 准确无误。

由于 u 是地表静系观察动点的相对速度,所以 A 是站在地表静系之外的某一惯性系观察地表静系的牵连速度 u_0,这就圆满解释了 $k_0=A\cdot\beta+[1-\eta\cdot\beta^2]^{1/2}$ 的物理含义。

当牵连速度 u_0 与 u 同向共线时，绝对动能增量 $\Delta E_k = \eta \cdot M_0 \cdot u^2/2 + M_0 \cdot u_0 \cdot u$ 加上牵连动能 $M_0 \cdot u_0{}^2/2$ 就是动点的绝对动能

$$E_k = \eta M_0 \cdot u^2/2 + M_0 \cdot u_0 \cdot u + M_0 \cdot u_0{}^2/2$$
$$\neq M_0 \cdot (u + u_0)^2/2$$

由上节分析，动点的绝对速度总是低于速度叠加之和，表现为 $\eta \leqslant 1$，绝对动能 $E_k \leqslant M_0 \cdot (u + u')^2/2$。

当牵连速度 u_0 与 u 反向共线，由上节分析，动点的绝对速度总是大于速度叠加之和，同理 $\eta \leqslant 1$，绝对动能 $E_k \geqslant M_0 \cdot (u + u_0)^2/2$。

很明显，动系的绝对动能并不等于经典速度叠加的动能，原因就在于，静系观察动点的相对速度被打了折扣。

这说明，以上推理在经典物理学范畴正确，因此式(8-1)中 k 属于低速有效区，并且由 $\boldsymbol{A} \cdot \boldsymbol{\beta}$ 可知，动系的尺缩时延与运动方向有关，更准确的公式为

$$k_0 = \boldsymbol{A} \cdot \boldsymbol{\beta} + [1 - \eta \cdot \beta^2]^{1/2} \qquad (8\text{-}2)$$

黑体字 $\boldsymbol{A} \cdot \boldsymbol{\beta}$ 代表矢量 $\boldsymbol{A}$ 与矢量 $\boldsymbol{\beta}$ 的矢量点积。

光速叠加矢量图 8-2 中的 $A \cdot u$ 与光速叠加是什么意思？似乎很难解释物理概念。

图 8-2 中 A 实际是牵连速度 $\boldsymbol{u}_0$ 的波速成分比例，动系 $\boldsymbol{u}$ 在动系发射光子方向的投影正好是 $A \cdot \boldsymbol{u}$。如果将静系观察光子的绝对位移矢量 $\boldsymbol{c} \cdot \Delta t_0$ 向动系发射光子的相对位移矢量 $\boldsymbol{c} \cdot \tau$ 的方向相互重合，如图所示，光子的绝对位移 $\boldsymbol{c} \cdot \Delta t_0$ 构成等腰三角形。

在低速状态，两个等腰边 $\boldsymbol{c} \cdot \Delta t_0$ 相对比 $\boldsymbol{u} \cdot \Delta t_0$ 大得多，两个等腰边几乎相互平行，两个底边角为直角，$\boldsymbol{u} \cdot \Delta t_0$ 是直角的斜边长度，相对光速的位移 $\boldsymbol{c} \cdot \tau$ 加上动系波速成分的位移正好是静系观察光速的绝对位移

$$A \cdot \boldsymbol{u} \cdot \Delta t_0 + \boldsymbol{c} \cdot \tau = \boldsymbol{c} \cdot \Delta t_0$$

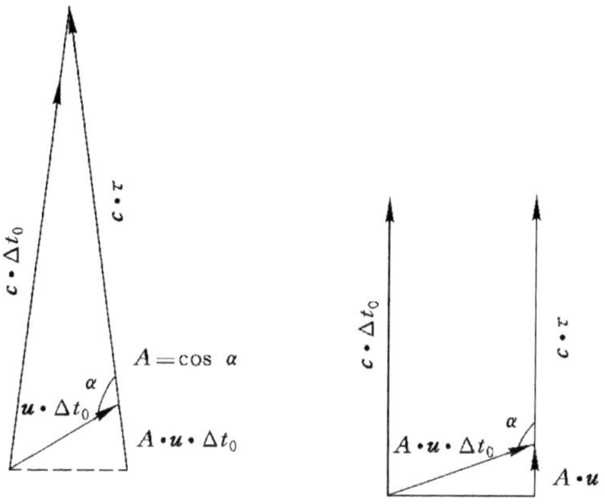

图 8-2 光速叠加矢量图

光速必须是波速的概念，实物质的波速位移加上光子的相对位移就是静系观察的光子的绝对位移。

注意以上证明过程逻辑上与光子相对速度的方向无关，无论是同向还是反向以及其他方向都一样。

相对论有关这方面的速度叠加概念是用很经典的刚体速度概念解释光速不变的，即

$$\boldsymbol{u} \cdot \Delta t_0 + \boldsymbol{c} \cdot \tau = \boldsymbol{c} \cdot \Delta t_0$$

从逻辑上说，光源的速度与光源发射光波的速度根本属于风马牛不相及的两回事，就好像声源的速度与音速不能叠加一样。

在经典物理学的绝对时空同样可以找到相似的例子。如图 8-3 所示，当速度为 u 的透明介质内部有光子运行时，光子在界面透明介质内的相对运行距离为

$$\boldsymbol{c}' \cdot \Delta t_0$$

$\boldsymbol{c}'$是透明介质内部的亚光速。

在低速状态下不能用透明介质的牵连速度 u 与介质内部的亚光速进行速度叠加，因为静系观察透明介质的可参与矢量叠加

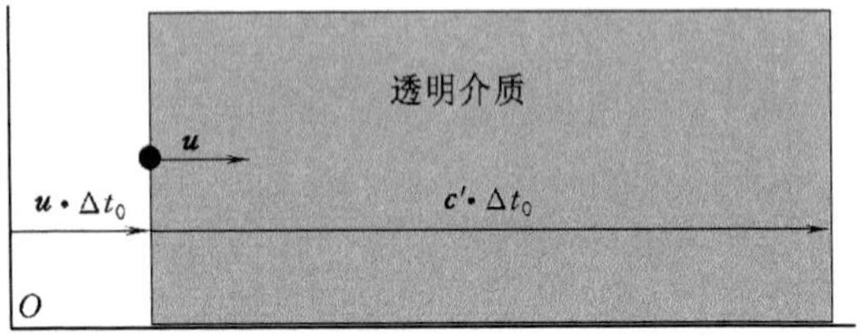

图 8-3 光子在透明介质中运行的情况

的刚体位移为

$$c'\cdot\Delta t_0\cdot|\xi|$$

注意 $c'\cdot\Delta t_0\cdot|\xi|$ 并不是相对时空伸缩，而是透明介质的波速成分被分离了出来，相对位移 $c'\cdot|\xi|\cdot\Delta t_0$ 可与牵连位移 $\boldsymbol{u}\cdot\Delta t_0$ 进行经典矢量叠加，但不是可视的共线方向的速度叠加，牵连位移矢量 $\boldsymbol{u}\cdot\Delta t_0$ 与相对位移 $c'\cdot\Delta t_0\cdot|\xi|$ 矢量之间有夹角 α，牵连速度 $\boldsymbol{u}$ 在光速方向的投影正好是物质波的波速 $A\cdot\boldsymbol{u}$，在静系观察光源物质波的波速位移 $A\cdot\boldsymbol{u}\cdot\Delta t_0$ 与光波的相对位移 $c'\cdot\Delta t_0\cdot|\xi|$ 可进行可视方向的代数叠加，但这个并不复杂的物理学概念在相对论中并没有建立起来。

尽管逻辑上相对速度与光子相对速度的方向无关，无论是同向还是反向以及其他方向都一样，但定性分析确实可以这样理解。

无论是同向还是反向或其他方向发射光子，动系牵连运动的刚体速度都不参与光子相对速度的叠加，而是以动系的波速作为牵连速度，所以动系速度在与光速的叠加中，实际是动系的波速成分加上相对光速才是静系观察的光速。

从这个物理概念出发，逻辑上动系速度 $\boldsymbol{u}$ 本身就可以是牵连速度，光子相当于相对速度的动点，动系速度 $\boldsymbol{u}$ 作光子的牵连速度，牵连速度的波速成分就是 $A\cdot\boldsymbol{u}$，$A=|\boldsymbol{u}|/c$。

没必要另外在叠加一个牵连速度 $\boldsymbol{u}_0$。

从第 7 章可知，当动系与静系同系，相对速度是光速，速度的叠加满足直角关系，如图 8-4 所示。

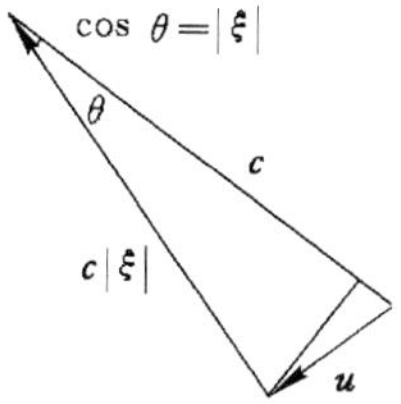

图 8-4 动系与静系同系时的速度叠加关系

由同系光速不变，静系观察动系发射的光子光速不变。

由动系速度 u 与静系观察动系发射光子的相对速度 $|\xi|\cdot c$ 是直角叠加关系，即有

$$u^2+(|\xi|\cdot c)^2=c^2$$

$$|\xi|=(1-\beta^2)^{1/2}$$

由图 8-4 中直角关系可得 $\cos\theta=|\xi|$，所以

$$\sin\theta=[1-\cos^2\theta]^{1/2}=(1-|\xi|^2)^{1/2}=\beta$$

则可得动系速度 u 在光速方向的投影

$$u\cdot\sin\theta=u\cdot\beta \tag{8-3}$$

可以看出动系自身的 $\beta=u/c$ 恰好与本章 A 对应，只不过这里 $A=\cos\alpha$。

所以动系发射光子，动系本身就是牵连速度，静系观察的光速位移就是动系的波速位移加上动系发射光子的位移。

式(8-1)$k_0=A\cdot\beta+[1-\eta\cdot\beta^2]^{1/2}$ 与动系的绝对动能 $E_k=M_0\cdot(u+u_0)^2/2$ 相对应，说明动系的尺缩系数与绝对动能增量 ΔE_k 也有关，而不是仅与相对动能有关。

本章低速动系的速度叠加近似法与第 7 章四维复空间的证明是两个相互独立的方法，结果与第 7 章四维复空间推出的结果 $\beta=A$ 雷同。在证明过程没有刻意做一些设置让其相互对应。

9　相对论尺缩时延 k 在重力场的应用

本章结论：A 是与外界势场密切相关的复杂函数而非牵连速度概念。

从地表惯性系选择牵连速度的方式多种多样。地表静系的自转圆周速度可以作为牵连速度，所有相对地表静系匀速运动的惯性系也都可以作为牵连速度。地表如何选择牵连动系才能满足式(8-1)？

A 的本质是时空系数而非简单牵连速度概念，必须具有确定的表动钟快慢的功能。因此外界环境的牵连速度绝不能是自由选择的匀速惯性系。

而引力势是具有确定时钟快慢的时空场，所以 A 逻辑上只与外界势场的时空环境有关，牵连速度的选择应该考虑势场时空与动系物质之间的相互作用。

地表有一个特殊的参照系，就是匀速圆周速度达到失重状态的动系，达到这种状态的地表切向运动的动系的势能正好是引力势在地表的势能。

将圆周速度达到失重状态的动系作为牵连运动，地表的所有动系都换算成牵连运动的相对速度，将会得出最准确的结果，这实际是选择外界势场作为标准时钟比较地表动钟时间相对快慢的参照系。

例如，在地表赤道向东的线速度 u_0，动系速度取向西为速度为正方向

$$A=-u'/c$$

u' 是静系观察动系向东达到的失重速度。

动系向西运动，毋庸置疑，当动系向西达地表自转向东的相对速度 $2u_0$，这时动系向西的绝对速度正好是 u_0，动系的圆周惯性离心力与静止物质的惯性离心力一致，重力肯定一样，所以这时动钟与静钟快慢一样 $k_0=1$。

所以向西运动的动钟一定是随着速度增加，动钟首先减慢 $k_0<1$。

然后动系速度继续增加重力达到最大，动钟达到最慢。

之后随着速度继续增加，动系重力降低，动钟开始加快，当动钟速度达到 $2u_0$，动钟与静钟快慢一致 $k_0=1$。

如果规定动系速度向西为正，动钟尺缩时延的快慢比例 k 随速度的变化趋势如图 9-1 所示。

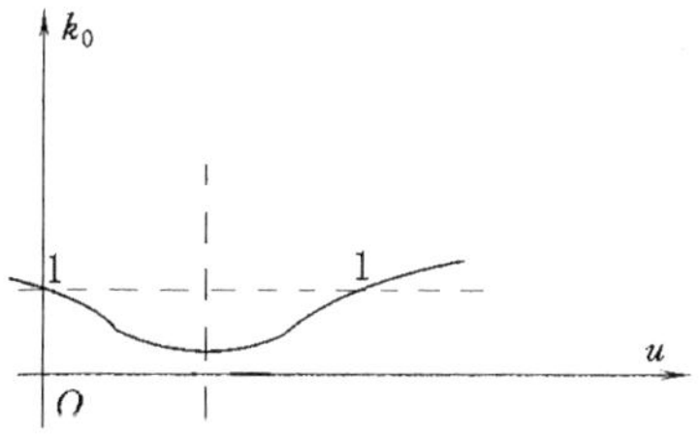

图 9-1　k-u 变化曲线

由公式 $k_0=A\cdot\beta+[1-\eta\beta^2]^{1/2}$ 可以看出，在低速状态 $[1-\beta^2]^{1/2}\approx1-\beta^2/2$，所以

$$k_0=A\cdot\beta+[1-\beta^2]^{1/2}\approx1+A\cdot\beta-\beta^2/2$$

当静系本身有牵连运动时 $A=\cos\alpha=-u'/c<0$ 实际规定了

向西的速度是正方向，如果动系的速度是负值 $\beta<0$，例如赤道上向东运动的动系 $A\cdot\beta>0$，动系向东的最大速度就是失重速度，所以

$$k_0=1+A\cdot\beta-\beta^2/2>1$$

反之，动系的速度向西，动系速度是正值 $\beta>0$，例如当赤道上向西运动的动系速度 $u<u_0$，u_0 是地表静系的自转圆周速度，所以

$$k_0=1+A\cdot\beta-\beta^2/2<1$$

$A\cdot\beta-\beta^2/2$ 的物理意义源于下式

$$\Delta E_k=M_0\cdot u'u-M_0\cdot u^2/2=M_0\cdot(u'-u)^2/2-M_0\cdot u'^2/2$$

u'是失重系观察地表静系向西的牵连速度，u 是动点相对静系的速度，本质是相对牵连速度的速度。

$M_0\cdot u'u-M_0\cdot u^2/2$ 是动点的动能增量 ΔE_k，若动点向东的相对速度达到失重速度 $u=u'$，静系观察动点

$$\Delta E_k=M_0\cdot u'u-M_0\cdot u^2/2=M_0\cdot u'^2/2$$

这恰恰是经典物理学的概念，所以 $k=1+A\cdot\beta-\beta^2/2$ 与经典物理学的概念一致。

若动系向西的速度 $u>u_0$，可以简单得出 $A=[u'+2u_0-2(u'+u_0)u_0/u]/c$。$A$ 是一个很复杂的函数，原因是动系的尺缩时延 k_0 还与外界势场有关，牵连速度 u'代表外界引力场对动系的作用。另外在动系向西运动时，还要考虑地表自转的圆周速度 u_0 或外界重力场对动系的作用。

动系向西运动，毋庸置疑，当动系向西达到的相对速度为 $2u_0$，代入 A 可得 $k_0=1$。这时动系向西的绝对速度正好是 u_0，动系的圆周惯性离心力与静止物质的惯性离心力一致，重力肯定一样，所以这时动钟与静钟快慢一样。

本书只是在理论上给出尺缩时延的计算方法，并且时空系数 A 不是简单的牵连速度的概念，时空原本就是复杂的物质概念。

由于地球自转，地表静系观察动系向东达到可测试的失重速

度总是 u'，为了方便计算，从本章开始式(8-1)中的 A 均采用如下形式

$$A=-u'/c$$

因为 u' 是被特指地表静系相对地表失重系的牵连速度，在地表具有唯一性。

只有当动点物质在势场中满足机械能守恒的自由跌落，例如重力场的自由落体，动点相对速度 u 与牵连速度 A 才会相互垂直，这时，动点物质的尺缩时延反而很简单

$$k=[1-\beta^2]^{1/2}$$

相对论尺缩时延只适用于引力场中的满足机械能守恒的运动状态，广义相对论恰恰是建立在这个基础上的，所以相对论概念在广义相对论得到了成功的应用，这只是在错误概念上的成功，广义相对论的成功不能证明相对论的普适性，并且可以证明 $k=[1-\beta^2]^{1/2}$ 是低速近似式，由此可以说明广义相对论的定义域在宇宙近程有效，不能引证到宇宙初始。

但是不能简单得出牵连速度与相对速度相互垂直就满足 $k=[1-\beta^2]^{1/2}$，最典型的就是从两级向赤道运动的动钟肯定相对加快。

在机械能守恒的状态下，动钟的快慢必须与外界势场的时钟场相互对应，地表是重力场，如果动钟不能与重力场相互对应，这种证明毫无意义。

至此，本书通过经典物理学的方法，证明不是同系或绝对时空的一般情况下，相对时空具有普适性，并得出了相对论尺缩时延公式 $k=[1-\beta^2]^{1/2}$，但是只能得出此式适用于引力势或重力势的自由落体，没有得出动钟慢的结论，并且 $k=[1-\beta^2]^{1/2}$ 是低速效应。

动系尺缩的方向：

设地表有一个重物，受到向下的重力，然后让重物沿着地表借助地球自转绕地心向东运动，由于离心惯性力，重物有被垂直向上

抛起的趋势。

重物被惯性离心力抬起向上拉抻，重物的重力将减小，重物重心将被抬起，重心抬起意味着重物的势能升高，实际代表动钟的时间被加快。

当离心惯性力达到引力平衡态，重物失重，由于重物的重心被抬起，这时失重物体被离心力沿径向拉伸到最大程度。

所以物体由引力平衡失重状态的体积相对最大，当物体到受重力，体积肯定受到压缩。

所以受重力的物体的体积沿径向被相对压缩，说明物体的重心降低，重心降低意味着势能降低，受重力的静钟一定相对比满足引力平衡的失重状态的动钟慢，这里钟慢效应直接与重物的尺缩发生关系。

同理，向西运动的动系由于相对地心的绝对速度降低，惯性离心力降低，重力更大，体积被压缩，这就是尺缩钟慢或尺缩时延的概念，相对速度可以有尺缩时延效应，但尺缩时延效应与动系的方向有关。

10 尺缩在动点运动中的几何意义

本章结论:外界输入功加快动钟,相对动能减慢动钟。

如果没有牵连运动 $u_0=0$,由式(8-1)$k_0=f(\beta)=A\cdot\beta+(1-\eta\cdot\beta^2)^{1/2}$可得

$$k=[1-\beta^2]^{1/2}\leqslant 1$$

从理论上说,应该看到动系的尺缩时延,在同系或绝对时空肯定满足 $k_0=1$。但式(8-1)应该是低速状态的通式,包括牵连运动 $u_0=0$,也应该包含 $k_0=1$ 的绝对时空。

这要从式(8-1)第一项 $A\cdot\beta$ 的物理意义找原因,A 的前提是站在牵连动系的观察者必须把静系作为牵连速度。

通常牵连速度 u_0 都设为匀速运动,所有的动系都可以是牵连运动。当牵连动系给动点做功在运动方向共线加速动点,动点受到外力,牵连动系给动点的做功全部转换为动系的相对动能 $E_k=M_0\cdot u^2/2$,在静系观察动点的绝对位移是

$$\mathrm{d}L=u_0\cdot\mathrm{d}t+u\cdot\mathrm{d}t$$

牵连运动参照系给予动系的外力 $F=M_0\cdot a=M_0\cdot\mathrm{d}u/\mathrm{d}t$,动系获得的总能量

$$\mathrm{d}E=M_0\cdot u_0\cdot\mathrm{d}u+M_0\cdot u\cdot\mathrm{d}u=\mathrm{d}W+M_0\cdot u\cdot\mathrm{d}u$$

$\mathrm{d}W$ 是牵连运动参照系给予动系的功,对上式积分可得

$$E = W + E_k$$

W 与 $A \cdot \beta$ 相互对应，$A \cdot \beta$ 代表外界对动点的做功项，E 是动系获得的总功。

作为逻辑演绎，并不要求动系与静系之间必须是相对时空，也可以是同系或绝对时空，式(8-1)必须满足惯性系之间是同系，同系包括动系，所有的同系之间 A 都应该满足 $k_0=1$。

牵连速度与观察者有关，站在失重系观察静系的牵连速度就是失重速度。每一个观察者都可以有自己的观点，由惯性系的平权性，包括任何动系观察静系的速度都可以是牵连速度。

当站在动系观察静系，静系的牵连速度 $u_0=-u$，虽然在静系观察动系的速度为 u，动系的绝对速度

$$u_0 + u = 0$$

例如，地表赤道静系向东的自转牵连速度为 $u_0=-u$，但如果动系向西的速度也是 $u=u_0$，动系的绝对速度为零，正好是地球没有自转的地表状态。

在经典物理学中，运动是相对的，两个相对运动的惯性系实际无法确定谁是静系，只能是确定一个参照系后观察另一个参照系的相对速度。

因此两个相对运动的惯性系总是有一个参照系作为静系满足 $u_0+u=0$。

所以静系作为动系的牵连运动 $u_0=-u$ 的做功总是满足

$$\begin{aligned} \mathrm{d}W &= M_0 \cdot u_0 \cdot \mathrm{d}u + M_0 \cdot u \cdot \mathrm{d}u \\ &= -M_0 \cdot u \cdot \mathrm{d}u + M_0 \cdot u \cdot \mathrm{d}u \end{aligned}$$

注意静系作为牵连速度 u 成了变量，积分上式可得

$$W = -M_0 \cdot u \cdot u/2 + E_k = 0$$

很显然静系作为牵连速度 $u_0=-u/2$，所以 $A=-u_0/c=\beta/2$，代入式(8-1)可得

$$k_0 \approx 1 + A \cdot \beta - \beta^2/2 = 1$$

注意在绝对时空，惯性系之间的相对速度等于零，满足$k_0=1$。

在本书第 2 册将证明牛顿力学恰恰就是建立在 $k_0=1+A\cdot\beta-\beta^2/2=1$ 之上的理论，所以牛顿力学不是近似理论，而是由于惯性系之间的相对速度的平权性，相对速度必定是其中一个参照系对另一个参照系做功而获得的，惯性系之间自动满足 $k_0=1$，而且这种做功概念同样是平权的。根据牛顿第三运动定律，反作用力正好与动静系之间相互观察的相对位移互为对应，静系可以认为对动系做功，而动系也可以认为静系相对运动方向相反，自己对静系做功。

惯性系平权性的特点是每一个惯性系都认为做功 $A\cdot\beta$ 项将相对运动的参照系加速到β，至于到底是哪个参照系获得相对动能项 $\beta^2/2$ 都是平权的，参照系之间的相对动能与相对做功的平权性是绝对时空的基础，也是经典物理学理论的基础，从而造成惯性系之间互相观察满足 $k_0=1$。

所以在没有外界势场的绝对时空，式(8-1)$k_0\approx1+A\cdot\beta-\beta^2/2$ 的物理含义是当外界对动点做正功，即 $A\cdot\beta>0$，动钟的时间相对加快，反之外界对动点做负功或动点对外界做功，即 $A\cdot\beta<0$，动钟的时间相对减慢。

相对动能除以动系的质能 $M_0\cdot c^2$ 就是 $\beta^2/2$，同理外界做功 $W=M_0\cdot u_0\cdot u$ 除以动系的质能 $M_0\cdot c^2$ 就是 $A\cdot\beta$，所以式(8-1)可以表述为

$$k_0=W/(M_0\cdot c^2)+[1-\beta^2]^{1/2}\approx1+W/(M_0\cdot c^2)-\beta^2/2 \tag{10-1}$$

经过以上逻辑演绎，逐步将式(8-1)演化为式(10-1)，式(10-1)才是式(8-1)的最终物理含义，这个含义与相对论概念雷同但不一致。

如果没有 $W/(M_0\cdot c^2)$这一项，$k_0=[1-\beta^2]^{1/2}$正好是相对论尺缩，但 $A\cdot\beta$ 项告诉人们k_0 不满足相对论尺缩概念，这将在本

书第 2 册详细讨论。

为了与相对论尺缩系数 $k=[1-\beta^2]^{1/2}$ 相区别，式(10-1)写为

$$k_0=W/(M_0\cdot c^2)+k$$

由公式可以看出，相对论尺缩 k 永远让动钟的时间相对减慢，从这一点讲相对论动钟相对减慢还是准确的。

如果动系不受力 $W=0$，式(10-1)为

$$k=[1-\beta^2]^{1/2}$$

上式就是相对论尺缩公式，动系不受力 $W=0$ 表示动系在势场中满足机械能守恒，所以相对论尺缩 $k=[1-\beta^2]^{1/2}$ 只适用于动系在势场中满足机械能守恒的跌落，例如重力场的自由落体。

如果动系在外界势场中跌落不满足机械能守恒，动系将受外力，外力将对动系做功 W，所以动系在外界势场中跌落不满足机械能守恒的 $A\cdot\beta$ 与外力做功 W 对应。

$k_0\approx1+A\cdot\beta-\beta^2/2=1$ 的物理含义是，$A\cdot\beta$ 是外界输入功，当外界给动系做功 $A\cdot\beta>0$，动钟相对加快。但是如果动点把外界输入的能量全部转化为相对动能，相对动能使动钟减慢，当动点的相对动能正好是输入能量，动钟减慢的份额与输入功给动钟加快的份额相等，结果动钟与静钟快慢一致。

所以不考虑外界势场的动系之间满足绝对时空，外界输入功加快动钟，相对动能减慢动钟。

$k_0\approx1+A\cdot\beta-\beta^2/2=1$ 说明第 8 章的光速叠加矢量图可以应用在同系 $k_0=1$ 或绝对时空。无论动系相对静系的 k 值如何伸缩，静系观察动系运动的相对尺缩

$$|\xi|=[1-\beta^2]^{1/2}$$

上式的意义是，如果静尺的刚体长度为 λ_0，静系观察动尺的刚体长度相对静尺收缩为 $\lambda'=\lambda_0\cdot[1-\beta^2]^{1/2}$。但是为什么在同系的静系观察不到尺缩呢？

在静系观察动系发射光子等于把相对光速作为动点速度叠加

到牵连速度中，同样会把牵连动系的物质波属性带入，这相当于动尺的刚体部分 λ' 被缩短了。

这不等于动尺被缩短了，而是因为光子作为动点以光速测量动尺，静系观察的可测量的刚体尺度份额被缩短了，但同系内的动尺不会缩短。

如何在动尺的几何运动过程解释同系动尺不会缩短的现象?

可以由第 8 章证明式(8-1)的矢量图直接给出不考虑多普勒效应的几何解释。

注意，以上证明过程逻辑上与光子相对速度的方向无关，无论是同向还是反向以及其他方向都一样，逻辑上用动系同向还是反向发射光子解释光速不变的几何意义并不准确，但可以形象地解释绝对时空的光速不变概念和光速不变的几何意义。

动系在速度 $\boldsymbol{u}$ 方向共线发射光子，这相当于动系是牵连速度，光子是相对速度。

在一个固有周期的光程 $\lambda_0=\boldsymbol{c}\cdot T_0$，如图 10-1 所示。由第 9 章 $A=\cos\alpha$ 的几何意义可知，式(8-1)相对时空的定义域适用在低速状态 $|\xi|$ 近似为 1。

将 $\boldsymbol{c}$ 边与 $\boldsymbol{c}\cdot|\xi|$ 重合，两个等长的 $\boldsymbol{c}$ 边构成等腰三角形，两个等腰边 $\boldsymbol{c}$ 都是光速，由于 $\boldsymbol{u}$ 相对比光速小得多，两个等腰边 $\boldsymbol{c}$ 在无穷远相交，因此两个等腰边可以看成相互平行的边，如图 10-1 所示。

由几何关系看出 $A\cdot\boldsymbol{u}$ 与 $\boldsymbol{c}\cdot|\xi|$ 在光速 $\boldsymbol{c}$ 方向上投影的叠加正好是光速。

在低速状态下牵连速度 $\boldsymbol{u}$ 在动系发射光子的相对速度 $\boldsymbol{c}\cdot|\xi|$ 方向的投影是 $A\cdot\boldsymbol{u}$，$\boldsymbol{c}\cdot|\xi|$ 加上 $A\cdot\boldsymbol{u}$ 正好构成等腰三角形的一个等腰边 $\boldsymbol{c}$，等腰的边长就是光速，可以得出同系光速不变。

无论哪种方法，在低速状态都一样，在静系一个周期 T_0 动系运动的位移是 $A\cdot\boldsymbol{u}\cdot T_0$ 而非 $\boldsymbol{u}\cdot T_0$，这是经典物理学或者相对

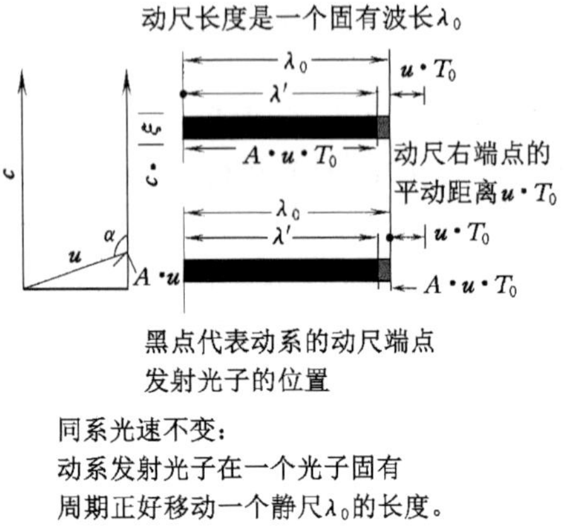

图 10-1　动系同向发射光子的速度叠加

论无法理解的。

但在第 7 章结论 3 已经证明牵连速度的波速份额是 $A\cdot\boldsymbol{u}$，$A\cdot\boldsymbol{u}$ 实际是牵连速度的波速成分，例如当牵连速度 $\boldsymbol{u}=\boldsymbol{c}$ 达到光速时 $A=1$，$|\xi|=0$，$\boldsymbol{c}=A\cdot\boldsymbol{u}$。

动系移动过程实际就是波速加上被打折扣的刚体相对速度之和，这就是第 8 章的矢量图的几何意义，而且通过以上例题证明在低速准确无误。

动系同向发射光子符合经典物理学叠加原理，如图 10-1 所示，在一个周期 T_0 内，静系观察的光程

$$\lambda_0=A\cdot u\cdot T_0+\lambda'=c\cdot T_0$$

动系反向发射光子，静系观察动系发射光子的位置原本是在动尺右端点 λ' 的位置，由于动系作为牵连运动向右的牵连位移 $A\cdot u\cdot T_0$，所以静系观察动系发射光子的实际位置在没有伸缩地到达动尺左端点。

人们根据光速测量尺子长度，没有发现尺子的长度变化，所以

同系光速不变。

当外界给动系做功，如果动系不产生相对动能，动尺将被拉伸，表现为动系的重力势能将被提高，静系观察动尺被拉伸的长度部分

$$\Delta\lambda_0 = A \cdot u \cdot T_0$$

可以看出无论在运动方向发射光子还是反向发射光子，动尺被拉长 $\Delta\lambda_0$ 填补了动尺缩短部分，在静动系各自观察的周期 T_0 内，光程都是固有波长 λ_0。

所以公式 $k_0 = A \cdot \beta + [1-\beta^2]^{1/2}$ 每一项都有明确的物理意义，包括相对时空与同系或绝对时空。

如果参照系之间不是对等平权的，就不存在 $k_0 \approx 1 + A \cdot \beta - \beta^2/2 = 1$ 的绝对时空概念，静系牵连运动的做功项 $A \cdot \beta$ 就不可能等于动系的相对动能，就会产生相对时空的概念，例如星系的地表静系实际上就是受到引力势的影响。

11 动系在外界势场跌落过程的尺缩时延

本章结论：动系在外界势场跌落将会自发向机械能守恒方向发展。

在绝对时空或同系要求，外界对动系做功产生的伸缩 $A \cdot \beta$ 与动系相对运动产生的伸缩 $\beta^2/2$ 相互抵消，所以在逻辑上静系与动系可以是同系，这是惯性系存在的基本条件，也是同系光速不变的基础，理论上包括高速也是这样。

这就是经典物理学的基础，所以逻辑上不能把经典物理学或绝对时空看成相对论时空伸缩很小的近似，而是在没有外界势场干扰的条件下，相对运动根本不产生相对论效应。

动系相对尺缩项 $\beta^2/2$ 与相对动能增量 ΔE_k 对应，当动系在外界势场满足机械能守恒

$$\Delta E_k + \Delta \Phi = 0$$

动系在跌落是因为动系不满足机械能守恒，或动钟比外界失重系的钟慢，例如，地表重物受到外界势场的重力而跌落。

动系由于惯性而造成动系跌落过程的动能增量总是低于外界势能的变化

$$\Delta E_k < -\Delta \Phi$$

动系在跌落过程必然不满足机械能守恒，造成动系并不失重。

由于动系跌落存在外力，上一章已经证明外力做功与 $A\cdot\beta$ 对应，受到外力的动系必须满足动系在外界势场中受力平衡

$$F\cdot\Delta r=\Delta E_{\mathrm{k}}+\Delta\Phi$$

$F\cdot\Delta r$ 为外力做功，与外力做功伸缩项 $A\cdot\beta$ 对应；势能增量 $\Delta\Phi$ 与势能增量引起的尺缩项 Δk_0 对应。与 $F\cdot\Delta r=\Delta E_{\mathrm{k}}+\Delta\Phi$ 对应的等效公式为：

$$A\cdot\beta=\beta^2/2+\Delta k_0$$

即

$$A\cdot\beta-\beta^2/2=\Delta k_0$$

由式 $k_0\approx1+A\cdot\beta-\beta^2/2$ 可直接得出在势能零点 $k_0=1$ 观察动系在跌落过程的尺缩增量 $\Delta k_0=A\cdot\beta-\beta^2$，那么动系在外界势场的跌落尺缩时延 k_0

$$k_0=A\cdot\beta+[1-\beta^2]^{1/2}=1+\Delta k_0$$

上式就是静系观察动系在外界势场的尺缩时延式(10-1)，上式与经典物理学 $F\cdot\Delta r=\Delta E_{\mathrm{k}}+\Delta\Phi$ 相互对应。

当动系跌落过程满足机械能守恒 $F\cdot\Delta r=0$ 或 $A\cdot\beta=0$ 时，$k=[1-\beta^2]^{1/2}$。

例如，动系在重力场跌落，满足 $k=[1-\beta^2]^{1/2}$。

当动系不满足机械能守恒，动系跌落过程外界势场的尺缩时延增量 Δk_0 只与外界势场有关，这时动系的伸缩并没有达到外界势场的伸缩量。为了与外界势场的伸缩量达到平衡，外界将对动系做功，从而动系受到外力，外力将拉伸动系，使得动系力图与外界的伸缩量达成一致。

$A\cdot\beta$ 与外力做功项有关，星系跌落过程会自发向机械能守恒 $A\cdot\beta=0$ 方向靠近，这是热力学第二定律所要求的。

星系的动钟原本比外界势场的时钟慢，$k<k_0$，因此星系受到的外力具有把星系推向 $A\cdot\beta=0$ 方向运动的趋势，即把星系推向能将星系拉伸的方向，使得星系的 k 值得到拉伸补偿，从而星系

动钟得到与外界势场时钟的快慢保持一致的趋势。

星系沿着黑洞或恒星自转方向能够推动星系的尺缩得到拉伸补偿，星系向黑洞自转圆周方向运动，星系圆周运动惯性离心力力图向势能升高或时空拉伸的方向运动，所以 $A \cdot \beta=0$ 体现为星系跌落会自动向黑洞自转圆周运动方向偏转，以提高惯性离心力抵御跌落，星系越来越向机械能守恒靠近，因此星系跌落过程越来越接近圆周运动的吸积盘。

12　A 的基础理论作用

本章结论：A 与星际磁场直接相关。

显然星系受到的外力直接与 $A=-u'/c$ 相关，但动系在外界势场跌落过程的 u' 是什么概念？如何表达才能得到准确的 A 的概念？

可以设想，如果星体自转能影响星体势场空间的方向特性，A 将是引力场强 f_0 以及势场中心星体自转速度 u_0 的函数，是外界引力势空间半径的函数。

为了定性说明 A 的基础理论作用，以地表引力势为例，地表赤道动系向东的失重速度

$$u'=U-u_0=u_0(U/u_0-1)$$

u' 是地表静系观察动系向东达到失重的相对速度。U 是动系从无穷远势能零点跌落到地表的绝对失重速度，是外界引力场强 f_0 的函数。u_0 代表外界势场中心的星体自转，例如，地表自转圆周线速度。

将 $u'=u_0\cdot(U/u_0-1)$ 求关于半径的导数可得

$$\mathrm{d}A/\mathrm{d}r=-u_0\cdot[\mathrm{d}U/(u_0\cdot\mathrm{d}r)]/c$$

由经典物理学 $\Delta E_{\mathrm{k}}+\Delta\Phi=0$，设地球引力势无穷远为势能零点，动系在势场中满足机械能守恒的动能增量就是相对动能

$$\Delta E_{\mathrm{k}}=E_{\mathrm{k}}=m\cdot U^2/2$$

这里 U 特指地表达到失重状态下的引力平衡速度。

动系相对势能零点的势能

$$\Delta\Phi=\Phi=-m\cdot M\cdot G/r$$

这里 M 指地球的质量，r 是动系距离地心的距离。

所以

$$\Delta E_k+\Delta\Phi=E_k+\Phi=0$$

由上式 $E_k+\Phi=0$ 可简单得出

$$U^2/2=M\cdot G/r$$

由此可得

$$\mathrm{d}U/\mathrm{d}r=-f_0/U$$

这里 $f_0=(\mathrm{d}\Phi/\mathrm{d}r)/m=F_0/m$ 是经典物理学引力场强，$F_0=\mathrm{d}\Phi/\mathrm{d}r$ 是引力或场力。

将 $\mathrm{d}U/\mathrm{d}r=-f_0/U$ 代入 $\mathrm{d}A/\mathrm{d}r=-u_0\cdot[\mathrm{d}U/(u_0\cdot\mathrm{d}r)]/c$ 可得

$$U\cdot u_0\cdot\mathrm{d}A/\mathrm{d}r=w\cdot\mathrm{d}A/\mathrm{d}r=u_0\cdot f_0/c$$

$$w=U\cdot u_0$$

w 与势场引力平衡速度 U 以及外界势场中心星体的自转速度 u_0 有关，很明显 $u_0\cdot f_0/c^2$ 与经典物理学的磁场 B 相互对应。

所以 $U\cdot u_0\cdot\mathrm{d}A/\mathrm{d}r$ 直接代表经典物理学的磁场概念。

以上两种情况都满足 $w\cdot\mathrm{d}(A\cdot\beta)/\mathrm{d}r=-u\cdot u_0\cdot f_0/c^2$，所以星系磁场的翻转不影响星系受到被外力推向外界势场中心星体自转方向的侧向力方向。

以上推理定性地说明外力做功的伸缩项 $A\cdot\beta$ 就是磁场力推动星系向外界势场黑洞自转圆周方向运动，同时 $A\cdot\beta$ 本身代表星系运动动能不足受到磁场力的拉伸或压缩，所以 A 与外界势场中心星体自转产生的磁场有关。

可以看出，如果星系满足机械能守恒将不受外力，所以外力做功项 $A\cdot\beta=0$，由此可得 $B=0$，因此凡是星系在外界势场中运动不满足机械能守恒，星系都会产生磁场，并且产生的磁场与星系是否含有电荷无关，因为产生磁场是因为星系不满足机械能守恒。

前面内容证明中性物质的星系不但可以产生磁场，而且还受与运动方向垂直的磁场力，磁场力不仅压缩或拉伸星系，同时当星系向外界势场的中心跌落，一定受到被外力推向外界势场中心星体自转方向的侧向力，并最终形成吸积盘。

并且 $A\cdot\beta$ 必须满足当星系公转方向与外界势场中心的星体自转方向一致，如果星系满足机械能守恒 $A\cdot\beta>0$，星系被推向势能增大方向更不容易跌落。

当星系公转方向与外界势场中心的星体自转方向反向同时 $A\cdot\beta<0$，k 值更低，说明星系更容易跌落。

若外界不做功，动系匀速运动不会产生时空伸缩变化，多普勒频移不产生光速变化，动系将保持视光速不变或光速不变。

所以 A 是一个与外界势场紧密结合的、很复杂的时空系数。

后　　记

本册重点是围绕式(3-1)$|\xi|=(1-\beta^2)^{1/2}$展开的讨论,即$|\xi|$是相对时空的尺缩概念还是动系的物质波概念。

如果$|\xi|$是物质波概念,逻辑上应该适用于包括同系或绝对时空的定义域。如果$|\xi|$是相对时空概念,逻辑上与物质波概念没有牵扯,也就与物质达到光速的纯物质波动能毫无关联,自然也就无法获得定义域涵盖从低速到光速的经典物理学的速度矢量叠加原理。

本册证明过程尽管很简单,并没采用高深的数学原理和证明过程,但创新思路与所使用的数学工具原本就没有内在的关系,从某种意义上说,瞬间的灵感似乎更重要。

本书仅供参考,如有错误之处敬请来函(wyg5412@163.com)指教。

经典物理学中的相对论

——在经典物理学中寻找宇宙初始的奥秘

王音光　著

中国矿业大学出版社

图书在版编目(CIP)数据

经典物理学中的相对论:全5册 / 王音光著. — 徐州 :中国矿业大学出版社，2019.1

ISBN 978-7-5646-4228-0

Ⅰ.①经… Ⅱ.①王… Ⅲ.①相对论—研究 Ⅳ.①O412.1

中国版本图书馆CIP数据核字(2018)第254496号

书　　名　经典物理学中的相对论·第4册
著　　者　王音光
责任编辑　张　岩
出版发行　中国矿业大学出版社有限责任公司
　　　　　　(江苏省徐州市解放南路　邮编221008)
营销热线　(0516)83884103　83885105
出版服务　(0516)83995789　83884920
网　　址　http://www.cumtp.com　**E-mail**:cumtpvip@cumtp.com
印　　刷　江苏凤凰数码印务有限公司
开　　本　880×1230　1/32　**总印张** 13.875　**总字数** 361千字
版次印次　2019年1月第1版　2019年1月第1次印刷
总 定 价　68.00元

前　言

作者曾在郑州大学出版社出版《经典物理学中的相对论》。该书是从逻辑演绎与同一律性观点系统地论证了相对论的有关问题。图书出版后，经过反复思考，认为有必要将书中的重点内容做单独分析，这样既便于理解，又通俗易懂，较适合高中及以上的物理爱好者阅读，遂成此书。

在本书中，读者会发现，将相对时空理论直接代入经典物理学后非常自洽，自洽到令人难以置信的程度，充分展现了物理与数学相结合的魅力。

《经典物理学中的相对论・第1册》介绍了相对论四维时空的出处，逻辑演绎出相对论的观点，并从中发现相对论的问题，使读者对相对论与经典物理学的交集有明确的认识，特别是对物质波概念不太熟悉的爱好者，通过此书能获得物质波的概念；同时把经典物理学的速度叠加的定义域扩展到光速，并首次准确地得出定义域涵盖光速的相对动能公式。

《经典物理学中的相对论・第2册》由经典物理学出发，直接将相对时空引入经典物理学，逻辑演绎出相对论的动钟观点，证明从低速到高速的尺缩公式，并从中发现相对论关于动钟慢的问题，证明了质能守恒概念与质能转换的物理意义，揭示出机械能守恒的物理概念，推理出引力势的时钟场概念，特别是对牛顿惯性定律的本质给出相对时空的惯性意义，并从中发现时空的物质性具有可视性。

《经典物理学中的相对论・第3册》逻辑演绎出相对时空的热力学第二定律的物理本质，特别是对地球现在的状态进行了论证，揭示出磁场反转的物理概念。并从经典物理学中科氏力的物理概念出发,在相对时空中证明磁场,从中寻找磁场的物理意义。

《经典物理学中的相对论·第4册》利用已知的经典物理学的基础理论寻找宇宙初始产生物质的逻辑过程。这个过程会充分激发读者的逻辑演绎思维,从中发现宇宙初始时间与物质的演变过程。证明过程中顺便对引力常数进行了证明,论证了引力常数的演化过程,并计算飞出太阳系的探测器的有关问题。这是纯粹的逻辑演绎,将引发更多人重新反思过去的知识哪些更准确。

《经典物理学中的相对论·第5册》对经典物理学的磁场进行了解剖,能感受到电磁场与牛顿力学实际上是从不同的角度观察同一现象。并对相对时空多普勒效应进行了论证,尽管方法与相对论一致,但仍有新的观点。

以上证明过程并没有新的概念,仅仅是把经典物理学带入相对时空得到的结果,但内容不仅证明了经典物理学众所周知的有关定律与定理,而且已经把广义相对论证明的时空伸缩以及质能转换概念涵盖进去。这说明经典物理学更严密精确,由此得到的相对时空概念更容易被物理爱好者理解。经典物理学的待挖掘潜力很大,一定还存在更深奥的规律等待人们去探索。

本书试图用经典物理学的基本概念和原理证明相对论,与相对论有交集,但对相对论没有涉及的部分部分也做出了更合理的解释。

本书的出版得到了家人、专家、学者、物理爱好者、出版社编辑等的支持和帮助,在此向他们表示最衷心的感谢!

在本书的编写和出版过程中,笔者虽然做了很大努力,但因水平有限,加之编写时间仓促,书中难免存在疏漏和不妥之处,恳请读者来信批评指正(邮箱 wyg5412@163.com)。

王音光

2017年11月

目　录

1　原子受激辐射原理

本章结论：电子吸收与辐射光子将改变电子的势能高低或相对时间快慢。

在本书的整个过程都是以物质的时间相对快慢以及势场的时间快慢的相对分布为基点，从中发现牛顿力与电磁力之间的关系，发现时空的时间相对快慢分布的变化就是能量的变化，将能量的物质性的与时间的物质性用可视的物理方法表达了出来，因此可以设想万物间的作用力包括具有静质量的物质与没有静质量的虚粒子的产生都是因时空的时间快慢的变化引起的，这为经典物理学的范畴内寻找物质的产生提供了可靠的理论基础。

本册是建立在前几册的基础上的逻辑演绎，将直接使用前几册的推理公式。

为了说明这个问题，可以先从原子辐射原理寻找产生光子的原理，这是“凭空”产生能量的概念，能量以光子质能 $m \cdot c^2$ 表达出来，这为寻找静质量质能 $M_0 \cdot c^2$ 的产生方法提供理论依据。

首先分析电子能级跃迁过程吸收与辐射光子的过程。电子能级跃迁有质能与光子能量的转换过程，这对宇宙初始质能与实物质质能的转换的研究探索有触类旁通的启发作用。

设原子系统电子基级轨道运动满足机械能守恒，势能零点设在无穷远。

由《经典物理学中的相对论·第2册》式(3-2)外界提供给物

质系统的能量

$$\Delta E_0 = M_0 \cdot c^2 \cdot \ln K_0$$

同理由该册式(3-3)、式(3-4) 、式(3-5)

$$\Delta E_k = -M_0 \cdot c^2 \cdot \ln k \tag{1-1}$$

$$\Delta \Phi = M_0 \cdot c^2 \cdot \ln k_0$$

$$\Delta E_0 = \Delta E_k + \Delta \Phi = -M_0 \cdot c^2 \cdot \ln k + M_0 \cdot c^2 \cdot \ln k_0 \tag{1-2}$$

当外界没有提供能量 ΔE_0,可得

$$0 = \Delta E_k + \Delta \Phi = -M_0 \cdot c^2 \cdot \ln k + M_0 \cdot c^2 \cdot \ln k_0$$

当电子在此基础上再接受一个光子的能量 $E = m \cdot c^2$ 跃迁到更高位势能轨道,原子系统获得能量 $m \cdot c^2$,电子的时间将加快或轨道势能将提高 $\Delta \Phi$。

为了计算方便,可以将光子质量 m 换算成电子静质量 M_0 的百分比:

$$m = M_0 \cdot b$$

$$m \cdot c^2 = (M_0 \cdot b) \cdot c^2$$

$m \cdot c^2$ 是外界输入给电子的光子能量,由 $\Delta E_0 = M_0 \cdot c^2 \cdot \ln K_0$ 可得

$$\begin{aligned} m \cdot c^2 &= M_0 \cdot b \cdot c^2 \cdot \ln K_0 \\ &= M_0 \cdot b \cdot c^2 \cdot \ln \mathrm{e} \\ &= M_0 \cdot c^2 \cdot \ln \mathrm{e}^b \end{aligned}$$

由于光子质量相对电子质量很低 $b \approx 0 \ll 1$

$$K_0 = \mathrm{e}^b \approx 1 + b > 1 \tag{1-3}$$

所以即便电子吸收光子能量 $m \cdot c^2$ 全部转换为势能 $\Delta \Phi_0 = M_0 \cdot c^2 \cdot \ln k_0$,电子受激跃迁轨道带来的时间最大加快程度 $k_0 = \mathrm{e}^b \approx 1$(本书中加快程度 K_0 即相对论尺缩时延系数,代表外界输入系统的能量 $m \cdot c_2$ 引起的时间相对加快,意义是即便把输入能量 $m \cdot c^2$ 全部转化为电子受激跃迁轨道,电子的动钟相对快慢仍

满足 $K_0 \approx 1$，电子的动钟快慢近乎不变，原子外层时空近乎绝对时空）。

就是这种微不足道的近似绝对时空的时间相对快慢变化，给人们提供了各种可视的能量，改变了人类的生存质量。

电子受激跃迁轨道应该在什么能级才具有可行性？自发状态下电子由高位势向低位势跌落过程中的势能为 Φ_m，由《经典物理学中的相对论·第 3 册》式(2-7)可得

$$\Delta S = \Delta S'' + \Delta S' = W(1/\Phi_m - 1/\Phi) \geqslant 0 \qquad (1\text{-}4)$$

所以 $\Phi_m \leqslant \Phi$，这意味电子在跌落过程中的势能 Φ_m 相对比跌落过程中所在外界势场的势能 Φ 低，电子并不失重，而是受到“重力”有跌落趋势。

电子受激跃迁轨道很不稳定，电子由满足机械能守恒的基级轨道 $\Phi = \Phi_m$ 跃迁到不满足机械能守恒 $\Phi_m < \Phi$ 的高位轨道。

电子跌落的过程也是恢复到基级轨道的过程，系统向外界抛出没有静质量的光子能量 $E = m \cdot c^2$。

以上逻辑演绎过程说明，电子接收光子后跃迁到不满足机械能守恒的高势位轨道上，造成电子受到原子核正电场的“重力”，自发跌落到基极轨道。

用时间与能量的关系解释，电子接收外界能量 $m \cdot c^2$，所以电子获得时间加快程度 K_0，使得电子的时间加快，表现在电子的势能升高。

当电子向外界输出能量 $m \cdot c^2$，系统输出能量必然使得时间减慢，所以轨道回落。

这种跌落关系与引力势时间相对快慢分布一致，所以正电场就是引力场，属于势阱概念。

电子跌落时甩出电磁物质的质能 $m \cdot c^2$，电磁质量 m 并不是具有静质量 M_0 的实物质的可视特性，本质属于真空能物质的概念。

电磁物质 $m \cdot c^2$ 肯定在自发状态下存在被加速到光速的过程，尽管人们不知道这个过程如何实现，但知道光速是被电子甩出的电磁物质跌落过程自发达到终极的极限状态，这个最终的极限状态应该保证在光子与外界相互之间不具有做功能力，这是热力学第二定律所要求的极限状态。

由热力学第二定律可知，自发朝着终极发展的极限状态应该是熵增最大值，这说明被电子甩出的电磁物质在自发跌落过程达到熵增式(4-2)所满足的最大值 $\Delta S=0$。这只有一种可能，就是被电子甩出的物质的势能 Φ_m 正好等于外界正电荷的电势 Φ，只有电磁物质的势能 Φ_m 始终与外界势场的势能 Φ 保持一致，物质的时间快慢始终与外界势场的时间快慢保持一致，物质满足失重状态才能达到平衡态，这时式(1-4) $\Delta S=0$。

所以从热力学第二定律的观点，如果被电子甩出的物质的势能 Φ_m 不等于外界势场的势能 Φ，外界势场将不断地给被电子甩出的物质的势能 Φ_m 输入能量，人们就能看到被电子甩出的物质的势能 Φ_m 被加速的过程，除非被电子甩出的物质与外界保持机械能守恒状态。

这就是被电子甩出的物质转化为光子的过程，尽管这个过程瞬间完成，但由动量守恒概念可知，光子动能变化过程将会对原子或电子势场产生冲力，这个力就是加速过程形成的。

即电子在基级轨道从外界获得光子而跃迁到高位势，反过来光子必须在电子基级轨道以光速返回到外界，这样才能保证光子回到外界不给电子留下任何“做功痕迹”，这意味着被电子甩出的电磁物质在被外界加速过程中有个势能变化的过程。

由热力学第二定律可知，孤立系统将自发朝着熵增 $\Delta S=0$ 的方向发展，即孤立系统自发达到平衡态，也即被电子甩出的物质转化为光子的过程将会自动达到平衡态，所以光子与外界构成孤立系统 $\Delta S=0$ 是熵增最大值，由热力学第二定律孤立系统 $\Delta S \geqslant 0$，自发状态下光子绝不可能向低于平衡状态的 $\Delta S<0$ 方向发展，所以光子的时间快慢始终与当地外界势场的时间快慢保持一致。

因此光子始终与外界势能保持一致，这满足机械能守恒的概念。

由以上推理可知，光子具有时间。即便光子把能量 $m\cdot c^2$ 全部转化为电子的势能 $\Delta\Phi$，由式(1-3) $K_0=e^b$ 光子达不到能级相差太大的高位势的相对时间快慢程度。所以光子动能 $m\cdot c^2$ 能给电子带来的最大时间加快程度 $K_0=e^b$ 对应的受激跃迁轨道能级 $\Delta E_0=\Delta E_k+\Delta\Phi$ 是唯一的，因此光子的吸收与发射由一定自然规律所约束，这与宏观引力势连续势能有所区别。

2 宇宙初始产生实物质的原理

本章结论：宇宙初始时空产生静质量物质的程序在形式上与电子辐射光子一致。

在经典物理学中寻找物质产生的原因，首先要符合客观规律，以上电子的跃迁就含有在宇宙初始时空产生物质的程序，逻辑上不可能超出这个机理。

由《经典物理学中的相对论·第2册》式(5-3)

$$M_0 \cdot c^2 = E_k + \Phi_m \tag{2-1}$$

以及由质能守恒产生的物质势能与动能的关系

$$\Delta E_k + \Delta \Phi_m = 0 \tag{2-2}$$

宇宙初始时空产生物质的程序不应该离开以上两个程序，人类不能去人为创造一个模式，然后去寻找这种模式，而是应该根据已知的客观规律逻辑演绎出宇宙初始的状态，这才具有可信性，并借此预言过去与将来。

宇宙初始产生实物质的原理：

设宇宙初始所谓"时空奇点"应该是由真空能物质组成的高密度物质，虽然源于相对论"时空奇点"的概念未必正确，但膨胀时空实验证明，宇宙初始比今天的时空收缩度很大。

由《经典物理学中的相对论·第2册》尺缩时延式(3-1)

$$k = \mathrm{e}^{-\zeta \cdot \beta \cdot \beta / 2} \tag{2-3}$$

上式定义域涵盖光速，宇宙初始时空伸缩度相对今天应该是

一种极限状态,如果宇宙初始的粒子都是光速 $\beta=1$,由式(2-3)可以得出

$$k=1/\mathrm{e}$$

这说明宇宙初始并不是“时空奇点”($k=0$),但相对今天肯定有极大的收缩,以上推理是本书根据经典物理学直接推出,没有假设与额外设置条件。时空含有时间快慢的相对分布,而时间快慢的分布就是能量分布,能量不可能产生或消失,因此由时间就是物质的观点说,时空永远不可能成为“时空奇点”,除非能量自动消失。

所以宇宙初始是高度收缩的时空,真空能密度比今天大得多,由《经典物理学中的相对论·第 2 册》证明所谓真空能密度就是时空的势能,所以宇宙初始时空产生静质量物质前相对要比现在的宇宙时空势能高。

宇宙初始时空中含有的极大的能量是产生质能的基础,这也是能量守恒所必需的,也是式(2-1)$M_0\cdot c^2=E_k+\Phi_{\mathrm{m}}$ 所要求的,宇宙初始没有静质能物质就没有动能,可以看成静质能物质转换为真空能物质融化在宇宙初始时空中,这与电子接收光子,光子能量转换为电子势场时空中的一部分,结果使得电子的势能升高一样。

同理,如果静质能物质曾经是宇宙初始时空的一部分,静质能物质对应静质能 $M_0\cdot c^2=\Phi$,即 $M_0\cdot c^2$ 也将转换为宇宙初始时空中的真空能 Φ。

以上的物理概念通俗地讲就是,如果今天所有的静质量物质全部转换为真空能被宇宙时空吸收,宇宙时空中的相对势能将会提高,这与电子接收光子势能的情形相同。

所以宇宙初始时空的势能比今天的高,能量密度极大,这个能量为产生实物质打下物质基础,否则宇宙初始产生实物质的静质能 $M_0\cdot c^2=\Phi$ 从哪里来呢?

质能守恒式(2-1)是产生实物质的基础，式(2-3) $k=e^{-\zeta\cdot\beta\cdot\beta/2}$ 是产生实物质的外界时空的条件，宇宙初始时空相对现在没有高度的时空收缩，也就是没有高密度的真空能做基础，产生物质都是空想。

由于某种原因，宇宙初始时空高度收缩的时空中的真空能物质被激发产生“相变”，质能为 $m\cdot c^2$ 的真空能物质转化为实物质质能 $M_0\cdot c^2=m\cdot c^2$，新产生的实物质质能 $M_0\cdot c^2$ 已经不是属于宇宙初始时空的一部分，这与电子甩出电子势场时空中的真空能物质转换为光子一样，光子已经不是属于电子势场的物质，电子势场属于向外输出能量。

同理，宇宙初始时空产生实物质等于宇宙初始时空向外界输出真空能能量 $m\cdot c^2$，宇宙初始时空释放能量，宇宙初始时空将会相对某参考点能级跌落，这与电子输出能量 $m\cdot c^2$ 能级跌落没有任何区别。

由式(2-2) $\Delta E_k+\Delta\Phi=0$ 可知，产生的实物质以动能增量 $\Delta E_k>0$ 出现，必然会有

$$\Delta\Phi=-\Delta E_k<0$$

宇宙初始时空的势能变化 $\Delta\Phi<0$ 代表宇宙初始时空的真空能密度降低，宇宙初始时空输出部分真空能转换为静质能

$$-\Delta\Phi=-\Delta m\cdot c^2=M_0\cdot c^2$$

但是宇宙是孤立系统，没有“外界”，因此既无法向外界输出能量 $\Delta m\cdot c^2<0$，也无法向低势能方向跌落。

真空能将能量 $m\cdot c^2$ 转化为实物质 $M_0\cdot c^2$，由式(2-2)可得

$$\Delta E_k=-\Delta\Phi=M_0\cdot c^2$$

宇宙初始时空将能量 $m\cdot c^2$ 转化为实物质的速度也是光速，类似于电子甩出电磁物质，区别仅在于被电子甩出的电磁物质没有转化为实物质。

这种情形即是高势能的宇宙初始时空向低势能的物质输出能

量，正好符合热力学第二定律，因此宇宙初始时空中可以产生静质量物质。

质能形式并不重要，逻辑上与电子辐射光子分析一样。

质能本身并不代表能量，例如真空能 $m \cdot c^2$ 转化为 $M_0 \cdot c^2$，既没有动能变化也没有势能变化，$M_0 \cdot c^2$ 就是一个静止的实物质粒子，没有能量转换的概念，充其量是物质形式的转换。只有质能的时间相对快慢发生相对变化才有能量的流动，表现形式就是粒子必须有动能与势能的变化。

所以真空能物质本身的能量应该用时间的相对快慢程度表示才有可能成为能量，例如真空能物质的能量 $\Delta E_0 = m \cdot c^2 \cdot \ln K_0 = m \cdot c^2 = M_0 \cdot c^2$，这里 $K_0 = \mathrm{e}$ 就是宇宙初始时空时间相对快慢的概念。

真空能物质转化为实物质，实物质系统获得的能量必然是

$$\Delta E_0 = m \cdot c^2 \cdot \ln K_0 = M_0 \cdot c^2$$

所以宇宙初始的光速粒子的势能 $\Delta \Phi = -\Delta E_k < 0$ 要比今天的势能低得多，今天向宇宙初始观察，宇宙初始的实物质的时间相对比今天慢得多，如果低势能物质能够发射光子一定有很大的谱线红移。

借鉴电子辐射光子把物质全部转换为光子的动能 $E_k = m \cdot c^2$，电子辐射光子为寻找宇宙初始实物质 M_0 的过程提供了思路。

如果实物质 M_0 系统的时间快慢相对真空能 $m \cdot c^2$ 的时间快慢降低到 $k = 1/\mathrm{e}$，结果实物质 M_0 系统的时间相对宇宙初始外界时空被减慢，并让宇宙初始实物质的速度达到光速，这应该就是宇宙初始由时空产生物质的基本原理。

按照电子辐射光子的程序与步骤分析物质产生过程：

（1）电子势场时空携带质能真空能物质，并把质能 $m \cdot c^2$ 甩到系统之外，这相当于系统输出能量，电子时间减慢，电子轨道降低。

同理，宇宙初始时空携带真空能物质质能 $m \cdot c^2$，并把质能 $m \cdot c^2$ 甩出来转换为实物质 M_0，这相当于宇宙初始在时空场中输出能量 $m \cdot c^2$，时空中少了一部分真空能物质。于是在时空中产生一个失去真空能物质的“空洞”，宇宙初始时空这个“空洞”真空能密度比周围宇宙初始时空的真空能密度低，因此宇宙初始时空这个“空洞”内的势能比“空洞”外部的势能低。

时间相对快慢始终是本书的中心内容，也是时间实物质的可视概念，因此时空是物质的具体表现就在于，时空本身就是真空能 $m \cdot c^2$，这并不是说真空能 $m \cdot c^2$ 必须是能量，而是真空能 $m \cdot c^2$ 有时间相对快慢才有能量概念。

所谓“时空的具体物理表述就是时间与空间”，失去能量意味着失去时空，所以宇宙初始时空“空洞”内的质能被取走，代表“空洞”内的时间与空间减少，具体表述就是真空能密度降低或称时间相对减慢，空间相对减少称尺缩，“空洞”内的时间就这样被减慢了。

当然由于真空能密度降低了，宇宙初始时空将会自发收缩，所以宇宙初始时空“空洞”产生的实物质是被压缩在“空洞”内，实物质的静质量 M_0 密度要比宇宙初始时空“空洞”外部的真空能物质 m 的密度大。

宇宙初始“空洞”内静质量 M_0 的时间相对比外界的时间减慢或尺缩。这种尺缩与时间相对比外界宇宙初始时空是同步变化的。这是宇宙最早的尺缩时延概念。

宇宙初始时空“空洞”原本是属于外界时空质能的一部分，由于“空洞”内的质能转换为静质能，使得“空洞”内部势能相对“空洞”外部是负能，所以“空洞”可称作“负能空穴”。

“负能空穴”内的能量损失就是 $\Delta m \cdot c^2 < 0$，外界获得静质能 $M_0 \cdot c^2$，既满足能量守恒，又满足热力学第二定律关于能量输送方向从高势能向低势能做功的概念。

以上分析建立在能量与时间的同步转换关系的基础之上。

(2) 电子时空把电磁质能 $m \cdot c^2$ 甩出系统之外，电磁物质光子达到光速，光子的动能为 $m \cdot c^2$，电磁物质的时间降低到电子吸收光子的基级轨道时间。

同理，宇宙初始时空失去质能 $\Delta m \cdot c^2 < 0$ 就地转换为实物质 $M_0 \cdot c^2$，这相当于电子时空甩出的电磁物质 $m \cdot c^2$，实物质与真空能物质仅仅是代表的物质形式不同，但质能 $m \cdot c^2 = M_0 \cdot c^2$ 的概念是统一的。

因此实物质有动能，且动能就是被宇宙初始甩出去物质的质能 $-\Delta m \cdot c^2 = M_0 \cdot c^2$。

宇宙初始动能增量

$$\Delta E_{\mathrm{k}} = -M_0 \cdot c^2 \cdot \ln k = M_0 \cdot c^2$$

实物质本身就在“负能空穴”内，实物质的时间与外界真空能时空的时间相比加快程度是 $k = 1/\mathrm{e}$，与“负能空穴”内时空的时间加快程度 $K = 1/\mathrm{e}$ 一致。

实物质被陷在外界时空“负能空穴”势阱内，即粒子的势能正好在势阱底部

$$\Delta \Phi = M_0 \cdot c^2 \cdot \ln k_0 = -\Delta E_{\mathrm{k}} = -M_0 \cdot c^2 \qquad (2\text{-}4)$$

式(2-4) $\Delta \Phi = -\Delta M_0 \cdot c^2$ 与《经典物理学中的相对论 · 第 2 册》式(5-1)正好一致，但本节的证明方法与《经典物理学中的相对论 · 第 2 册》式(5-1)的证明方法截然不同，完全是两个概念，但结论却满足同一律性。

如果把外界“负能空穴”与实物质粒子合在一起看成孤立系统，质能没有损失 $-\Delta m \cdot c^2 = M_0 \cdot c^2$，粒子总能不变 $\Delta E_{\mathrm{k}} + \Delta \Phi = 0$。

3　宇宙初始产生实物质势场的势能分布

本章结论：宇宙初始瞬间静质量物质都是微型黑洞，物质致密度极高，今天仍可能有这种物质。

宇宙初始时空“负能空穴”与粒子实物质系统界限分明，界限之内既有“负能空穴”时空又是物质粒子所在空间，二者重合。界线之外是真空能高密度高势能区，属于典型的“垂直竖井”概念。

粒子界限内正好是势阱，新产生的物质粒子原地不动就跌落到物质势场的势能底部，其跌落后动能就是 $M_0 \cdot c^2$，所以宇宙初始产生粒子瞬间物质 M_0 就是光速，如图 3-1 所示。

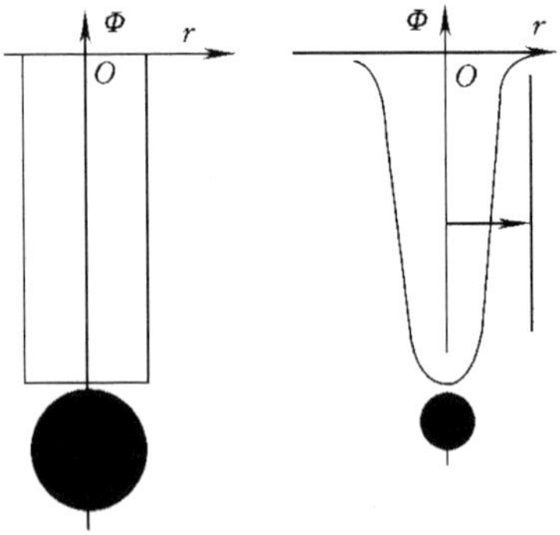

图 3-1　宇宙初始引力势随半径变化的示意图

如果产生的实物质粒子不收缩，实物质粒子的界限正好与外界平齐，正好是“垂直竖井”。

但由于竖井内势能密度降低，宇宙初始时空“负能空穴”将会收缩，因此实物质实际体积将会收缩，收缩拉动势阱内部形成势能梯度，但也近乎垂直势阱概念。

“负能空穴”势阱相当于电子输出能量后时间减慢或轨道降低，实物质相当于真空能转换为光子，实物质粒子被陷在势阱内，尽管实物质界面之外就是外界势场的界面，看似没有现在引力势降低的空间，但实物质粒子从产生的那一刻起就是陷在势阱底部的，因为界面内就是势阱“洞”。

如图 3-2 所示，界面内原来都是密度均匀的时空，或密度均匀的时空真空能，如黑色。

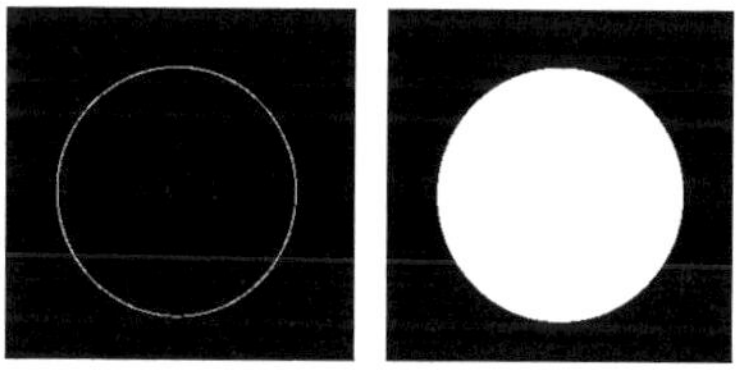

图 3-2　宇宙初始真空能转化为静质能的示意图

由于时空中的真空能物质被甩出转为实物质，形成“负能空穴”，中间空白的部分就是时间相对比外界宇宙初始时空减慢的“负能空穴”，代表这一部分空间真空能损失。

宇宙初始的引力势阱产生了，无穷远点的势能零点就在初始粒子界限之外，势阱底部就在粒子界线之内，势阱深度为

$$\Delta\Phi = -M_0 \cdot c^2$$

时间减慢必然带来势阱内“尺缩时延”，“负能空穴”内外之间的真空能密度不一致，形成势能梯度，这是造成时间快慢不一致的根本原因。

以上就是系统能量与时间同步变化的原理，外界时空失去能量必然产生时间减慢的“负能空穴”势阱，实物质获得动能必然获得时间加快程度为 $k=1/e$ 的势能或把时间加快程度储存在动能中。

宇宙初始时空真空能产生“负能空穴”势阱的物理意义是，宇宙初始时空产生物质的原因应该是真空能密度超过相变临界点，于是发生相变降低真空能密度，相变的结果就是质能的转换。

以上证明并不涉及具体的质能形式，公式中没有出现具体的场力实验定律系数，如介电常数或引力常数，只要有质能粒子，就存在势场时空。

宇宙初始产生静质量物质的程序：

（1）宇宙初始时空向外界输出能量，输出的能量就是静质量物质。由于宇宙初始时空输出能量，必须降低势能，因此产生初始引力势阱或宇宙初始“负能空穴”。

（2）宇宙初始实物质粒子从产生那一天起就是引力巨大的微型黑洞，初始原初粒子由于是没有原子空间的实体，相互结合的致密度极大，可能远远超过今天的黑洞概念，属于原始最基本粒子概念，今天如果有这种黑洞应该是致密度超大。

（3）由于初期力程短，势能梯度或引力很大，宇宙初期原初微型黑洞迅速积聚形成超大的黑洞，所以宇宙应该是先有黑洞而后有星系更合理！

4 宇宙膨胀与引力势

本章结论：引力势是时空膨胀的结果，并且时空膨胀度越大，势能梯度越小，膨胀力度越低。

由“物质保持原有时钟状态”的惯性定律，由于宇宙初始时空产生物质的瞬间，“负能空穴”的时间瞬间减慢，时空系统具有“保持原有时钟状态”的能力，系统力图保持时间快慢不变的可能方法是把实物质再相变返回真空能物质，这可以直接了抑制时间的快慢变化并提高了真空能密度。

另外初始实物质粒子的势能梯度太大，物质势场不同壳层之间的势能差太大，代表不同物质势场不同壳层之间的时间相对快慢差很大，由《经典物理学中的相对论 · 第 3 册》推理的热力学第二定律可知，自发状态下物质之间将自发向时间相对快慢一致的方向发展。

“负能空穴”将力图降低势场的势能梯度，降低“负能空穴”内外壳层之间的时间快慢差，使真空能密度更趋于均衡，因此“负能空穴”将会自发膨胀，这相当于抹平“凹凸不平”的时空不平坦度，时空更加平坦。

时空越平坦膨胀力度自然越小，并最终会降低膨胀力度，使得膨胀越来越慢。

由热力学第二定律可知，势能梯度越大肯定膨胀力度越大，如果没有真空能物质补充到低势能的空间，膨胀反而造成低势能区真空能密度更低，这反而不可能膨胀。

所以实物质高势能区会不断地向低势能区输送真空能，同时降低高势能区的真空能密度，造成无穷远的势能降低，势场中心的势能提高，这已经在热力学第二定律的有关章节证明过了，如图 4-1 所示。

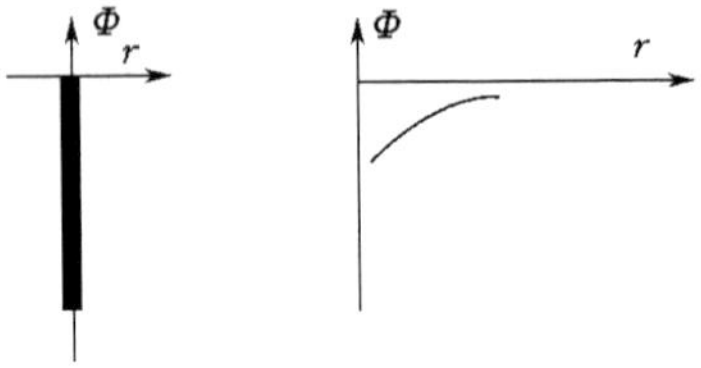

图 4-1　引力势的时空膨胀示意图

以上就是物质势场的发展过程。

如果用真空能密度 ρ_0 表示，很显然引力势半径越大真空能密度 ρ_0 越大，无穷远势能零点的真空能密度 $\rho(\infty)$ 最高，实物质粒子势场的真空能密度 ρ_0 分布就是时间快慢的分布或势能密度分布。

但实物质具有实质量，惯性很大，膨胀力度低于物质势场时空的膨胀力度，因此实物质并不像时空膨胀力度那么大，结果造成势能时空脱离实物质，形成今天以实物质质量 M_0 为中心的引力场。

所以宇宙初始时空有一个快速膨胀过程，目的是减缓宇宙时间快慢引起的“时空不平度”，近代物理理论称为宇宙爆炸。

结论：宇宙早期的势能梯度或引力较大，宇宙初始星系形成速度比今天快得多，宇宙早期物质间的引力比今天大得多，星系形成能力也比今天大得多，许多大质量星系都应该是在宇宙初始形成的。

宇宙初始就应该有黑洞，而且应该很普遍。

引力势是时空膨胀的结果，并且时空膨胀度越大，势能梯度越小，膨胀力度越低。

5　势能与势能密度

5.1　引力势浮力定律的证明

本节结论：一切浮力现象在引力场中均会发生。

证明力场的时空特性以前，先用经典物理学的内容证明力场的时空特性，在经典物理学的基础之上理解时空伸缩的概念更容易。为了简单扼要而又不失普适性，直接用动系在重力场的受力

$$F = F_0 - M_0 \cdot a$$

已知确定的质量 M_0，动系的物质密度为 ρ_0，如图 5-1 所示，取动系微元截面积为 S，微元的长度为 Δr，对应的微元体积为 $S \cdot \Delta r = V_0$，所以体积微元 V_0 的重力

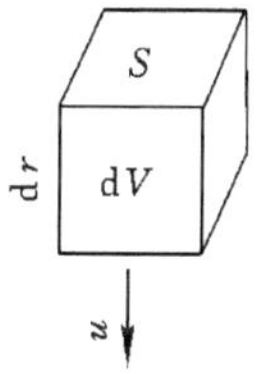

图 5-1　微元体积跌落过程的质流计算示意图

$$F_0 = M_0 \cdot g = \gamma_0 \cdot V_0$$

如果让微元体积沿重力方向流过，当动系落体满足失重 $F=0$ 或机械能守恒，加速度为自由落体重力加速度 g，设动系的初速度为零。

动系在自由落体的位移 $\mathrm{d}r = u \cdot \mathrm{d}t = g \cdot t \cdot \mathrm{d}t$，动系自由落体的体积流量

$$dV_0 = S \cdot dr = S \cdot u \cdot dt = S \cdot g \cdot t \cdot dt$$

同理可得非自由落体所扫过同样的微元截面面积 S，动系在界面 S 内同样的质量 M_0，假设动系体积在重力方向有伸缩 $V_m \neq V_0$，动系物质的密度将变为 ρ，将 $M_0 = \rho \cdot V_m$ 代入 $M_0 \cdot a$ 公式，设动系的初速度为零，可得

$$M_0 \cdot a = \rho \cdot a \cdot V_m$$

同理，动系在重力方向非自由落体过程中

$$dV = S \cdot a \cdot t' \cdot dt'$$

计算动系的受力要保证流过界面 S 内的微元质量 M_0 在非自由落体过程恒定，所以

$$\rho_0 \cdot dV_0 = \rho \cdot dV_m$$

$$\rho_0 \cdot g \cdot S \cdot t \cdot dt = \rho \cdot a \cdot S' \cdot t' \cdot dt'$$

对上式积分可得

$$\rho_0 \cdot g \cdot S \cdot \Delta t^2 = \rho \cdot a \cdot S \cdot \Delta t'^2$$

$$\rho_0 \cdot g \cdot (\Delta t / \Delta t')^2 = \rho_0 \cdot g \cdot n = \rho \cdot a$$

$n = (\Delta t / \Delta t')^2$ 是动系在流过界面 S 内所需自由落体的时间与非自由落体时间的比值的平方。只要通过实验得到有关数据，就可以由 $\rho_0 \cdot g \cdot n = \rho \cdot a$ 计算动系非自由落体的受力满足

$$\begin{aligned} F &= F_0 - \rho \cdot a \cdot V_m \\ &= F_0 - \rho_0 \cdot g \cdot n \cdot V_m \\ &= \gamma_0 \cdot V_0 - \gamma_0 \cdot n \cdot V_m \end{aligned}$$

$\gamma_0 = \rho_0 \cdot g$ 是自由落体运动的重度，代表重力场的特性而非动系本身的特性，同理 V_0 也是重力场的特性。

这说明外界同样的重力场，只要动系不满足自由落体，动系的体积 V_m 都将发生相对伸缩 $\Delta V = V_0 - V_m$。

$M_0 \cdot a = \gamma_0 \cdot n \cdot V_m$ 代表动系体积相对伸缩 $V_0 \neq V_m$ 引起的加速运动，F 在物理概念上是因物质体积相对伸缩 $V_0 \neq V_m$ 引起的外力。

所以即便动系没有加速度 a，物质体积伸缩 $V_0 \neq V_m$ 同样引起外力 F 而非必须是加速运动，所以 $V_0 \neq V_m$ 已经脱离了加速运动 $M_0 \cdot a$ 的概念。

$F_0 = M_0 \cdot g$ 只代表同样质量的重力而不是自由落体的加速力，当然这时与场力对应的体积 V_0 并不仅仅对应动系自由落体具体的体积流量，而是代表一定质量的时空属性，已经脱离具体物质具体的体积概念，F_0 实际就是重力场的场力。

只要物质的体积等于时空中特定的体积 V_0，物质就失重，重力场失重条件下不同高度的 V_0 不一样。

重力场是时空场，高度不同重力不同必然伴随 ρ_0、V_0 的不同，说明物质“特定”的体积 V_0 是按照场力 F_0 分布，而场力 F_0 是脱离实体物质的时空分布概念，所以 V_0 是时空场分布概念，在引力场中 V_0 或时间快慢是固有时空分布尺度，与具体的实体物质存在与否无关。

物质的受力与物质有没有加速度无关，但一定与物质体积的相对伸缩密切相关。

同理，V_m 只是物质与一定质量对应的实际体积，只有 V_m 等于 V_0 才能失重，V_m 是物质的个体概念。

由本节动系的非自由落体的计算公式

$$F = \gamma_0 \cdot V_0 - \gamma_0 \cdot n \cdot V_m$$

可知，当 $n=1$（是最常遇到的状态）时，物体在重力场的受力满足

$$F = F_0 - \gamma_0 \cdot V_m = \gamma_0 \cdot V_0 - \gamma_0 \cdot V_m = \gamma_0 \cdot \Delta V$$

$\Delta V = V_0 - V_m$ 代表动系体积 V_m 相对失重状态动系体积 V_0 的伸缩，上式的含义正好对应浮力定律，区别仅仅是受力的正方向是场力方向。

γ_0 是外界势场的密度分布概念，V_m 是物质的体积，$\gamma_0 \cdot V_m$ 代表外界势场的密度填充到物质空间的物质的，这与外界势场填

充到物质体积的势能概念一致。

凡是因动系的体积 V_m 与失重体积 V_0 不一致引起在外界力场方向的加速度都满足浮力定律，一切浮力现象在引力场中均发生。

以上用经典物理学证明了动系的受力 F 状态是因为动系的时空伸缩 ΔV_m 相对失重状态时空伸缩 ΔV_0 的不一致引起的。

通常认为重力场的重力 F_0 不变，但物质的体积未必等于常数。例如在水中，在质量 M_0 不变的情况下，V_0 是与 $M_0=\rho_0 \cdot V_0$ 对应常态水的体积，V_0 是水位高度的函数，同样的重力 F_0，V_0 是浮力场的时空场分布，这与引力场中 V_0 的变化与场力 F_0 有关一样。

5.2　势能密度

本节结论：外界势场填充到动系势场空间的真空能就是动系的势能。

宇宙初始时空在产生实物质粒子“负能空穴”之前原始的真空能为 Φ_0，产生实物质粒子前后在“负能空穴”内的真空能增量

$$\Delta\Phi_m=\Delta m \cdot c^2<0$$

宇宙初始时空在产生实物质粒子“负能空穴”的真空能总和

$$A_0=\Phi_0+\Delta m \cdot c^2=\Phi_0+\Delta\Phi_m$$

$\Delta\Phi_m<0$ 是由时空中产生实物质 M_0 粒子前后的势能增量，这个势能增量全部转化为实物质粒子的动能 $E_k=M_0 \cdot c^2$，只不过这个过程没有跌落过程，产生粒子瞬间粒子“负能空穴”在原地的势能就降低 $\Delta\Phi_m$，当然粒子的体积同时被压缩。

能量变化正好与 $\Delta\Phi_m=-\Delta E_k$ 对应，$\Delta\Phi_m$ 是“负能空穴”所含的真空能少了，与 $\Delta\Phi_m=-\Delta M_0 \cdot c^2$ 正好对应，“负能空穴”损

失的真空能 $\Delta m \cdot c^2 < 0$ 正好转换为实物质的质能 $\Delta M_0 \cdot c^2 > 0$。

这说明粒子势能 $\Delta\Phi_m$ 确实是由粒子空间所含真空能的变化 $\Delta m \cdot c^2$ 引起的，只不过不是动系势场空间所含外界势场的真空能增量，而是物质本身的真空能增量，但势能变化效果一样。

由此可以找到外界势场势能 Φ 的物理概念。

粒子的势能增量 $\Delta\Phi_m$ 正好是实物质粒子“负能空穴”势场空间所含真空能的变化引起的，所谓物质的势能 Φ_m 本质是实物质粒子“负能空穴”时空范围所含真空能的多少，包括物质势场自身的真空能变换都将改变物质的势能。

知道了势能的物理概念，分析动系在引力场的运动反而简单了。

设“负能空穴”的初始体积为 V_0，可以设想如果外界势场充填进“负能空穴”的真空能正好等于“负能空穴”的真空能损失 $M_0 \cdot c^2$，“负能空穴”被外界势场的真空能填平，即“负能空穴”质能 $M_0 \cdot c^2$ 所占有的空间 V_m 正好覆盖外界势场等质能 $m \cdot c^2 = M_0 \cdot c^2$ 的空间 V_0，或者“负能空穴”单位静质量所含的真空能 Ψ_m 与外界势场单位真空能质量所含的真空能 Ψ 相等

$$\Psi_m = \Psi$$

那么在这种状态下，“负能空穴”在外界势场中运动，“负能空穴”所含外界势场真空能的变化正好满足 $\Delta\Psi_m = \Delta\Psi$，正好满足机械能守恒。

在宇宙初始的实物质粒子实际不满足机械能守恒，实物质粒子“负能空穴”在宇宙时空中运动，外界的宇宙时空填充进“负能空穴”的真空能

$$\Delta m \cdot c^2 = \Phi_0 > M_0 \cdot c^2$$

所以宇宙初始产生瞬间实物质粒子的运动不满足机械能守恒。

由热力学第二定律可知孤立系统将自发向平衡态发展，宇宙

初始的时空膨胀度一定大于静质量物质势场的膨胀度，使得宇宙初始的时空的真空能密度降低，外界的宇宙时空填充进“负能空穴”的真空能也将降低，最终满足填充到“负能空穴”的真空能等于静质能，这时满足机械能守恒

$$\Delta m \cdot c^2 = M_0 \cdot c^2$$

反之“负能空穴”与外界势场单位质量空间所含的真空能不相等 $\Delta\Psi_m \neq \Delta\Psi$，不满足机械能守恒，根据这个物理概念寻找势能的计算方法以及万有引力定律的证明。

很明显，如果外界势场充填进“负能空穴”的真空能 $\Delta m \cdot c^2$ 不等于“负能空穴”的真空能损失 $M_0 \cdot c^2$，根本不可能满足机械能守恒。

假设宇宙初始的真空能密度均匀分布，即便“负能空穴”真空能密度不是均匀分布，也可以通过均值计算将真空能密度按均值分布。宇宙初始实物质粒子“负能空穴”界面之外的真空能密度为 ρ，设“负能空穴”的初始体积为 V_0，宇宙初始“负能空穴”界面内的均值真空能密度 $\rho' = A_0/V_0$，“负能空穴”界面内的质能密度

$$\rho_m = \rho - \rho' > 0$$

“负能空穴”界面内的实物质粒子的实物质质能为

$$M_0 \cdot c^2 = \rho_m \cdot V_0$$

由于时空膨胀，实物质粒子的“负能空穴”逐步演变为现在的实物质引力势 Φ，引力势真空能密度 ρ' 不是均匀分布，半径越大真空能密度 ρ' 越大，引力势无穷远的真空能密度 $\rho(\infty)$ 最大。

引力势不同位势的体积微元为 $\mathrm{d}V_m$，引力势的负能总和应该是实物质粒子的质能 $M_0 \cdot c^2$，所以

$$M_0 \cdot c^2 = \int \rho_m \cdot \mathrm{d}V_m = \rho_m \cdot V_m$$

为了在物理概念上分析方便，可以把粒子势场在膨胀过程中按照满足粒子运动过程势能增量 $\Delta\Phi_m$ 的原则，把粒子势场不均

匀的真空能密度 ρ' 分布经过某种算法“均值”为真空能密度均匀分布且界限分明的“负能空穴”势阱状态，也就是让宇宙初始实物质粒子真空能密度不均匀分布的“负能空穴”，在膨胀过程中始终保持真空能密度均匀界限分明的“均值”体积为 V_m 的“负能空穴”。

由粒子势场均值的“负能空穴”真空能密度 ρ' 保持均匀分布，并且保证引力势的“负能空穴”的负能总和

$$M_0 \cdot c^2 = \rho_m \cdot V_m$$

ρ_m 是实物质粒子势场的平均质能密度，V_m 是实物质粒子势场空间的均值体积，如果 V_m 是实物质粒子的可视实体积，ρ_m 就是实物质粒子的可视体积 V_m 的实物质质能密度。

如果不考虑满足势能增量 $\Delta\Phi_m$ 的原则，$M_0 \cdot c^2 = \rho_m \cdot V_m$ 的均值具有任意性，实际运用中可以根据需要确定实物质粒子的均值体积 V_m。

这样做的最大好处是由宇宙初始粒子的“负能空穴”膨胀而来的实物质引力势场范围初始的真空能总和 A_0 在运动中保持不变，实物质“负能空穴”在外界势场中运动，宇宙初始时空向实物质“负能空穴”充填进来的真空能就是势能

$$\Phi_m = \rho_0 \cdot V_m \tag{5-1}$$

ρ_0 是宇宙初始时实物质粒子“负能空穴”界面外的真空能密度，也称势能密度。

只要把实物质“负能空穴”界内损失的真空能 $M_0 \cdot c^2$ 正好补回来填平，实物质在外界势场中就满足机械能守恒，这时实物质“负能空穴”的体积 V_m 正好等于外界势场在该处对应的体积 V_0。

《经典物理学中的相对论·第 2 册》第 6 章已经对动系的体积 V_m 与外界势场的体积 V_0 的关系分析过了，引力势严格遵循经典物理学的浮力定律原理，这让势场的物理分析更简单。

6 相对时空的引力常数

本章结论：“引力常数”$G(r)$不是常数，是引力势半径的函数，半径越大“引力常数”$G(r)$越小。

上几章证明宇宙初始实物质“负能空穴”就是引力势的雏形，并得出物质的势能 Φ_m 就是物质势场所含外界势场的真空能，外界势场的真空能密度就是势能密度。

研究实物质势场的势能密度在引力势的分布，就可以了解引力势的时空特性。

引力势是由宇宙初始膨胀发展而来的，因此必须从宇宙初始实物质“负能空穴”开始推理引力势。

宇宙初始实物质“负能空穴”因为产生了静质能，“负能空穴”内所剩的真空能为 A_0，宇宙初始时空的真空能 E_0 应该是宇宙初始实物质“负能空穴”的真空能 A_0 加上实物质粒子的质能 $M_0 \cdot c^2$，所以

$$\Phi_0 = A_0 + M_0 \cdot c^2 = (n+1) \cdot M_0 \cdot c^2$$

$$n = A_0 / (M_0 \cdot c^2)$$

n 是宇宙初始实物质“负能空穴”含有的真空能 A_0 是静质能 $M_0 \cdot c^2$ 的倍数，$n+1$ 是宇宙初始“负能空穴”体积内 V_0 所含真空能总能是静质能 $M_0 \cdot c^2$ 的倍数。

设“负能空穴”的初始体积为 V_0，宇宙初始时空的真空能密度是均匀分布的，所以宇宙初始没有产生实物质之前时空的真空能密度为

$$\rho = \Phi_0/V_0 = b_0 \cdot M_0 \cdot c^2 \tag{6-1}$$

上式中，$\Phi_0 = (n+1) \cdot M_0 \cdot c^2$，$b_0 = (n+1)/V_0$。

以现在引力势无穷远的真空能密度为标准，如图 6-1 所示，由宇宙初始产生静质量以及“负能空穴”的概念可以看出，引力势曲线时就是“负能空穴”膨胀的产物，如果设初始“负能空穴”界面外的真空能真实密度为 $\rho(\infty)'$，$\rho(\infty)'$经过膨胀后将转化为今天引力势无穷远的真空能真实密度 $\rho(\infty)$。由势能的相对性，可以把引力势无穷远的真空能真实密度 $\rho(\infty)$设定在无穷远势能零点，即引力势无穷远相对势能零点的横轴高度与真空能真实密度 $\rho(\infty)$的相对值相互对应。

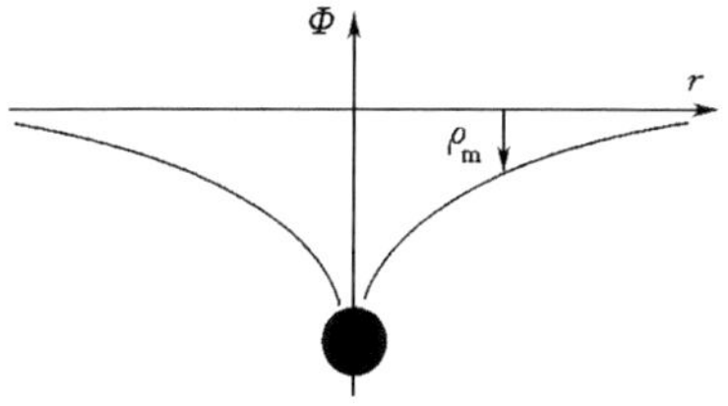

图 6-1 引力势的静质能密度分布示意图

同理，设初始“负能空穴”内损失的质能密度分布为 ρ_m'，损失的质能密度分布为 ρ_m'也转化为今天引力势损失的质能密度分布曲线 ρ_m。

初始“负能空穴”内真实的真空能密度分布

$$\rho(r_0) = \rho(\infty)' - \rho_m'$$

上式的物理意义很简单，宇宙初始时空在产生“负能空穴”之前的真空能密度是 $\rho(\infty)'$，由于“负能空穴”内的真空能转化静质量 M_0，因此“负能空穴”内的真空能密度降低，“负能空穴”内的真空能密度降低后的数值就是 $\rho(r_0)$，r_0 是“负能空穴”的半径，代表“负能空穴”内的真空能密度沿半径的分布概念。

同样的道理，经过膨胀后，$\rho(r_0) = \rho(\infty)' - \rho_m'$将演化为

$$\rho_0 = \rho(\infty) - \rho_m$$

$\rho(\infty)$是引力势无穷远的真空能真实密度，ρ_m 是引力势损失的质能密度。

由于引力势的相对概念，通常是以引力势无穷远点为势能零点标准，因此没有必要知道 ρ_0 的真实密度，只要能知道相对值 $\rho_0 = \rho(\infty) - \rho_m$ 就可得到沿半径的分布状态，所以 ρ_0 与 ρ_m 是半径的函数。

显然引力势损失的质能密度 ρ_m 的总和就应该是宇宙初始“负能空穴”产生的静质能，引力势负势能的总和就是引力势中心的静质能

$$M_0 \cdot c^2 = \int \rho_m \cdot \mathrm{d}V$$

如果把现在的引力势收缩到宇宙初始，就是宇宙初始实物质“负能空穴”，引力势无穷远的真空能真实密度 $\rho(\infty)$就转化为宇宙初始实物质“负能空穴”界面外宇宙初始时空的真空能密度 ρ，逻辑上与宇宙初始实物质粒子无穷远的概念一致，宇宙初始实物质粒子“负能空穴”界面外的真空能密度用 $\rho(\infty)'$表示，所以“负能空穴”的真空能密度

$$\rho(r_0) = \rho(\infty)' - \rho_m' = \rho(\infty)' \cdot [1 - u(r_0)] \qquad (6\text{-}2)$$

$$u(r_0) = \rho_m' / \rho(\infty)'$$

$\rho(\infty)'$是宇宙初始实物质粒子“负能空穴”界面外的真空能密度，ρ_m'是宇宙初始“负能空穴”内损失的质能密度分布函数，r_0 是宇宙初始实物质“负能空穴”的半径。

这样就把宇宙初始实物质粒子“负能空穴”的势能分布与今天的引力势的势能分布相互对应，便于理解引力势发展过程的物理概念。

如果将今天的引力势在没有任何能量损失的状态下再压缩到宇宙初始状态的“负能空穴”，以上推理公式形式没有任何变化。

宇宙初始“负能空穴”半径 r_0 处的球壳体积为 $\delta V(r_0)$，经过时空膨胀后，宇宙初始“负能空穴” 球壳体积 $\delta V(r_0)$膨胀为现在引力势球壳体积 $\delta V(r)$。

宇宙初始“负能空穴” 半径 r_0膨胀为引力势的半径为 r，取距离引力势阱中心 r 处的球壳，δr 是球壳的厚度，球壳体积为

$$\delta V(r)=4\pi\cdot r^2\cdot\delta r$$

宇宙初始“负能空穴” 球壳体积 $\delta V(r_0)$为

$$\delta V(r_0)=4\pi r_0^2\cdot\delta r_0$$

引力势的半径为 r 的球壳体积 $\delta V(r)$是由宇宙初始“负能空穴”对应半径 r_0 的同一球壳体积 $\delta V(r_0)$膨胀而来的，这是相对时空的概念。

直接引用引力势空间 $V(r)$所含的真空能就是势能的概念，设引力势的势能密度分布为 ρ_0，同一半径球壳的势能密度分布 ρ_0 相等，在这个球壳内的势能为

$$\rho_0\cdot\delta V(r)=\delta\Phi(r)$$

宇宙初始实物质粒子“负能空穴”修改为

$$\rho(\infty)'=b_0\cdot M_0\cdot c^2 \tag{6-3}$$

注意宇宙初始实物质粒子“负能空穴”界面之外的真空能密度是 $\rho(\infty)'$。

将式(6-2)以及式(6-3)代入宇宙初始“负能空穴” 球壳体积 $\delta V(r_0)$的势能$\delta\Phi(r_0)$为

$$\begin{aligned}\delta\Phi(r_0)-\rho(r_0)\cdot\delta V(r_0)&\\&=\rho(\infty)'\cdot[1-u(r_0)]\cdot\delta V(r_0)\\&=b_0\cdot M\cdot c^2\cdot[1-u(r_0)]\cdot\delta V(r_0)\end{aligned}$$

引力势球壳 $\delta V(r)$是由宇宙初始实物质粒子“负能空穴”对应的壳层 $\delta V(r_0)$的时空膨胀获得的，但二者所含的势能并不一样。根据热力学第二定律可知，引力势势能高的球壳将会向势能低的球壳输送能量，所以二者的能量满足

$$\delta\Phi(r)=\rho_0\cdot\delta V(r)=\mu\cdot\rho(r_0)\cdot\delta V(r_0) \quad (6\text{-}4)$$

μ 是引力势半径处的势能与同一壳层被压缩到宇宙初始壳层的势能比例。

式(6-4)的含义是，今天引力势球壳内的真空能 $\rho_0\cdot\delta V(r)$ 与宇宙初始“负能空穴”对应球壳内的真空能并不相等。不相等的原因是外界有能流不断输入引力势，这是在第 3 册由热力学第二定律证明的。

由式(6-4)可得引力势的势能密度

$$\begin{aligned}\rho_0&=\delta\Phi(r)/\delta V(r)\\&=\mu\cdot\rho(r_0)\cdot\delta V(r_0)/\delta V(r)\\&=\mu\cdot\rho(\infty)'\cdot[1-u(r_0)]\cdot\delta V(r_0)/\delta V(r)\\&=\mu\cdot\rho(r_0)\cdot K(r)'\\&=\rho_0'\cdot[1-u(r_0)] \quad (6\text{-}5)\end{aligned}$$

$$\begin{aligned}\rho_0'&=\mu\cdot\rho(\infty)'\cdot\delta V(r_0)/\delta V(r)\\&=\rho(\infty)'\cdot\mu\cdot K(r)' \quad (6\text{-}5a)\end{aligned}$$

式(6-5)中 $\rho_0=\rho_0'\cdot[1-u(r_0)]$ 的物理含义是由宇宙初始“负能空穴”膨胀为今天的引力势，可以换算为由宇宙初始“负能空穴”对应球壳的势能密度分布表示，也可以看成现在引力势的势能密度 ρ_0 假设在宇宙不膨胀状态下的势能计算。

ρ_0' 的物理含义是假设在宇宙不膨胀状态下，各壳层势能变化的原因是宇宙初始“负能空穴”界面处的势能密度 ρ_0' 在变化，并且每一个壳层的 ρ_0' 都不一样，例如引力势无穷远的势能密度 $\mu\cdot K(r)'<1$。

式(6-5)$\rho_0=\mu\cdot\rho(r_0)\cdot K(r)'$ 的物理含义，是现在的势能密度 ρ_0 相对比过去宇宙初始同一壳层的势能密度 $\rho(r_0)$ 是降低还是提高的比较概念。

例如，对于低势能空间获得从高势能空间输送的能量 $\mu>1$，如果将其压缩回宇宙初始肯定是 $K(r)'<1$，但必须保证 $\mu\cdot K$

$(r)'>1$，所以 $\rho_0>\rho(r_0)$。今天低势能区的势能密度高于宇宙初始的势能密度。

而相对高势能区输出能量，$\mu<1$ 与 $K(r)'<1$，所以 $\rho_0<\rho(r_0)$，因此现在引力势无穷远的势能密度 $\rho(\infty)$ 一定比宇宙初始“负能空穴”界面处的势能密度 $\rho(\infty)'$ 低，即

$$\rho(\infty)<\rho(\infty)'$$

这是一个非常重要的概念，代表引力势无穷远的势能相对过去在降低。

$\delta V(r_0)$ 是由 $\delta V(r)$ 再压缩到宇宙初始的微元体积，引力势半径 r 与初始“负能空穴”都有各自对应的初始半径 r_0。由于宇宙初始“负能空穴”不同半径 r_0 处的膨胀度不一样，造成不同半径 r 相对各自对应的初始半径 r_0 有不同的膨胀度 $K(r)'$，所以

$$K(r)'=\delta V(r_0)/\delta V(r)<1$$

$K(r)'=\delta V(r_0)/\delta V(r)$ 是宇宙初始时空相对比今天时空的收缩概念。

时空膨胀是为了降低“负能空穴”相对界面外部时空的时间快慢不一致程度，“负能空穴”界面处的真空能发展到今天就是无穷远的势能，无论势阱场还是势垒场的时空分布，势场半径越大的势能梯度越小，所以半径越大膨胀力度越低。

因势能梯度代表膨胀度，势场无穷远最外层的球壳体积 $\delta V(r)$ 相对初始“负能空穴”最外层 $\delta V(r_0)$ 的时空膨胀度最小。反映在 $K(r)'$ 是“负能空穴”半径越大 $K(r)'$ 越大，所以 $K(r)'$ 是半径的递增函数

$$\mathrm{d}K(r)'/\mathrm{d}r>0$$

由壳层的体积关系可得

$$\begin{aligned}\delta V(r_0)/\delta V(r)&=4\pi {r_0}^2\cdot\delta r_0/(4\pi r^2\cdot\delta r)\\&={r_0}^2\cdot\delta r_0/(r^2\cdot\delta r)\\&={r_0}^2\cdot k_0/r^2\end{aligned}$$

$$\delta r_0/\delta r = k_0$$

k_0 是引力势同一壳层在宇宙初始 r_0 位置相对引力势半径 r 处的尺缩系数，也是相对时空概念，将引力势半径方向的尺子 δr 压缩回初始"负能空穴"对应半径方向的尺子 δr_0。从 k_0 的变化还可以看出宇宙初始的实物质"负能空穴"不但体积小，尺缩小，而且势能很低。

将 $\delta V(r_0)/\delta V(r) = {r_0}^2 \cdot k_0/r^2$ 代入式(6-5)ρ_0'可得

$$\rho_0' = \mu \cdot \rho(\infty)' \cdot \delta V(r_0)/\delta V(r) = \mu \cdot \rho(\infty)' \cdot {r_0}^2 \cdot k_0/r^2$$

将式(6-3)$\rho(\infty)' = b_0 \cdot M_0 \cdot c^2$代入上式 ρ_0'可得

$$\rho_0' = M_0 \cdot c^2 \cdot \mu \cdot \xi/r^2 \tag{6-6}$$

$$\xi = b_0 \cdot {r_0}^2 \cdot k_0$$

ξ 是初始"负能空穴"对应半径 r_0 处的初始参数。

例如，在地球观察引力势场的 r^2 与宇宙初始势场的半径 r_0^2 对应。与 $K(r)'$分析雷同，半径越大膨胀力度越弱，k_0 同样是引力势半径的递增函数。因此 ξ 随半径增大而增大，所以

$$\mathrm{d}\xi/\mathrm{d}r > 0$$

宇宙初始的 r_0、k_0 是很小的，例如，相对论认为宇宙初始是时空奇点，所以 ξ 总体相对很小，但梯度 $\mathrm{d}\xi/\mathrm{d}r$ 不一定小。

将式(6-6)代入式(6-5)可得

$$\rho_0 = M_0 \cdot c^2 \cdot \mu \cdot \xi \cdot [1 - u(r_0)]/r^2 = M_0 \cdot K(r)/r^2 \tag{6-7}$$

$$K(r) = c^2 \cdot \mu \cdot \xi \cdot [1 - u(r_0)]$$

要保证引力势的势能密度 ρ_0 随半径增大而增大，式(6-7)必须满足

$$\mathrm{d}\rho_0/\mathrm{d}r = M_0 \cdot [\mathrm{d}K(r)/\mathrm{d}r]/r^2 - 2M_0 \cdot K(r)/r^3 > 0$$

$$\mathrm{d}K(r)/\mathrm{d}r > 2K(r)/r > 0$$

由于今天的引力势是由"负能空穴"时空膨胀而产生的，$K(r)$ 的含义是引力势半径 r 的势能密度 ρ_0 与宇宙初始"负能空穴"初

始半径 r_0 的时空状态对应相关，所以“负能空穴”初始半径 r_0 的时空状态是引力势半径 r 的函数。

类似于式(6-2)，ρ_0 是现在引力势球面的势能密度，$\rho(\infty)$ 是现在引力势无穷远的势能密度，因此

$$\rho_0=\rho(\infty)\cdot[1-u(r)] \tag{6-8}$$

$$u(r)=\rho_m/\rho(\infty) \tag{6-8a}$$

ρ_m 与 $\rho(\infty)$ 的概念与宇宙初始“负能空穴”相关概念雷同。

式(6-5)与式(6-8)联立可得

$$\rho(\infty)/\rho_0'=[1-u(r_0)]/[1-u(r)]=y(r)$$

由于引力势的势阱越来越浅，所以 $u(r)$ 相对比对应宇宙初始同一壳层的 $u(r_0)$ 更大，因此

$$\rho(\infty)/\rho_0'=y(r)<1 \tag{6-9}$$

而且宇宙初始“负能空穴”初始半径 r_0 越小势阱越深，$u(r_0)$ 越大，引力势不同壳层的关系一定是 r 越小 $y(r)$ 越小，所以 $y(r)$ 满足

$$\mathrm{d}y(r)/\mathrm{d}r>0 \tag{6-10}$$

由式(6-8)$\rho_0=\rho(\infty)\cdot[1-u(r)]$可直接得出单位静质量的势能

$$\Psi=\rho_0\cdot v_0=\rho(\infty)\cdot v_0\cdot[1-u(r)] \tag{6-11}$$

v_0 是满足机械能守恒状态的实物质静质量 m_0 的比容，上式就是动系在外界势场的势能，将式(6-8a)$u(r)=\rho_m/\rho(\infty)$代入式(6-11)可得

$$\Psi=\rho(\infty)\cdot v_0\cdot[1-u(r)]=\rho(\infty)\cdot v_0-v_0\cdot\rho_m \tag{6-12}$$

上式正好是《经典物理学中的相对论·第 2 册》中式(6-6)

$$\Delta\Phi_m=\rho(\infty)\cdot\Delta V_m-\Delta(\rho_m\cdot V_m)$$

只要将动系的均值体积 V_m 换成满足机械能守恒状态的比容 v_0 即可。

由于动系在外界势场的静质量不变，由《经典物理学中的相对论·第 2 册》6.2 节内容可知满足机械能守恒条件可以简单推出

$$v_0 \cdot \rho_m = 常数$$

v_0 是动系的比容，所以引力势单位净质量的势能增量

$$\Delta\Psi = \rho(\infty) \cdot \Delta v_0$$

上式正好是《经典物理学中的相对论·第 2 册》6.2 节的式(6-7)。

本节的证明是从宇宙初始“负能空穴”相关概念的逻辑演绎，与现在引力势没有任何关系，但最终结果与《经典物理学中的相对论·第 2 册》第 6 章推理的一致，这属于客观规律的同一律性。

由式(6-12)可得势场的势能梯度，由 $v_0 \cdot \rho_m =$ 常数可得

$$\mathrm{d}\Psi/\mathrm{d}r = \rho(\infty) \cdot \mathrm{d}v_0/\mathrm{d}r$$

所以势能增量

$$\mathrm{d}\Psi = \rho(\infty) \cdot (\mathrm{d}v_0/\mathrm{d}r) \cdot \mathrm{d}r$$

将式(6-9)$\rho(\infty) = \rho_0' \cdot y(r)$以及式(6-6)$\rho_0' = M_0 \cdot c^2 \cdot \mu \cdot \xi / r^2$代入上式可得

$$\mathrm{d}\Psi = M_0 \cdot c^2 \cdot \mu \cdot \xi \cdot y(r) \cdot (\mathrm{d}v_0/\mathrm{d}r) \cdot \mathrm{d}r/r^2 = M_0 \cdot G(r) \cdot \mathrm{d}r/r^2$$

$$G(r) = c^2 \cdot \mu \cdot \xi \cdot y(r) \cdot \mathrm{d}v_0/\mathrm{d}r \qquad (6\text{-}13)$$

$G(r) = c^2 \cdot \mu \cdot \xi \cdot y(r) \cdot \mathrm{d}v_0/\mathrm{d}r$ 是变量，如果引力势变成平坦时空或 $\mathrm{d}\Psi/\mathrm{d}r = 0$，那么

$$G(r) = 常数 = 0$$

所以引力常数越接近零，引力常数越接近常数，这正是目前经过 140 亿年的膨胀后现在引力势的状况。

$\mathrm{d}v_0/\mathrm{d}r > 0$ 与势能梯度是同义词，引力越大引力常数越大，引力势无穷远边缘区的引力常数 $G(r) = 0$。

由于引力常数并不是常数，行星公转椭圆轨道并不是封闭的椭圆，而且越接近太阳的行星这种现象越严重，这就是行星轨道进动的原因，水星进动现象最严重。

以上是用最经典的物理学演绎得出的结果，与实践一致。

同时，$G(r) = c^2 \cdot \mu \cdot \xi \cdot y(r) \cdot \mathrm{d}v_0/\mathrm{d}r$ 还是关于时间的函

数。宇宙早期引力势梯度比今天大得多，例如宇宙初始“负能空穴”的势能梯度近乎无穷大状态，所以宇宙早期的引力常数比今天大得多，宇宙早期的星系形成能力比今天的强大得多，在近似绝对时空的现在，$G(r)$基本可以看成近似接近零的常数，因此以实验为基础的经典物理势能公式

$$\Psi=-M\cdot G(r)/r$$

从其证明过程可以看出物质势场分布是势能密度分布式(6-8)，所以真空能物质的势能是以势能密度为标准判断势能高低。

从引力常数的结构看，粒子的势场相对收缩度越大，$k_0=\delta r_0/\delta r$ 越大，例如收缩到宇宙初始 $k_0=1$。势场相对收缩度越大代表势能梯度越大，势场从外界获得的能流 μ 越大，同理 $y(r)$与 $\mathrm{d}v_0/\mathrm{d}r$ 都增大，所以引力常数随着粒子势场的相对收缩度增大。

星系的质量越大，星系势场的收缩度越大，因此质量越大的星系引力常数越大。

以上说明具有能改变势场伸缩分布的物质堆积不是简单的几何堆积。

以上证明逻辑上也包括电场分布，所以电荷的堆积可以改变介电常数。

力程逻辑上应该由引力常数来表示，例如引力势无穷远 $\mathrm{d}v_0/\mathrm{d}r=0$，代表场力为零，因此场力为零的半径 r 应该出现在引力常数中。

但基本可以得出这样一个概念，引力常数越大，力程越短，所以物质势场引力常数随半径的衰减也与势场伸缩有关，物质的收缩度越大，势场单位质量的力程越短，例如宇宙初始的力程就是“负能空穴”的界面。

所有这些都将为改变粒子势场的相对势能提供思路，为创新提供有效的手段。例如电子对就是物质的堆积改变了电场的伸缩度分布，实际改变了电场的介电常数。

7 引力常数的四个重要应用

7.1 无穷远势能零点的相对势能

本节结论：宇宙时空将向势能均匀的方向发展。

由式(6-9)$\rho(\infty)/\rho_0{}'=y(r)<1$ 可得

$$\rho(\infty)<\rho_0{}' \tag{7-1}$$

由式(6-5a)$\rho_0{}'=\rho(\infty)'\cdot\mu\cdot K(r)'$，$\rho(\infty)'$实际就是宇宙初始“负能空穴”界面的真空能密度或势能密度，与引力势无穷远的势能密度是一个概念，引力势无穷远的势能是最高势能，一定是向低势能输送能量，引力势无穷远的势能肯定是降低的，所以

$$\mu\leqslant 1$$

$$K(r)'<1$$

所以式(6-5)在无穷远处满足

$$\rho_0{}'<\rho(\infty)'$$

结合式(7-1)可得

$$\rho(\infty)<\rho(\infty)' \tag{7-2}$$

式(7-2)说明引力势无穷远的势能密度随着时空膨胀相对宇宙初始是降低的，而势能密度代表时间快慢，所以引力势无穷远的时间相对宇宙初始的时间减慢，这是时间快慢的绝对概念，即真实的时间快慢比较。

时空膨胀致使真空能密度降低，所以引力势无穷远的时间相对宇宙初始“负能空穴”界面的时间减慢是毋庸置疑的。

但在宇宙物理领域内，必须研究宇宙时空的真实势能，因此必须知道宇宙背景时空的势能变化规律。

由式 $\rho_0=\mu\cdot\rho(r_0)\cdot K(r)'$，由于宇宙时空膨胀，$K(r)'=\delta V(r_0)/\delta V(r)<1$，$\mu$ 是低势能位置从高势能获得能量的比例，所以相对低势能区

$$\mu>1$$

由于 $\mu>1$ 与 $K(r)'<1$ 的相互作用，因此引力势一定存在这样一个壳层

$$\rho_0/\rho(r_0)=\mu\cdot K(r)'=1$$

引力势这个壳层相对宇宙初始“负能空穴”对应的同一壳层的势能不变。

在这一壳层从引力势高势能区获得真空能 $\mu>1$，使得该壳层真空能密度提高，同时由于引力势的膨胀 $K(r)'<1$，又使得该壳层真空能密度降低，结果该壳层真空能密度相对宇宙初始“负能空穴”对应的同一壳层的势能不变。

引力势所有相对比该壳层 $\rho_0/\rho(r_0)=1$ 势能低的区域，都一定满足

$$\rho_0/\rho(r_0)=\mu\cdot K(r)'>1$$

在引力势这些地势能区域中，引力势的势能相对比宇宙初始“负能空穴”对应的同一壳层的势能升高，所以今天向宇宙初始观察，宇宙早期实物质星系都是低势能状态或红移。

这种现象已经在本书第 3 册相对时空的热力学第二定律中分析过了，宇宙初始实物质势场与外界时空的势能差很大，或时间快慢差很大，经过宇宙膨胀，实物质的势能升高，宇宙背景时空的势能降低，物质星系相对宇宙背景时空的势能差被降低，实际是实物质的时间与宇宙背景时空的时间快慢差被缩小，这实际上是热力

学第二定律的本质。

实物质世界自发向着平衡态发展，只要宇宙时空继续膨胀，一定会发展到实物质势场质心的时间与势场无穷远的时间快慢一致，没有时间快慢差就没有势能差，宇宙各处的势能密度满足一致。

没有势能差就没有引力势，没有引力势还有实物质吗？这就是时空膨胀的极限状态，那时宇宙将停止膨胀。

在时空膨胀的极限状态，宇宙仍然有能量，且能量是均匀分布的，但没有势能差就没有能量的传递，所有能量已经丧失了做功能力，势能均匀分布就是没有时间快慢差，全宇宙的时间快慢一样，是真正的绝对时空，时间没有终止，只不过宇宙各处的时间都在以相同的速度流逝。

当然那时整个宇宙的势能密度 ρ_0 将比宇宙初始背景时空的势能密度 $\rho(\infty)'$ 低，比宇宙初始实物质势场对应的势能密度 $\rho(r_0)$ 高，届时宇宙将重新开始新的轮回。

7.2 星系势场的三个区域

本节结论：引力势无穷远高势能区的能流以及引力常数都是极小值。

(1) 机械能守恒区

设星系在黑洞引力势的势场中的公转轨道满足机械能守恒

$$\Phi_m = \Phi$$

星系的势场时空是在膨胀的，因此星系的相对势能在提高

$$\Delta\Phi_m > 0$$

星系相对势能的提高 $\Delta\Phi_m > 0$ 代表星系相对引力势中心的黑洞有远离黑洞的径向退行速度。

黑洞势场也有势能梯度，因此黑洞势场也有时空膨胀，黑洞势场每一处的相对势能都在提高，即

$$\Delta\Phi > 0$$

通常，星系会自发调整公转轨道满足机械能守恒

$$\Phi_m = \Phi$$

势场的膨胀力度与势场的势能梯度有关，设 r_0 是黑洞势场的某一个半径，但当黑洞引力势半径 $r > r_0$，引力势能梯度相对较小，膨胀力度就小，当星系进入势能梯度相对很小的区域时，虽然在这个区域随着时空膨胀尽管满足 $\Delta\Phi > 0$，但因黑洞势场的时间膨胀引起的势能升高幅度相对就低多了。

而星系势场的势能梯度不会因为进入黑洞这个区域而降低，并且黑洞势场不断地向星系势场输入能流，星系在这个区域的势能变化一定满足

$$\Delta\Phi_m > \Delta\Phi$$

在这个区域星系不会跌落，星系总是相对黑洞中心有退行速度。

所以星系凡是满足在黑洞引力势半径 $r > r_0$ 的区域，星系将不会跌落，并逐步向黑洞相对高势能区域退行。

(2) 星系跌落区

当星系在黑洞引力势半径 $r < r_0$ 的区域，黑洞势能梯度相对较大，但因黑洞势场的时空膨胀引起的势能升高幅度较大，由同样的原理，如果星系原来满足机械能守恒，经过一段时空膨胀后可得

$$\Delta\Phi_m < \Delta\Phi$$

所以黑洞附近的星系多以跌落为主，但不排除相对高度收缩的星系可以逃离黑洞，因为高度收缩的星系势能梯度很大，膨胀力度大。例如，一些新生的没有膨胀开的或突然爆炸而塌缩后的星系等都会有这种情况。外界势场向这种高度收缩的输入的能流加大，加上星系本身因为时空膨胀而抬高的势能，当星系的膨胀力度

大于黑洞引力势的膨胀力度，星系就会逃出这个区域而进入稳定的引力势半径的相对稳定的机械能守恒退行区。甚至会出现个别星系膨胀力度极大，势能增量 $\Delta\Phi_m>0$ 很大的情况。例如，温度超高的星系基本代表膨胀度很大，这些星系会始终保持高速的退行速度逃离黑洞，这种星系多是高温蓝星，当然这种星系已经不属于机械能守恒状态。

(3) 星系斥力区

在黑洞引力势无穷远边缘，由于黑洞势场无穷远的势能密度相对比外界的势能密度低，由第 3 册热力学第二定律分析可知，外界时空将向黑洞势场无穷远的相对高势能边缘区输入能流，因此黑洞无穷远最边缘的高势能区将获得来自黑洞外界势场的能量。

同时，由于黑洞相对高势能区也在向黑洞本身势场低势能区输入能量，如果外界向黑洞高势能区输入的能量等于或低于黑洞高势能区向低势能区输入的能量，结果形成引力势相对高势能区没有净能流输出($\mu=0$)或有净输出能量($\mu<0$)。

但无穷远的相对高势能区也在膨胀，只是膨胀力度很低，没有真空能的补充($\mu=0$)甚至负能流($\mu<0$)，但体积却在不断膨胀，因此无穷远的势能密度随着时间总是降低的，正是由于引力势无穷远的势能密度低于外界的势能密度，这种密度差才使得外界不断地向星系提供能流，使星系的势能不断提高。

但这足以说明一个问题，在引力势边缘无穷远的高势能区，这个区域的能流是引力势能流的极小值 μ_{min}，甚至有可能是净输出能流 $\mu_{min}<0$。

引力势无穷远边缘区域随着时空膨胀相对势能密度是降低的，定义势能密度相对降低的区域为引力势相对高势能区，引力势边缘这个区域随着时空膨胀满足

$$\Delta\Phi\leqslant\Delta\Phi_{min}$$

如果 $\mu_{min}>0$，$\Delta\Phi\mu_{min}>0$；如果 $\mu_{min}<0$，$\Delta\Phi\mu_{min}<0$。

注意：并不是黑洞半径越大势能越低，而是经过时空膨胀，引力势无穷远边缘区域的相对势能变化相对很小（$\Delta\Phi\leqslant\Delta\Phi_{\min}$）。也可以理解为势能梯度相对最低，膨胀力度相对最小，所以势能变化不大。

星系一旦进入 $\Delta\Phi\leqslant\Delta\Phi_{\min}$ 的高势能区，会发生什么现象呢？

星系进入这个区域时，由于在这个区域的势能变化很小（$\Delta\Phi\leqslant\Delta\Phi_{\min}$），而星系势场的引力势 $\Delta\Phi_{m}>0$ 并不受外界势场的影响，必然会出现

$$\Phi_{m}>\Phi$$

因此，在这个区域的星系在自发状态下经过时空膨胀，将受到向黑洞半径增大方向的斥力。

所以在黑洞引力势边缘的相对高势能区，没有满足机械能守恒的星系，要么是相对退行速度较大的星系，要么是快速跌落的星系。

这种情况应该在引力常数的变化上能反映出来。

由式 $G(r)=c^{2}\cdot\mu\cdot\xi\cdot y(r)\cdot \mathrm{d}v_{0}/\mathrm{d}r$ 可以看出，$\mu=\mu_{\min}$ 意味着引力常数达到最低，而且在黑洞引力势边缘 $\mathrm{d}v_{0}/\mathrm{d}r\approx0$，引力常数 $G(r)\approx0$。

更有甚者有可能 $\mu_{\min}<0$，引力常数为负值 $G<0$，代表场强的方向相反。当然这个区域 $\mathrm{d}v_{0}/\mathrm{d}r\approx0$，即便 $\mu_{\min}<0$，也不影响 $G(r)\approx0$ 这个基本概念。

所以原来满足机械能守恒并且相对黑洞不断退行的星系一旦进入引力势边缘的高势能区，立马转入 $\Phi_{m}>\Phi$ 受到斥力，不满足机械能守恒而快速逃离黑洞。

不仅黑洞，恒星也有势场边缘高势能区，只是恒星时空比较平坦，边缘效应很小罢了。而黑洞由于势能梯度较大，黑洞势场边缘效应相对较大，可能具有可视性。

当然相对高势能区属于相对无穷远的概念

$$G(r)=c^2\cdot\mu\cdot\xi\cdot y(r)\cdot \mathrm{d}v_0/\mathrm{d}r\approx 0$$

在黑洞无穷远的边缘地带,就像一个过滤器,曾经力图满足机械能守恒的退行星系一旦进入边缘地带立刻被排斥出黑洞,只有满足 $\Phi_m<\Phi$ 退行星系才能向黑洞引力势跌落,引力势边缘只"招揽"$\Phi_m<\Phi$ 的星体跌落。

当 $\Phi_m<\Phi$ 的星系从无穷远向黑洞跌落,如果有外界星系的干扰,便不可能与黑洞达成引力平衡状态,始终在向黑洞跌落,即便在机械能守恒区也不可能满足机械能守恒。

但这类星系在跌落过程中路过机械能守恒区,有可能利用惯性穿入其他满足机械能守恒的星系势场,如果星系之间满足平衡条件,有可能转化为满足机械能守恒成为其他星系的成员,从而避免跌入黑洞。

这种利用惯性穿入其他满足机械能守恒的星系势场的星系,往往由于速度很高,有可能被穿入的星系势场改变轨道方向,然后再穿出星系势场进入外界黑洞势场,由于轨道方向被改变,实际上改变了星系的受力状态,这类星系有可能转化为满足机械能守恒的星系,但茫茫宇宙这种穿入其他星系势场的概率很低。

7.3　星系与外界势场间的能流方向

本节结论:由行星的磁场方向与行星相对外界势场的退行方向,可直接确定行星与外界势场之间的做功方向。

《经典物理学中的相对论·第2册》中已介绍外界势场对动系做功公式

$$W=\Delta m\cdot c^2$$

外界势场与动系之间的功交换 W 必须要有真实的能流 $\Delta m\cdot c^2$,在自发状态下当外界势场与星系间的磁场力对动系做

正功

$$W > 0$$

$W>0$ 代表外界势场向星系输入能量。

但这必须有一个前提，由热力学第二定律可知，在自发状态下能量$\Delta m \cdot c^2$一定是从高势能流向低势能方向流动，根据这个原理可以判断星系的受力状态。

当星系的势能相对比外界的势能低，一定是从外界势场自发向星系输入能量 $\Delta m \cdot c^2$，因此外力对星系一定做正功，如果星系公转轨道自发状态将满足机械能守恒，星系的势能变化一定相对提高 $\Delta \Phi_m>0$，那么星系一定自发向外界势场势能升高的方向发展，那么星系相对外界势场中心的黑洞是径向退行运动或 $dr>0$。由外界势场对星系做正功 $W>0$ 可知星系受力方向与 $dr>0$ 方向一致。如果星系受到磁场力是斥力，这个斥力一定大于星系受到外界势场的重力。

例如，地球目前就是这种状态，磁场力是斥力，地球相对太阳做径向退行运动 $dr>0$，能流方向与做功方向一致。

如果星系同样满足势能相对比外界势能低，肯定从外界势场自发向星系输入能量 $\Delta m \cdot c^2>0$，根据热力学第二定律可知，星系受到的磁场力还是斥力，这时如果星系向黑洞跌落 $dr<0$，为了保证外界势场对星系做功 $W>0$，星系受到的外力方向一定与星系向黑洞跌落 $dr<0$ 的方向一致，所以星系受到的磁场力小于星系受到外界势场的重力。

根据同样原理可以分析地球磁场翻转的能流方向。磁场翻转后，地球的势能相对比外界的势能高，地球将向外界势场输入能量 $\Delta m \cdot c^2<0$，地球受到外界势场的磁场力将是拉力，为了保证地球做负功 $\Delta m \cdot c^2<0$，地球将相对太阳做径向退行运动或 $dr>0$。

星系满足机械能守恒将没有能流。

7.4 飞离太阳系的宇宙探测器应该出现的问题

本节结论：发射飞出太阳系的探测器在太阳势场边缘将会产生磁场，并且探测器飞离太阳系的实际时间要远远大于理论计算时间。

如果在地球发射飞出太阳系的探测器，这个探测器在理论上都是按照机械能守恒的状态进入太阳系边缘，一旦探测器进入到太阳势场边缘相对高势能区，探测器在这个地带一般将会停留至少几年时间，因此会有微弱的时空膨胀效应，发生探测器的相对势能 Φ_m 将会大于 Φ，哪怕这个势能差很小都将使得探测器将受到斥力。

即便是很小的斥力，探测器都将产生磁场，磁场方向使得探测器受到太阳微弱的磁场拉力，探测器将由失重状态转为受力状态，探测器径向退行位移 $\Delta r>0$，所以探测器对外界做功，探测器动能将会降低很多，这个拉力将拽着探测器不被斥力推走，并使得探测器脱离太阳系边缘地带的时间延长。

检验此理论的正确性就是发射飞出太阳系的探测器，探测器进入太阳系边缘地带将会无端产生一定的弱磁场，这个磁场并不是太阳系的磁场，是探测器自身抵御机械能不守恒产生的磁场。

探测器飞出太阳系还有一个非常重要的理论误差，就是探测器飞离太阳系的时间，按照经典理论，如果探测器从太阳系无穷远势能零点跌倒地球表面达到第二宇宙速度，那么有

$$\mathrm{d}r=a\cdot t\cdot \mathrm{d}t$$

r 是太阳势场边缘距离地球的距离，a 是探测器跌落的加速度，在机械能守恒状态下就是引力势场强

$$a = MG/r^2$$

由 $\mathrm{d}r = a \cdot t \cdot \mathrm{d}t$ 可以简单算出探测器跌落到地表的经典理论时间满足

$$t = f(r)/G$$

反过来在地球发射探测器达到第二宇宙速度，在满足机械能守恒的状态下将会用同样的经典物理公式计算的时间飞离太阳系。

但是如果引力常数是变量，并且随着势场半径增大降低，探测器飞离太阳系的时间将会大大增加。

8 真空能相平衡态

本章结论：宇宙初始产生静质量物质的目的是降低宇宙初始时空的真空能密度。

宇宙初始时空为何能自发凭空产生实物质粒子？能否用经典物理学的方法解释这种现象？

本书在前面的内容里并没有假设某一种机制，而是按照第 2 册中由经典物理学概念证明的公式 $\Delta\Phi = -\Delta M_0 \cdot c^2$ 以及公式 $\Delta E_k + \Delta\Phi = 0$，并运用与电子产生光子雷同的方法，得出宇宙初始产生静质量实物质粒子的概念，并顺便证明了引力常数。

整个证明过程前后自洽性相当强，客观规律同一律性约束着自然率。

证明过程最终得出实物质粒子是由宇宙时空“凭空”产生的这个结论，那么如何由经典物理学的方法解释宇宙时空“凭空”产生实物质粒子？

这里有三个关键的时空状态：首先是宇宙如果能无限膨胀下去，最终可以膨胀到一种极限状态，本册第 7 章提出的最后宇宙没有引力势，粒子之间没有引力，宇宙最后就是这种“没有凝聚力的粒子场”，这种极限状态之后是什么？是实物质宇宙的终点吗？

第二种状态就是宇宙初始有限空间的状态，正好是宇宙初始没有实物质粒子的纯真空能态，宇宙初始就是高真空能密度的时空，或势能相对比宇宙整个膨胀过程最高的势能态，现在已知这种极限时空状态不能持久，将产生实物质宇宙。

第三种状态就是产生实物质粒子的状态。式(1-2)的极限态为

$$\Phi = m \cdot c^2 \cdot \ln k_0 = m \cdot c^2$$

$m \cdot c^2$就是宇宙初始产生实物质粒子的最高势能，当然这时 $k_0 = \mathrm{e}$。

由宇宙初始时空的势能 $m \cdot c^2$对应的 $k_0 = \mathrm{e}$ 就是宇宙初始的时间相对最快程度。即 $k_0 = \mathrm{e}$ 就表示相对宇宙初始产生的实物质势场的最快程度。

$\Phi = m \cdot c^2 \cdot \ln k_0 = m \cdot c^2$本身就证明宇宙初始不可能进一步收缩，除非

$$k_0 > \mathrm{e}$$

$\Phi = m \cdot c^2 \cdot \ln k_0 = m \cdot c^2$，其定义域显然不包括 $k_0 > \mathrm{e}$。

由热力学第二定律解释就是，粒子间没有势能差就是平衡态，宇宙最后这种“没有凝聚力的粒子场”势能状态显然是亚平衡态。

宇宙初始产生静质量粒子之前的瞬间，宇宙时空也没有势能差，同属于平衡态。

因此宇宙初始时空最高势能的状态，宇宙初始产生的实物质粒子相对最低的势能状态，以及宇宙最后这种“没有凝聚力的粒子场”势能状态，这三种状态构成某一种彼此不可超越的极限平衡状态。

当然让宇宙最后这种“没有凝聚力的粒子场”相对较低势能状态自发向宇宙初始高势能态发展同样不符合热力学第二定律，除非宇宙不可恢复，不再循环。

宇宙初始这种高密度的势能态显然与经典物理的高温能态的平衡态相变很类似。

因此真空能产生实物质可以归结为宇宙初始由高温高密度真空能(或暗能量)组成。宇宙初始时空收缩度过大，必然造成真空

能密度过高，真空能高度收缩超过真空能相平衡态临界点，真空能密度 ρ 有可能过饱和而远离真空能的相平衡态，真空能处于过饱和态通过相变产生引力质量实粒子，目的是降低过饱和的真空能密度。

如果是这样，宇宙初始真空能处于过饱和态又是什么原因产生的呢？

已知宇宙初始时空相对今天有极大的收缩度，所以如果从今天向宇宙初始观察，宇宙初始时空产生实物质粒子所谓“创世纪”之前曾经有一个宇宙时空收缩过程，这个过程实际上就是宇宙初始时空产生实物质粒子之前势能相对抬高的过程，该过程逻辑上应该是平衡态的或准静态收缩的。

但是如果这个时段的宇宙时空收缩到达一定程度后，一定不是平衡态或准静态收缩，更具体一点，如出现宇宙时空收缩加速或势能加速升高。

宇宙这个时段加速收缩意味着真空能密度快速增加或势能快速提高，这时惯性定律将发生作用，回顾《经典物理学中的相对论·第2册》第3章惯性定律，“物质保持原有的势能状态”叫惯性，即当物质的势能发生变化，物质将产生外力阻滞物质势能的变化。

因此这个时段的宇宙时空将会阻滞宇宙收缩。阻滞宇宙时空继续收缩的状态就是宇宙初始时空产生实物质粒子所谓“创世纪”，大量真空能物质转化为实物质粒子，降低了宇宙初始的真空能密度，这应该是产生真空能相变的理由。

同理，如果初始快速膨胀过度将会造成真空能密度降低过多，宇宙初始产生实物质粒子“负能空穴”的真空能密度很低，有可能产生“负能空穴”局部的真空能欠饱和，通过将部分实物质相变产生虚粒子的办法提高真空能密度，因此实物质可以相变“蒸发”返回为真空能，降低宇宙初始实物质粒子“负能空穴”引起的势能变化，从而达到抑制宇宙初始的快速膨胀。

为了解决宇宙初期真空能密度过饱和，宇宙初始实物质粒子“负能空穴”并快速膨胀，降低了宇宙初期真空能密度过饱和度，但同时必须满足惯性定律抑制宇宙的快速膨胀，宇宙为此将产生不同时空结构的粒子，力图使宇宙真空能密度满足相平衡态，同时满足惯性定律与热力学第二定律的要求。

虽然这种经典物理的解释很粗糙，但符合自然世界已经发生的平衡态原理。

9 惯性定律与热力学第二定律共同作用产生虚粒子

9.1 动量守恒的物理本质

本节结论: 动量守恒的物理本质是动钟的时间快慢平均值保持不变。

由相对动能公式 $E_k = -M_0 \cdot c^2 \cdot \ln k$ 可得动系受力

$$F = dE_k / dr_0 = -M_0 \cdot c^2 \cdot d(\ln k) / dr_0$$

dr_0 是动系运动的固有距离。

由经典物理学的动系动量的变化等于动系所受外力的冲量

$$F \cdot d\tau = -M_0 \cdot c^2 \cdot d(\ln k) \cdot d\tau / dr_0 \qquad (9\text{-}1)$$

$u_0 = dr_0 / d\tau$ 是动系的固有速度。

当外力为零 $F=0$,在绝对时空的动系将保持 $dk=0$ 或 $k=$常数,代表动系匀速直线运动 $M \cdot u=$常数,动量守恒的物理含义是动系将保持原有时钟状态不变 $dk=0$。

动量守恒本身就是惯性定律的数学表达式。

动量守恒的物理概念是在孤立系统,孤立系统质心的时间快慢值或各动系的时间快慢平均值保持不变,或“孤立系统的势能均值将保持不变”,动量守恒与物质惯性定律“物质具有保持原有时空状态的性质”是同义词。

根据动量守恒的物理概念是在孤立系统,各动系质心的时间快慢值或各动系的时间快慢平均值保持不变可以得出以下几个推理。

推理1:星系爆炸后质心的势能近乎不变。

当星系爆炸时,如果忽略星系碎片的受力状态,星系爆炸后质心的势能不变,但通常星系爆炸代表星系的势能相对外界势场发生变化,并不满足动量守恒,爆炸后的星系质心会有轨道迁移。

推理2:静止时空的前提是宇宙质能物质总和的时间快慢平均值不变。

宇宙是孤立系统,快速膨胀后的今天短期内应该忽略宇宙时空膨胀的速度,宇宙所有物质包括真空物质总和的时间快慢平均值不变,也可以理解为宇宙时空的短期效应必须保证宇宙质能物质总和的时间快慢平均值不变。通俗解释就是宇宙时空短期效应可以看成静止时空或绝对时空。

当黑洞吞噬大量物质,黑洞的势能将降低,如果黑洞没有大量高势能物质喷出,整个宇宙将会向时间平均值减慢的方向发展,宇宙时空收缩将会增加。

所以黑洞吞噬物质过程将会有大量高势能物质喷出,黑洞本身将有大量的纯能态粒子或"虚粒子"产生,这些"虚粒子"将被挤出黑洞,所有这些逃离黑洞的高势能物质将弥补黑洞吞噬物质引起的时空收缩,以保证在短期内宇宙物质总和的时间快慢平均值不变。

推理3:宇宙黑洞型质量不可能比宇宙初始黑洞型质量增多。

黑洞势场构成宇宙时空的收缩源之一,同时宇宙的膨胀源同样是黑洞,宇宙时空膨胀是不可抗拒的。黑洞的时空膨胀除黑洞势场时空膨胀外,另一个膨胀源就是黑洞喷出的"虚粒子"将衰变为其他物质,而"虚粒子"来自于黑洞质量,所以宇宙黑洞的质量越来越少。

此外宇宙初期产生的物质粒子都属于微观黑洞型粒子,由于时空膨胀这些微观黑洞型粒子都演化为今天的物质势场,时空膨胀代表时间相对加快,时空收缩代表时间相对减慢,所以宇宙黑洞型质量不可能比宇宙初始黑洞型质量增多。

9.2 产生虚粒子的机理

本节结论:宇宙初期曾有大量的高能态“虚粒子”产生。

宇宙初始时空势能极高或真空能密度达到极限,为了降低宇宙初始势能或真空能密度,宇宙初始真空能时空将把过饱和的真空能通过相变转变为静质量 M_0,从而降低宇宙初始势能或真空能密度。

无论静质量 M_0 大小,产生粒子的势阱相对宇宙初始时空势能的减慢程度都是由 $k_0=1/\mathrm{e}$ 表示。因此同样的 $k_0=1/\mathrm{e}$,静质量越小,单位质量的势阱“凹凸不平”的程度相对越大。由上节分析,引力常数 $G(r)=c^2\cdot\mu\cdot\xi\cdot y(r)\cdot \mathrm{d}v_0/\mathrm{d}r$ 很大,代表粒子势能梯度 $\mathrm{d}v_0/\mathrm{d}r$ 很大。因此在宇宙初始产生的粒子质量越小,这种初始粒子的初始膨胀度越大。

宇宙初始时空为了降低“时空凹凸不平度”,主要是靠膨胀抹平“凹凸不平”。

热力学第二定律的本质就是一切物质将向着降低“时空凹凸不平度”的平坦时空发展,因此从热力学第二定律的角度讲,宇宙初始应该产生最适于快速膨胀的惯性质量很小的粒子,不仅可以利用快速膨胀降低宇宙初始时空势能极高或真空能密度,还能靠膨胀抹平“凹凸不平”,可谓一举两得。

但是在宇宙时空运动的过程中,惯性定律与热力学第二定律将同时相互制约而不是相互独立互不相关。自然律天生就是为了平衡态而制定的。

实物质粒子在外界势场中运动，力图将粒子本身的势能密度调整到与外界势场的真空能密度一致，所以自动发生时空伸缩，这是热力学第二定律的概念。

宇宙初始瞬间产生实物质粒子，由以上分析宇宙初始带有引力势时空粒子的时间快慢相对变化太大，时空畸变度过大引起宇宙初始极速膨胀。

宇宙初始极速膨胀的好处就是降低宇宙初始过高的势能或真空能密度。

但宇宙初始势能快速降低不符合物质的惯性定律，为了抑制产生实物质势阱时间减慢过快引起的时空膨胀过大，宇宙初始时空将会自动产生能抑制宇宙时间变化速度过大的方法。

如果有一种方法能把产生引力势阱的物质再变回时间相对较快的真空能，使得粒子势场空间的时间平均减慢程度降低，那么就可以减缓宇宙初始瞬间产生势阱的时间快慢变化程度，或抑制时空膨胀程度。分析这种产生新粒子的方法的可能性非常有必要。

宇宙初始快速膨胀的过程会造成时间的快速变化。由于惯性的本质就是“物质保持原有时空状态”，所以宇宙时空中一旦出现快速膨胀，既可以理解为真空能密度或势能的快速变化，也可以理解为时间相对快慢的快速变化。宇宙初始将会自发产生抵御时空快速膨胀的粒子。

例如，宇宙初始实物质粒子“负能空穴”内的真空能密度极低，属于局部的真空能欠饱和，而宇宙初始实物质粒子“负能空穴”外部属于真空能过饱和，两者之间处于酷热与冰火两重天的状态，急需一种方法平衡这种状态。

宇宙初始实物质粒子将会发生因真空能欠饱和而蒸发相变再

返回真空能。这相当于提高外界的真空能密度，从而抵御时空膨胀造成外界时空的真空能密度快速降低。

但是由于前期的时空快速膨胀，外界的宇宙时空真空能密度或势能已经降低很多。而实物质粒子实体的膨胀度相对要比势场时空膨胀度低得多，引力势实际就是势场时空膨胀度远远大于势场中心实物质实体的膨胀度形成的，所以实物质粒子的静质量密度显然大于外界势场时空的真空能物质的质量密度。

当实物质粒子发生相变再返回真空能，由质量密度较大的实物质粒子相变产生的真空能密度，显然要比外界膨胀度较大的宇宙时空的真空能物质的质量密度大得多。

这部分由实物质粒子蒸发相变产生的真空能与原来势场的真空能就形成密度差，有密度差必然产生可视界面。这个具有可视界面的粒子就是没有静质量的真空能物质“虚粒子”。

“虚粒子”原本是由宇宙初始时空真空能转换的实物质粒子，现在又蒸发相变返回真空能态，只不过由于没有静质量而被称为“虚粒子”。

实、虚粒子的概念是以人们接触物质的感性认识定义的。具有静质量的物质被称作实物质，没有静质量的物质被称作“虚粒子”。

如果假设蒸发相变返回真空能的“虚粒子”正好填平宇宙初始实物质粒子“负能空穴”势场内的势阱，这个“虚粒子”就融入宇宙经过膨胀后的时空中，宇宙等于经过膨胀后啥都没有产生。

但“虚粒子”的真空能密度大于宇宙初始实物质粒子“负能空穴”势场的真空能密度，无法填平，所以这部分带有“负能空穴”势场的“虚粒子”的势能密度就是势能高低的度量，因此“虚粒子”的势能必然比外界势场的势能高

$$\Phi_m > \Phi$$

Φ_m 是“虚粒子”的势能；Φ 是外界势场空间的势能。

可以看出宇宙初始由于惯性定律与热力学第二定律相互制约而产生“虚粒子”。

另一方面，用经典物理学的概念解释，宇宙初始产生实物质粒子是因为真空能密度过高或真空能“过饱和”产生相变，由此产生实物质粒子。

反过来说，宇宙初始实物质粒子“负能空穴”真空能密度降低，势阱内将会产生极大的真空能欠饱和度，形成局部的真空能“欠饱和”。从相变的角度说，“过饱和”与“欠饱和”都是相变的原因，所以宇宙初始实物质粒子势场内的局部真空能“欠饱和”同样会发生相变，相变的目的是弥补宇宙初始实物质粒子“负能空穴”内的真空能“欠饱和”。因此将会有许多实物质粒子通过相变再返回到真空能状态，从而弥补实物质粒子“负能空穴”引起宇宙时空的真空能密度过低。

当然这部分由宇宙初始实物质粒子蒸发相变的“虚粒子”必然带着的“负能空穴”势场内的势阱，后边章节将证明这个“虚粒子”就是正电子。

另外，由于外界宇宙初始的快速膨胀，外界的真空能密度也同时快速降低，尽管这是宇宙初始时空膨胀的目的，但宇宙初始时空的势能快速降低同样不符合惯性定律，因此会在宇宙初始的外界时空产生大量的“虚粒子”。

这种“虚粒子”不是由宇宙初始实物质粒子产生的，而是由外界宇宙时空的真空能收缩凝聚产生的。这部分由宇宙真空产生的“虚粒子”要靠收缩凝聚真空能，由于时空原本就是由真空能组成的，真空能收缩凝聚就使得密度增加反过来抑制了宇宙时空膨胀。

所以宇宙初始有两种原因产生的“虚粒子”；一种是宇宙初始快速膨胀引起产生的“虚粒子”，这部分“虚粒子”抑制了宇宙快速膨胀；还有一种就是宇宙初始实物质粒子“负能空穴”势阱内形成真空能“欠饱和”，也会产生“虚粒子”。这部分“虚粒子”由于是实物质返回到宇宙的真空能，相当于提高了宇宙初始实物质粒子“负能空穴”势阱的势能，降低了实物质粒子势场的势能梯度，降低了宇宙膨胀的动力，同样可以抑制宇宙时空膨胀速度。

这两种“虚粒子”的区别是：一个外部带有负能势阱（由于负能势阱的原因，“虚粒子”势能的升高受到抑制）；一个属于没有负能势阱的纯粹的真空能粒子（势能的升高正好就是“虚粒子”本身的质能 $m \cdot c^2$）。显然，纯能态“虚粒子”能量更高，相对外界势场的势能差更大，对外界做功能力更强。

这很像水的固、液、气之间的相变。当空气的水分子过饱和，就会有大量的水分子直接通过凝华转化为固体水或霜，反过来空气的水分子欠饱和，就会有固体水直接升华为空气中液体水分子，这两种方法都能产生液体水分子，使得空气看上去雾气腾腾。

宇宙初始曾经发生过“虚粒子”雾气腾腾的现象。

因此宇宙初始时空是在惯性定律与宇宙初始时空快速膨胀的双重作用下产生了雾气腾腾的“虚粒子”。

9.3 “虚粒子”的衰变机理

本节结论：“虚粒子”通过衰变向外界输送能量。

本节重点探讨不带有势阱的纯能态“虚粒子”。

“虚粒子”的势能相对比外界势场的势能高即 $\Phi_m > \Phi$，由热力学第二定律可知“虚粒子”将自发向外界势场势能升高的方向运动，运动过程中必然降低“虚粒子”相对外界势场的势能差 $\Phi - \Phi_m$。

只要“虚粒子”的势能升高幅度 $\Delta\Phi_m > 0$ 低于外界势场势能升高的幅度 $\Delta\Phi > 0$，由势能增量表示

$$\Delta\Phi_m < \Delta\Phi$$

这将造成“虚粒子”的势能 Φ_m 与外界势场的势能 Φ 越来越接近，最终会造成“虚粒子”的势能 Φ_m 与外界势场的势能 Φ 一致 $\Phi_m=\Phi$，从而达成机械能守恒。

由热力学第二定律可知，在自发状态下“虚粒子”势能 Φ_m 要与外界势场 Φ 达成平衡态 $\Phi_m=\Phi$，“虚粒子”将向外界引力势能高的方向运动，“虚粒子”的外在特性之一必然是与实物质粒子之间产生斥力。

“虚粒子”受到实物质粒子的斥力，“虚粒子”向外界实物质粒子势场势能升高的方向运动，外界对“虚粒子”必须做正功，“虚粒子”看似满足热力学第二定律过程。但由热力学第二定律的证明可知，低势能的外界不可能向高势能的“虚粒子”输出能量，“虚粒子”势能 Φ_m 将无法与外界势场 Φ 达成平衡态。

另外，“虚粒子”的能量是以质能 $m\cdot c^2$ 来表示，只要“虚粒子”的质能 $m\cdot c^2$ 不变，虚粒子的能量就没有变化，所以“虚粒子”根本无法通过做功的方式与外界交换能量。

那么“虚粒子”的势能 Φ_m 与外界势场的势能 Φ 最终将达成一致的原因是什么呢？并不是类似于实物质靠外力在运动速度方向做功达成引力平衡，而是“虚粒子”m 通过向外界做功降低自身势能与外界势能达成一致。

“虚粒子”是短程力，外界势场是长程力，由热力学第二定律可知长程力物质不感受短程力物质，所以“虚粒子”无法通过斥力推动外界做功。“虚粒子”只剩下一种方法对外界做功，这就是通过衰变向外界输送新粒子，以输出新粒子质能的方法达成“虚粒子”物质与外界的平衡态 $\Phi_m=\Phi$。

最典型的实验就是“虚粒子”衰变为伽马光子，光子满足同系光速不变，所以 $\Phi_m=\Phi$。

9.4 “虚粒子”的衰变类型与衰变条件

本节结论：引力势的势能 Φ 就是“虚粒子”选择衰变类型的条件。

真空能就是时空，当“虚粒子”的势能 $\Phi_m=\Phi$，实际就是“虚粒子”的“正能包”势垒的真空能密度与外界势场的势能 Φ 的真空能密度一致，当“虚粒子”的真空能密度与外界势场的真空能密度无法区分、“虚粒子”与外界没有可视的界面时，“虚粒子”已经融入时空中的真空能分布，成为时空的一部分。

实际上，宇宙时空就是由这种最低质能的“虚粒子”组成的。

“虚粒子”的能量是以真空能质能表示

$$\Phi_m=m\cdot c^2=\rho\cdot V_m \tag{9-2}$$

ρ 是“虚粒子”势场的真空能均值密度，实际就是势能密度，V_m 是“虚粒子”势场空间的均值体积，可以看成“虚粒子”的体积。

如果“虚粒子”仅仅是以质能 $m\cdot c^2$ 表示能量的高低，宇宙时空中所有的真空能都可以变成人们所需的能量，而且能量的大小直接与取得的质能 $m\cdot c^2$ 有关，人们获得能量的途径将会很方便，而且是用不完的能量。

但是热力学第二定律公式 $\Delta S=W(1/\Phi_m-1/\Phi)\geqslant 0$ 明确告诉人们，虚粒子向外界输出能量的条件是虚粒子的势能 Φ_m 必须高于外界的势能 Φ，即 $\Phi_m-\Phi\geqslant 0$，而“虚粒子”的势能与粒子的真空能密度 ρ 有关，所以“虚粒子”的外在形式与“虚粒子”的真空能质能 $m\cdot c^2$ 有关，本质上与“虚粒子”相对外界的真空能密度差或势能差有关。

所以热力学第二定律的另一个含义是尽管能量是守恒的，但“能量的品质是不守恒的”。例如同样的真空能质能 $m\cdot c^2$，“虚粒子"真空能密度 ρ 相对比外界势场真空能密度 ρ_0 高而形成势能差,"虚粒子"就可以对外界做功,而与外界势场真空能密度 ρ_0 一致的真空能,没有形成势能差,就不能对外做功。

只有物质的势能与外界的势能形成势能差 $\Phi_m-\Phi\neq0$,物质与外界之间才有可能形成做功能力,势能差越大做功能力越大,做功能力就是能量的品质。

热力学第二定律的意思就是自发状态下系统将降低做功能力,实际就是自发状态将降低物质之间的势能差。

理解了热力学第二定律关于能量品质的概念,对"虚粒子"的能量就一目了然了。当人们发现"虚粒子"的能量 $m\cdot c^2$,就知道"虚粒子"的真空能密度 ρ 肯定比外界势场的真空能密度 ρ_0 高,即

$$\rho>\rho_0$$

并且密度差 $\rho-\rho_0$ 越大"虚粒子"的质能 $m\cdot c^2$ 越大,"虚粒子"的能量越大。

"虚粒子"的外在质能形式 $m\cdot c^2$ 实际就是真空能相对外界时空真空能的凝聚态,因此质能 $m\cdot c^2$ 仅仅是必要条件,而真空能积聚在一起体积被压缩形成高能量密度才能形成做功能力。

宇宙初始时空产生"虚粒子"一定代表"虚粒子"时空相对外界有一定收缩度,从而抑制时空的快速膨胀。

由上节可知,"虚粒子",对外界不能用外力推动外界势场做功,所以"虚粒子"的质能 $m\cdot c^2$ 不变,由热力学第二定律可知"虚粒子"势能将自发与外界的势能保持一致。

由式 $m\cdot c^2=\rho\cdot V_m$ 可知,如果"虚粒子"直接伸缩自身的体积均值 V_m,从而改变"虚粒子"的真空能密度 ρ 与外界势场真空能密度保持 ρ_0 一致,"虚粒子"就可以与外界势场达成机械能守恒。

由式 $m\cdot c^2=\rho\cdot V_m=$常数可以得出"虚粒子"满足热力学第二定律 $\rho=\rho_0$ 的条件

$$\rho/\rho_0=V/V_m \tag{9-3}$$

ρ_0 是外界势场的势能密度或真空能密度，V 是“虚粒子”体积 V_m 伸缩后必须满足的体积。

那么，“虚粒子”的体积均值能不受约束地任意伸缩吗？

由相对论尺缩概念

$$V = V_m \cdot k_0 > V_m \tag{9-4}$$

V_m 是“虚粒子”势场的均值体积，V 是“虚粒子”必须满足外界势场机械能守恒的均值体积，k_0 是“虚粒子”相对外界势场的体积伸缩比例，由式(1-2)可知“虚粒子”的势能

$$\Phi_m = m \cdot c^2 \cdot \ln k_0$$

“虚粒子”相对外界势场的势能越高，k_0 值越大，因此“虚粒子”降低势能与外界势场势能保持一致必须膨胀自身的均值体积，以便降低“虚粒子”真空能密度，这是所有真空能粒子包括光子的特性。

将式(9-4)代入式(9-3)可得

$$\rho = \rho_0 \cdot k_0$$

上式说明“虚粒子”的势能越高或 k_0 越大真空能密度 ρ 越大。

按照相对论观点，时空可以有奇点，允许粒子的时空任意伸缩，当然粒子的真空能密度就可以任意变化而不受外界影响，“虚粒子”的时空伸缩就是能量的变化，能量的任意性显然违背了热力学第二定律关于“能量的品质不守恒”的结论。

另外，从本书式(2-3)$k = e^{-\zeta \cdot \beta \cdot \beta/2}$也可以证明动系达到光速不是时空奇点，而是有限值，同理宇宙初始也不是时空奇点。这些都说明“虚粒子”的时空伸缩受到制约。

由于“虚粒子”的时空伸缩受到制约，“虚粒子”的密度变化同样受到制约。“虚粒子”能满足外界势场机械能守恒的最大密度就是“虚粒子”满足机械能守恒的最高能量，在这个最大密度之下“虚粒子”能通过自身的时空伸缩满足机械能守恒。

问题的关键是，“虚粒子”的能量是以质能 $m \cdot c^2$ 表示，“虚粒

子”质能 $m \cdot c^2$ 不会随着“虚粒子”的真空能密度而变化，因此必须满足式(9-3)与式(9-4)，则有

$$m \cdot c^2 = \rho_0 \cdot V = \rho \cdot V/k_0$$

由式(1-2)$\Phi_m = m \cdot c^2 \cdot \ln k_0$ 可得

$$k_0 = e$$

通常所说“虚粒子”的能量是以质能 $m \cdot c^2$ 表示，实际上已经包含“虚粒子”的真空能密度 ρ 了。

引力势有自身的势能分布。例如引力势真空能密度为 ρ_0，是引力势半径的函数；V_0 是引力势质能时空的体积，是引力势真空能满足机械能守恒的体积，同样是引力势半径的函数。引力势真空能

$$E_{max} = m_0 \cdot c^2 = \rho_0 \cdot V_0 = \Phi \tag{9-6}$$

E_{max} 就是引力势的势能分布，半径越大，$E_{max} = m_0 \cdot c^2$ 越大，E_{max} 是半径的函数，与具体粒子的能态无关，是引力势场的势能函数。

可以看出，“虚粒子”满足机械能守恒的真空能最高密度 ρ_{max} 一定是一个确定的数值，将 $k_0 = e$ 代入“虚粒子”满足机械能守恒的最大密度

$$\rho_{max} = \rho_0 \cdot e$$

$$E_{max} = M_0 \cdot c^2 = \rho_{max} \cdot V_{min}$$

V_{min} 是引力势自身的真空能可能凝聚收缩的最小体积。

在 V_0 内装不下超过 E_{max} 的真空能，除非允许“虚粒子”的真空能密度 $\rho > \rho_{max}$，但如果“虚粒子”的真空能密度一旦超过 ρ_{max}，就无法满足机械能守恒。

“虚粒子”满足式(9-6)的最高能量 $E_{max} = M_0 \cdot c^2$ 称作“虚粒子”的衰变条件，当虚粒子能量满足

$$m \cdot c^2 \leqslant E_{max} \tag{9-7}$$

“虚粒子”可以自发通过调整自身的密度 ρ 与外界的势能密度保持一致。

例如,"虚粒子"可以通过转化为伽马光子满足热力学第二定律 $\rho=\rho_0$,伽马光子自发与外界的势能保持一致满足光子动能

$$m \cdot c^2 = \rho_0 \cdot V \leqslant E_{\max} = \rho_0 \cdot V_0$$

同理各种普通光子的能量都满足式(9-7)$m \cdot c^2 \leqslant E_{\max}$,上式的含义是光子势场的均值体积必须满足

$$V \leqslant V_0$$

光子在外界势场运动随时调整本身的势能密度与外界的势能密度 ρ_0 保持一致,这实际是"虚粒子"通过衰变向外界输送能量,满足高势能向低势能方向做功的概念。

但是"虚粒子"可以有积聚现象,因此"虚粒子"的质能 $m \cdot c^2$ 可以超过 $E_{\max}$,如果"虚粒子"的能量

$$m \cdot c^2 > E_{\max} \tag{9-8}$$

"虚粒子"体积内所含的真空能 $m \cdot c^2$ 太多,"虚粒子"不可能通过膨胀降低真空能密度来与外界真空能密度达成一致,即"虚粒子"时空不能随意自由伸缩而不受限制。通俗形象的解释就是"虚粒子"势场空间所含的真空能太多,即便膨胀充其量是降低密度,但密度降低要满足式(9-7)。

用经典物理学解释就是,$m \cdot c^2 > E_{\max}$ 状态下的"虚粒子"的体积 V 在自发状态下无法自由伸缩,以保证真空能密度 ρ 与外界势场的势能密度保持一致,"虚粒子"$m \cdot c^2$ 的密度场就是"虚粒子"的短程力场,密度分布代表"虚粒子"的相对外界的势能。因此当"虚粒子"体积 V 膨胀降低密度等于降低短程力场的相对外界的势能,粒子的能量降低必须与外界有能量交换。"虚粒子"与外界没有能量交换因此不可能自由伸缩。

$m \cdot c^2 \leqslant E_{\max}$ 的"虚粒子"通过衰变为光子向外界输入能量而自由伸缩就是这个原因,而 $m \cdot c^2 > E_{\max}$ 的"虚粒子"就必须向外界输入更大的能量来完成体积的伸缩。

质能 $m \cdot c^2 > E_{\max}$ 的"虚粒子"不可能只通过衰变为光子向外

界输出能量，而是通过衰变向外界提供其他不同类型质能粒子，包括同时衰变为实物质粒子、微中子以及光子等向外界输出能量。

所以“虚粒子”的能量可以超过 E_{max}，但这种“虚粒子”不能全部转化为伽马光子。

严格来说光子就属于“虚粒子”的一种，只不过光子的能量满足 $m \cdot c^2 \leqslant E_{max}$。

例如，“虚粒子”在高势能区，由于外界势场的势能密度较高，同样能量的“虚粒子”满足 $m \cdot c^2 \leqslant E_{max}$，“虚粒子”可以完成光子的转换。但是外界势场强场强低势能区，外界势场的 E_{max} 降低，同样能量 $m \cdot c^2$ 的“虚粒子”就可能 $m \cdot c^2 > E_{max}$，因此“虚粒子”在高势能区能完成的光子转换在低势能区未必能完成。

例如，在高势能区产生的伽马光子进入到超强引力场的低时能区域，伽马光子的能量就不满足 $m \cdot c^2 \leqslant E_{max}$，伽马光子的体积无法膨胀到满足低势能密度的要求，这时伽马光子将会自动衰变为正、负电荷。

这说明一个非常重要的现象，在宇宙早期外界势场的低势能区或强引力区，“虚粒子”无须经过伽马光子的过程可以直接转换为正、负电荷。

在宇宙初始产生的伽马光子可以传到地球，但地球产生的伽马光子到引力势较强的区域就会发生衰变，将转化为正、负电荷。

宇宙早期由于时空快速膨胀，宇宙初始随着时空膨胀，真空能过饱和度不会一样，时间越早真空能过饱和度越高，宇宙初始时空产生的“虚粒子”能量 $m \cdot c^2$ 越高，随着时空膨胀真空能过饱和度降低；宇宙初始时空产生的“虚粒子”能量 $m \cdot c^2$ 越低，各时期“虚粒子”的能量不会一样。

10 微中子、暗物质与宇宙静质量消失

本章结论：微中子是密度极高没有自身势场的静质量物质。

上一章介绍了宇宙初始时空为了抵御势能的快速变化将会产生许多与外界势场界面分明的“虚粒子”。

注意这些“虚粒子”并不是实物质粒子直接相变返回真空能产生的，而是由宇宙初始时空真空能的凝聚产生的，形成了高能态“虚粒子”，由于宇宙初始实物质粒子势场都是势能梯度很大的引力势，势能相对很低，而“虚粒子”的势能很高，满足式(9-8)

$$m \cdot c^2 > E_{\max}$$

因此这个时段的“虚粒子”不可能产生伽马光子，这些“虚粒子”产生哪种类型的粒子呢？

最简单的办法就是，“虚粒子”再相变回去产生新的实物质粒子，但产生新的实物质粒子不应该再有势能梯度很大的势场，因为产生“虚粒子”的目的就是抵御实物质粒子的势能梯度带来的时空剧烈膨胀。如果再返回这种势能梯度很大的状态就等于助长了时空膨胀而不是抑制时空，产生“虚粒子”的作用毫无意义。

首先看“虚粒子”的能量意义，由式(1-2)可得“虚粒子”的能量

$$\Phi_{\mathrm{m}} = m \cdot c^2 \cdot \ln k_0 = m \cdot c^2$$

尽管式(1-2)是由实物质的能量守恒关系推理的，但同样适用于“虚粒子”，原因是相对时间加快程度，必然有相同的势能状态，这

是通用的概念。

区别仅在于实物质的尺缩效应与“虚粒子”的尺缩效应正好相反，因为“虚粒子”的能量越高，“虚粒子”的时空尺度收缩度反而越大。

“虚粒子”的真空能原本就是时空，k_0 是“虚粒子”相对外界势场的尺缩系数，可以看出“虚粒子”$k_0=\mathrm{e}$，虚粒子的势能 Φ_m 相对比外界势场势能 Φ 正好高出 $m\cdot c^2$

$$m\cdot c^2=\Phi_\mathrm{m}-\Phi$$

由宇宙初始时空产生实物质粒子的概念，这个比外界势场高出的能量 $m\cdot c^2$ 正好又可以产生一个等质能新的实物质粒子 $M_0\cdot c^2$，由式(2-4)

$$\Delta\Phi=-\Delta E_\mathrm{k}=-M_0\cdot c^2$$

可知，“虚粒子”衰变产生的实物质粒子的动能正好是光速动能 $M_0\cdot c^2$，实物质粒子的势能也正好与外界势能一致。

但是“虚粒子”由此产生的实物质粒子还有“负能空穴”势场吗？

在这之前，宇宙初始时空产生实物质粒子是在外界势能中产生实物质，当宇宙初始时空的真空能转化为实物质粒子，实物质粒子时空形成亏损势阱。

但“虚粒子”并不是外界势场中的真空能密度，而是相对比外界势场高出质能 $m\cdot c^2$ 台阶的真空能密度，当“虚粒子”高势能被抹平，新产生的粒子所在时空的空间没有形成比外界势场更低的势能空间，所以这种粒子不可能形成势阱，也就形成不了主导宇宙时空快速膨胀的势阱。

“虚粒子”的能量原本就比外界高出质能 $m\cdot c^2$，这个质能 $m\cdot c^2$ 台阶转化为光速粒子的动能而被抹平，这个实物质粒子就变成了没有势场的纯实物质粒子。

所以新形成的实物质粒子自身不携带引力势。

由此产生的结果是，实物质粒子以及具有各种势场的粒子都将不与这种粒子产生作用，不参与任何力的作用，是“绝对中性”的粒子。

产生“虚粒子”是为了抑制宇宙初始时空的快速膨胀，降低宇宙初始时空的真空能密度。由“虚粒子”转换的新粒子并没有产生推动宇宙初始膨胀的势能梯度很大的势场，这既减缓了宇宙初始时空快速膨胀，又降低了宇宙初始真空能过饱和度，一举两得。这是热力学第二定律与惯性定律相互制约的最优化结果。

这种粒子始终以光速运行，运动过程自发满足机械能守恒。

微中子就是这种粒子的实例，但不能认为这种粒子是时空奇点。

微中子不感受通常的电场力与引力，正是由于这类粒子不与原子发生相互作用，这类粒子就容易通过原子力场的空间。

原子核尺度相对原子空间尺度很小可以忽略，而电子空间尺度要比原子核尺度小得多，因此原子空间相对电子尺度而言可以看成无限大，所以电子在原子空间畅通无阻。如果微中子的质量或尺度与电子同数量级，由于不与电场相互作用，微中子将以光速在电场中畅通无阻。

以光速运行的粒子都是物质波，当波的波长大于原子结构质点的尺度，微中子不会与原子结构质点发生碰撞而产生散射或反射。

逻辑上应该还有更多种类的这类粒子，只是它们脱离了人类的可视范围。今天的暗物质应该是宇宙初始极速膨胀时产生的主力军。

即便是今天，高能量的“虚粒子”同样可以产生微中子。

这种粒子的质量显然大于电子质量，原因是产生微中子的“虚粒子”的质能

$$m \cdot c^2 > E_{\max}$$

因为如果“虚粒子”的质能 $m \cdot c^2 \leqslant E_{\max}$ 将会产生伽马光子或正、负电子，而不是产生微中子，所以宇宙初始产生微中子的时间要晚于产生静质量物质的时间。

人们是通过对粒子的运动状态以及受力状态观察粒子，由于微中子不具备受力条件，不改变运动状态，因此不具有可视性，宇宙由此失去了很大一部分不可视的实物质的静质量。

微中子在引力势中的行为满足

$$M_0 \cdot c^2 = E_k = \rho_m \cdot V_0$$

微中子的质能密度 ρ_m 与引力势的质能损失分布必须保持一致，在《经典物理学中的相对论 · 第 2 册》第 6.2 节已经证明这种状态满足机械能守恒。

质能密度 ρ_m 是物质的惯性，微中子没有势场，属于典型的致密度最高的实物质，大质能的微中子具有实物质的极值惯性，这说明微中子的运动方向不易改变，与光子雷同，微中子属于直线运动的粒子，“直线度”有可能比光子的“直线度”还高。

注意微中子与光子的区别，光子的真空能密度始终通过与引力势的真空能密度 ρ_0 保持一致来满足机械能守恒，而微中子是质能密度 ρ_m 与引力势的质能密度分布必须保持一致，$M_0 \cdot c^2 = \rho_m \cdot V_0$ 总是能满足，不存在限制，所以见不到微中子的衰变，这就是人们无法发现微中子的原因之一。

11 正、负电子的产生

11.1 在经典物理学中寻找正、负电子的时空结构

本节结论：电子势场是势垒结构分布，电子质心有一个静质量势场。正电子是势阱结构分布，正电质心有一个“虚粒子”势场。

从经典物理学的理论中可以寻找正、负电子的时空结构。

由经典的物理实验已知，电子的质能属于实物质粒子型，并有静质量，所以可以根据电子在电场的行为判断正、负电子的时空结构。

实验发现电子在正电场的行为受到“引力”，称作异性相吸。

电子的运动状态与实物质星体在外界引力场中的行为一致，这证明电子越接近正电荷电场中心势能越低。因此正电荷电场是引力势型时空结构，属于势阱分布。

正电荷电场的时间相对快慢分布与引力场时间相对快慢分布一致，势能随着半径增大越来越高。

当电子势场之间相互作用时受到“斥力”，称作同性相斥，电子的实物质粒子受到的场力方向指向半径增大方向，说明半径越大实物质粒子的势能越低。

这证明，电子势场不是引力势型时空结构的势阱分布，而是相

反的势垒结构，时间相对快慢分布与引力场时间相对快慢分布正好相反，因为实物质粒子势场的势能随着半径增大越来越高。

当正、负电子异性相吸聚合在一起时，正、负电场正好镜像反对称而相互填平，电子势垒场的质能 $m \cdot c^2$ 正好填入正电场的势阱损失的 $M_0 \cdot c^2$，自发状态相互填平的势场将融入外界时空，成为组成时空真空能中的一部分。

但是正、负电子异性相吸聚合在一起一定产生质能为静质能为 $M_0 \cdot c^2$ 的伽马“光子对”，而“光子对”可以由“虚粒子”对直接产生，这说明正电场中心必须有一个与静质量质能 $M_0 \cdot c^2$ 同等质能的“虚粒子”，这是能量守恒所需。

正、负电子碰撞之所以会产生两个伽马光子，是因为电子中心的实物质粒子在向正电场中心快速运动产生相对动能 E_k，由式(1-1)$E_k = -M_0 \cdot c^2 \cdot \ln k$ 可知，电子在正电场无穷远势能零点开始跌落，相对论尺缩效应达到极致 $k = 1/e$，这恰恰是宇宙初始产生实物质粒子的状态。

因此电子向正电荷中心跌落就是实物质向宇宙初始产生实物质粒子的反过程，注意这时电子实物质静质量粒子的势能接近宇宙初始产生实物质粒子的“负能空穴”，电子实物质静质量粒子的真空能密度极低，当电子与正电荷中心的“虚粒子”碰撞到一起，可以说电子实物质静质量粒子相对外界达到了真空能欠饱和状态。

注意这时的外界就是正电荷中心的“虚粒子”，电子实物质静质量粒子将蒸发相变返回到“虚粒子”状态，这正好是宇宙初始“虚粒子”产生正、负电子的状态，所以正、负电子碰撞正好把“虚粒子”产生正、负电子的过程又镜像反对称倒回去演了一遍。

但是现在引力势的势能相对比宇宙初始大幅提高，所以同样能量的“虚粒子”满足式(9-7)

$$m \cdot c^2 \leqslant E_{\max}$$

即正、负电子对碰撞过程的外在现象就是产生伽马光子对，既满足动量守恒，又满足能量守恒。

可以看出，正电子就是“虚粒子”外部带有一个负能势阱，这就看出宇宙初始实物质粒子转换为虚粒子的目的很明确，就是把宇宙初始产生实物质势场的粒子转化为势能相对提高的正电子，抑制宇宙快速膨胀。

例如，氢原子的正、负电场镜像反对称相互抵消，对外满足没有势场的中性粒子。没有势场的中性粒子降低了宇宙时空膨胀速度。

如果没有宇宙初始时空的快速膨胀，就不可能有正、负电子的产生，所以正、负电子不是在宇宙初始产生实物质粒子快速膨胀瞬间产生的，而是要略晚一些。

11.2　正电子的力学特性

本节结论：正电子电场相对静质量物质势场属于短程力，静质量物质不感受电场力，正电子中心有一个“虚粒子”短程力场。

正电子的时空结构中的长程力部分是引力势势阱结构，正电子中心有个“虚粒子”，“虚粒子”就是真空能密度很高的粒子，真空能就是时空，而时空中的真空能密度差就是势场。

这种由势场中心实物质转换而来的“虚粒子”的真空能 $m \cdot c^2$ 粒子的密度并不均匀，因此“虚粒子”区域本身就是势场。只不过“虚粒子”所占空间很小，因此形成这样的局面，在引力势长程力势场的质心附近又形成真空能短程力场。

“虚粒子”真空能势场应该是越往质心真空能密度越大，场力方向指向半径增大方向。时间相对快慢分布于此对应，“虚粒子”半径越小时间相对越快。

如果以“虚粒子”边缘为无穷远势能零点，“虚粒子”的时间相对比外界势场的时间快，半径越小势能越高，属于短程势垒场。

因此“虚粒子”在外界势场一定是向着时间相对加快的方向运动。“虚粒子”进入引力势范围，“虚粒子”一定向时钟加快的无穷远方向运动，因此正电子质心的“虚粒子”在引力势范围内受到斥力。

而正电子被外包的长程力空间正好是引力势结构，正电子质心的“虚粒子”在引力势范围内受到斥力，因此正电子同性相斥。

正电场是长程力部分的引力势势阱结构，尽管正电子没有实物质静质量，正电场的引力势势阱结构相当于由一个静质量粒子产生的，或者说正电场的引力势的负能总和正好是静质能 $M_0 \cdot c^2$。

正电子势场中心真空能粒子的真空能 $m \cdot c^2$ 加上原来实物质粒子势场的负能总和 $-M_0 \cdot c^2$，所以正电子势能均值应该保证

$$-M_0 \cdot c^2 + m \cdot c^2 = 0$$

这实际属于质能守恒的另一种表达式，引力势中心要么有一个与引力势负能总和对应的静质量，要么有一个与静质量等量的“虚粒子”。由前所述，如果“虚粒子”相变正好是一个没有势场的静质量粒子 $M_0 \cdot c^2$，那么正电子电场等同于静质量产生的引力势。

$-M_0 \cdot c^2 + m \cdot c^2 = 0$ 的另一层概念是正电子势场的均值时间与无穷远势能零点的时间快慢一致，如果将这种粒子势场质心的真空能粒子的能量 $m \cdot c^2$ 均匀分布充满原来实物质粒子势场空间，正好填平原来实物质粒子势阱负能 $-M_0 \cdot c^2$，这就可以减缓正电子势场的膨胀速度，这也正是宇宙初始由静质量产生“虚粒子”抑制宇宙初始快速膨胀的目的。

由于正电子势场的时空膨胀受到了抑制，正电场的势能梯度要比外界实物质引力场的势能梯度大得多，因此电场力比引力大得多。当然电场力的力程也要比外界实物质引力场短得多，尽管正电场与引力势同型，由热力学第二定律可知外界实物质粒子长程力不感受电场短程力。

在正电子质心“虚粒子”短程力范围内，越往中心同样时间越快或势能越高，因此如果“虚粒子”进入正电子“虚粒子”$m \cdot c^2$短程力范围内，“虚粒子”将向外界势场时间分布相对加快的方向运动，因此“虚粒子”如果跌入正电子质心“虚粒子”短程力范围内会有很强的短程引力。

所以会有大量的同等力程的“虚粒子”集中在正电子质心“虚粒子”短程力范围内，例如原子序数就是这种同性粒子的数量，经典物理学中称为电荷量。

由于正电子质心“虚粒子”的短程力空间半径范围很小，如果正电子质心“虚粒子”集聚很多，所占空间范围就有可能超出单个“虚粒子”的短程力而被挤入正电子被外包的引力场，从而形成同性斥力。所以原子序数超过一定数目，这种粒子聚集越多越不稳定，例如超大原子序数的原子都不稳定。

正电子质心“虚粒子”短程力空间范围之外是被外包的引力势阱，势阱负能总和是负能$-M_0 \cdot c^2$，没有多余的正能可以被利用，所以正电子不可能有辐射普通光子的能力。

由于正电子质心“虚粒子”是正能势垒场，在真空能势垒场内越往中心势能越高，时间越快，所以当静质量实物质跌入正电场中心，会受到“虚粒子”的短程斥力，实物质粒子不可能跌入真空能粒子势垒场之内。

因此中子、质子等在原子核应该距离“核心”有一定距离，质子、中子等物质同样可以形成轨道能级。

如果用实物质引力势 $f_0 = M_0 \cdot G/r^2$ 表示，正电场场强应该是

$$f_0 = M_0 \cdot G'/r^2 \tag{11-1}$$

G'是对应的引力常数。

但正电子力场中心有质量为 M_0 的实物质粒子吗？显然没有，所以实物质粒子应该称为场能粒子，即与势场势阱的负能

$-M_0 \cdot c^2$对应的等效粒子。

11.3 电子的力学特性

本节结论：电子电场是势垒场，电子质心有一个短程引力场。

电子的时空结构是长程力部分是类似于"虚粒子"的势垒结构，电子质心有个静质量粒子，这个静质量粒子有自己携带的引力势。由于中心静质量粒子受到外包的"虚粒子"的势垒结构的压缩，因此电子中心静质量粒子膨胀度相对外界的静质量物质的膨胀度低得多。相对外界静质量物质势场属于短程力范畴。

正电子的镜像反对称粒子是电子，因此电子时空结构应该与正电子反对称。

电子质心的实物质粒子及其短程引力势场，应该与正电子质心"虚粒子"短程力势场互为反物质。

同理，在电子质心实物质粒子短程势场向外延伸被外包的是正能势垒场，势垒场越往中心势能越高，是引力势的镜像反对称势场。

所以正、负电子的势场从内到外都是镜像反对称的，这说明一个物理结论，"虚粒子"与实物质粒子互为镜像反对称的反粒子。

同理，电子向外延伸的势垒场是与"虚粒子"一样的势垒场，半径越小势能越高，区别是电子的势垒场经过膨胀后成为相对长程势垒场。因此电子电场的场能总和可以用等效的"虚粒子"表示，实际上真空能就是时空，电子势垒场的总能实际就是$m \cdot c^2$。

电子质心实物质势场的负能总和$-M_0 \cdot c^2$与向外延伸的势垒场正能$m \cdot c^2$在数量上必须一致，这也是质能守恒的概念。

电子质心静质量实物质短程势场占有的体积很小，由于电子质心是实物质短程势场，属于膨胀力度相对较小的粒子，电子质心的实物质的时间相对比外界无穷远的时间更慢。

因此电子将向外界势场时间相对减慢的方向运动，而电子势场半径越大势能越低，所以电子同性相斥。

电子质心短程引力场反过来受到外部势垒场的抑制，电子质心实物质短程引力场的膨胀力度低于通常实物质引力势的膨胀力度，因此电子质心短程引力场的势能梯度大于通常实物质引力势的势能梯度。当两个或多个电子在电子质心短程引力场的势场范围内，电子之间会形成相对较大的短程引力，形成电子对。

电子外包的势垒场由于是“虚粒子”场，“虚粒子”势能高于外界的势能，电子可以吸收或甩出部分“虚粒子”质能，因此电子可以辐射普通光子。

如果用实物质引力势 $f_0=M_0\cdot G/r^2$ 表示负电场场强应该是

$$f_0=-M_0\cdot G'/r^2 \tag{11-2}$$

G'是对应的引力常数，负号代表场强方向与引力场相反。这实际就是经典物理学正反物质力场的镜像反对称力场概念。

11.4　正、负电子的场力图

本节结论：电子在正电子质心“虚粒子”短程力范围内是斥力。

由上节内容可知，电子势场势能密度可以看成是电子长程力的“虚粒子”势垒场与电子中心实物质粒子的短程引力场叠加而成的势场如图 11-1 所示。

当势场半径 $r>r_0$，势场显示势垒场特性，属于长程力范围，半径越大势能越低。

示意图中短程力半径 r_0 画得比例比较夸张。当势场半径 $r<r_0$时，势场显示引力特性。

因为电子向势能降低的方向运动，所以当电子质心进入 $r<$

r_0 时，电子将向中心运动，电子显示短程引力。在电子短程力范围内，正、负电子之间是斥力。

当电子动能很低时，比如低温下完全有可能构成电子对。

正电子势场如图 11-1(b)，同样是正电子质心短程力势垒场与引力势的叠加。很明显正、负电子的势场相对半径方向横轴反对称。

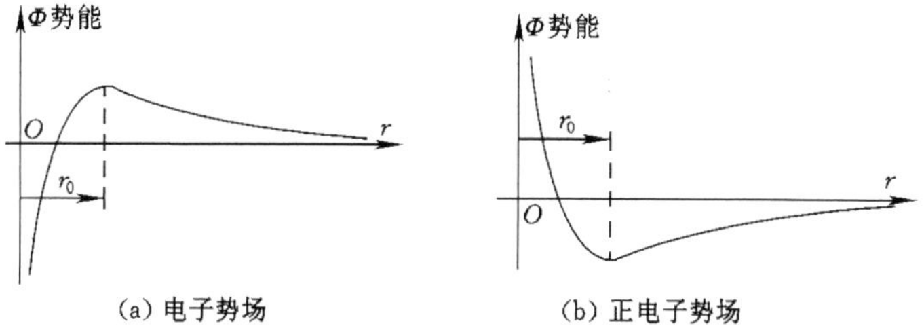

图 11-1 正、负电子势场

当势场半径 $r>r_0$，势场显示引力势特性，半径越大势能越高。

在正电子势场中，当半径 $r<r_0$ 时，势场显示势垒特性。

同样可得在正电子短程力范围内，正电子之间有引力，正、负电子之间有斥力。

12 宇宙初始实物质产生正、负电子的方法

本章结论：正电子相对比引力场的势能高，电子相对比引力场的势能低。

如果把正电子压缩回宇宙初始，正电子质心的“虚粒子”的质能 $m \cdot c^2$ 正好填平正电子外包的势阱，结果是压缩回宇宙初始的正电子的势能就是宇宙时空中的真空能 $m \cdot c^2$，与外界没有任何势能差，这说明正电子可以在真空中凭空产生而无须“虚粒子”的中介作用。

同理，如果把电子压缩回宇宙初始，电子质心静质量实物质的势阱正好也被电子外包的“虚粒子”势场的真空能 $m \cdot c^2$ 填平，与外界没有任何势能差，成为组成宇宙初始时空中的真空能物质，结果电子只剩下没有势场的静质量物质粒子。

这实际就是宇宙初始时空产生“虚粒子”的目的，将宇宙初始已经产生的实物质经过“虚粒子”的中介转换为没有势场的静质量粒子，从而抑制宇宙初始时空的膨胀，同时降低宇宙初始真空能过饱和度。

从热力学第二定律的观点来看，“虚粒子”产生一个没有势场的静质量粒子更符合物质自发满足平衡态原理，但由此解释满足机械能守恒状态的没有势场的微中子转换为有势场的电子不合情理。

因此在真空中“凭空”产生大量的正电子也不符合热力学第二定律。

由9.2节分析可知，宇宙初始实物质粒子“负能空穴”势阱内形成真空能“欠饱和”，宇宙初始实物质粒子将会蒸发相变为“虚粒子”。

但是实物质粒子“负能空穴”势阱的真空能质能损失正好是产生实物质静质量，“负能空穴”的负能总和是静质量不会变。

如果由实物质粒子蒸发转换为“虚粒子”，“负能空穴”势阱的静质量少了，但“负能空穴”的负能总和仍不变，造成“负能空穴”的负能总和大于实际的静质量。

为了使“负能空穴”的负能总和等于静质量，由实物质粒子转换的“虚粒子”必须把与质能对应的等质能“负能空穴”一块带离原来的实物质势场，这个“虚粒子”陷在“负能空穴”的质心。

此时产生的“虚粒子”与携带等质能的“负能空穴”是与原实物质粒子不一样的新粒子，但由质能密度很高的实物质粒子转换的“虚粒子”的质能密度同样相对很高，因此“虚粒子”不可能把等质能的“负能空穴”互相填平，从而形成引力势型势场外包中心的高能态“虚粒子”，造成这种粒子的势能相对比外界高，这就是宇宙初始由实物质粒子产生正电子的方法。

但外界宇宙初始早期时空处于真空能过饱和状态，真空能过饱和状态的本质就是宇宙初始的势能过高，实物质粒子因真空能欠饱和而蒸发相变为正电子，正电子势能相对提高，意味着宇宙整体的势能相对被提高，增加了宇宙初始的势能过高的负担，也不符合“物质具有保持原有势能状态”的惯性定律。

因此实物质粒子蒸发相变返回到“虚粒子”状态，等于加重了外界宇宙初始时空势能过高的状态，同时不符合惯性定律。因此外界宇宙早期初始时空必须剔除由实物质蒸发相变而来的等质能的“虚粒子”，并产生相对低势能的粒子来平衡产生正电子带来的势能升高。

而实物质粒子“负能空穴”原本就具有一定的局部真空能欠饱和，产生正电子的原因就是实物质粒子“负能空穴”局部的真空能欠饱和，实物质粒子“负能空穴”正需要从外界填充真空能来弥补局部的真空能欠饱和。

所以宇宙初始实物质粒子“负能空穴”急需将外界宇宙初始时空真空能填充到“负能空穴”均匀分布的真空能直接转化为“虚粒子”，实际上帮助外界宇宙初始时空剔除由正电子带来的势能升高的等质能“虚粒子”。

宇宙初始实物质粒子“负能空穴”势场的势能极低，势阱近乎“竖井”状态，因此宇宙初始产生实物质粒子“负能空穴”的瞬间，由热力学第二定律分析外界时空将会有极大的真空能流倾泻而下向实物质粒子“负能空穴”中心流动，形成极大的能流冲击。真空能将自发收缩凝聚填充到“负能空穴”势场弥补真空能欠饱和，由此形成的电子降低了实物质粒子“负能空穴”势场，降低了与外界时空的势能差，从而降低了时空的膨胀力度。

宇宙初始实物质粒子“负能空穴”势场把外界时空的真空能夺过来填补“负能空穴”势场的真空能欠饱和，实际上可以理解为由于“负能空穴”势场的真空能欠饱和，真空能会自发收缩凝聚真空能填补“负能空穴”势场的真空能欠饱和，形成类似于等效“虚粒子”的势场，无论实物质粒子“负能空穴”势场的走向如何，外界时空都将自发收缩凝聚真空能而形成等效的“虚粒子”势场，等效的“虚粒子”势场高出外界势场的正能总和正好是正电子的虚粒子质能。

由于宇宙初始时空为了填补“负能空穴”势场的真空能欠饱和，外界时空自发在“负能空穴”势场收缩凝聚提高真空能密度，必然降低外界时空的真空能密度，产生电子实际是帮助外界宇宙初始时空剔除一个与正电子等质能等效的“虚粒子”。

但注意此时宇宙初始时空已经经过前期快速膨胀，外界的时空快速膨胀总是大于实物质“负能空穴”的膨胀，宇宙初始时空经过前期的快速膨胀，真空能密度已经大大降低，外界时空自发在“负能空穴”势场收缩凝聚提高的真空能密度，显然要比由高密度实物质蒸发相变产生的“虚粒子”密度低得多。

经过膨胀后再凝聚收缩的等效“虚粒子”势场均值体积大于实物质“负能空穴”的均值体积，形成了“虚粒子”势场外包实物质粒子“负能空穴”势场，这就是电子的产生。

如果将电子的等效“虚粒子”势场均值体积与实物质粒子“负能空穴”势场互相填平，电子相对外界的势能为零。

等效“虚粒子”势场均值体积相对比实物质粒子“负能空穴”的均值体积大，但等效“虚粒子”的质能仍是实物质粒子的质能，等质能的粒子体积不一样，显然体积越大质能密度越低。因此外界时空填充到“负能空穴”的均值真空能密度低于实物质粒子“负能空穴”损失的均值真空能密度，说明不但不能相互填平，电子的势能总和反而相对比外界势能低。

这就是正、负电子同时产生的过程，由于电子的势能相对比外界低，正电子的势能比外界高，镜像反对称互相抵消，所以正、负电荷同时产生，缺一不可。

每当实物质粒子蒸发产生一个正电子，实物质粒子就必须产生一个电子帮助外界剔除一个与正电子等质能的等效“虚粒子”，从而满足外界总势能没有变化，这种成对产生的正、负电子既满足了抑制宇宙时空的快速膨胀，又不使宇宙时空的势能提高，反而降低了宇宙时空的真空能密度，这正是产生正、负电子的目的，是热力学第二定律与惯性定律的完美结合。

但正、负电子产生的机制不同，正电子是在宇宙初始实物质粒子“负能空穴”势场产生后，实物质粒子蒸发为“虚粒子”，“虚粒子”在引力势中心，所以“虚粒子”影响引力势的膨胀度相对较低；而电子质心的静质量“负能空穴”势场的时空膨胀是推动外包“虚粒子”势场膨胀的动力，这与宇宙初始产生实物质粒子“负能空穴”势场时空推动宇宙初始时空膨胀是一个概念，可以把电子时空膨胀看成是小型的宇宙膨胀模型。

因此电子质心的静质量“负能空穴”势场的时空膨胀已经不仅是推动宇宙时空膨胀，而是推动包括等效“虚粒子”势场的时空膨胀，形象解释就是电子质心的静质量“负能空穴”势场的时空膨胀的阻力更大，或电子质心的静质量“负能空穴”势场的时空膨胀相对要比没有等效“虚粒子”势场的负担大，电子质心的静质量“负能空穴”势场的膨胀受到抑制，造成电子质心的静质量引力势属于短程力。

同时带来电子外包“虚粒子”势场的膨胀度与正电子外包引力势的膨胀度不一致，正、负电子电场的势能梯度并不完全一致，电场力不会镜像反对称，直接后果就是正、负电荷产生的磁场不对称。

13 暗物质的种类

本章结论：宇宙早期曾经有比电子质量更低的暗物质，但今天很难找到它们。

在分析宇宙初始产生正、负电子的过程中，可以看出宇宙初始从产生实物质粒子开始，就不断地产生各种形态的“虚粒子”，然后由“虚粒子”衰变为没有势场的实物质粒子。

所以在理论上从产生第一批最高能态的“虚粒子”到产生正、负电子之前的整个时间段都会有对应不同能量的“虚粒子”产生，并且产生不同静质量的没有势场的实物质光速粒子。

如果以宇宙初始早期产生第一批伽马光子为界，在这之前产生的“虚粒子”的质量 m 都大于第一批伽马光子的质量 m_0。

如果以已经发现的微中子为界，并认为已经发现的微中子的静质量 M_0' 就是宇宙初始产生的第一批最高能态的“虚粒子”物质的质量，那么其他未被发现的暗物质粒子的静质量 M_0 一定满足

$$M_0' > M_0 \geqslant m_0$$

$$m_0 > E_{max}/c^2$$

宇宙初始可产生的无势场最低静质能是式(9-8)对应的“虚粒子”质能

$$m_0 \cdot c^2 > E_{max}$$

宇宙初始早期产生的第一批伽马光子的质能是 $m \cdot c^2 = E_{max}$，满足这个关系的“虚粒子”都转换为宇宙第一批伽马光子了，

而“虚粒子”质能满足 $m \cdot c^2 > E_{max}$，都衰变为不同静质量的微中子。

时间越早引力势的势能越低，能产生伽马光子的质能也越小，所以 M_0 一定比电子静质量低。

实际上，宇宙初始从产生第一批实物质粒子到产生正、负电子，这个时间段很短，近乎同时，所以暗物质粒子的质量与正、负电子的质量 m_0 不会相差太多。

比正、负电子质量更低的“虚粒子”不会产生静质量物质的粒子，都直接转化为不同质能的伽马光子了。

逻辑上在宇宙早期与电子静质量相等的“虚粒子”照样可以衰变为微中子。

由于各种不同质能的微中子不会衰变，永远满足机械能守恒，没有因受力改变粒子运动状态的概念，本身又不属于真空能粒子，无法像光子那样融入正、负电子的时空而改变正、负电子的可视运动状态的变化，在宇宙中畅通无阻，想发现微中子是一件很难的事。

但是微中子是由于宇宙初始时空真空能过饱和产生的，反过来说如果微中子遇到真空能欠饱和的时空，一定会蒸发相变为纯能态的“虚粒子”，这是发现“虚粒子”的唯一方法。

宇宙中有大量的黑洞，黑洞视界内部实际就是引力势阱很深的势场，同样存在真空能欠饱和，而且黑洞质量越大，真空能欠饱和越严重。

产生微中子的质量大小与宇宙初始时空真空能过饱和度有关，时间越早真空能过饱和度越大，产生的微中子质量越大。

随着宇宙初始的时空膨胀，宇宙初始时空真空能过饱和度降低，产生的微中子质量降低。

反过来说明，微中子抵抗真空能欠饱和度蒸发相变的能力与微中子的质量有关，微中子的质量越大，需要黑洞的过欠饱和度越大。

今天的黑洞势阱深度想达到宇宙初始实物质粒子“负能空穴”是不可能的，因此最早产生的大质量微中子很难蒸发为纯能态的“虚粒子”。

但质量较小的微中子遇到黑洞就有可能蒸发相变为纯能态“虚粒子”，宇宙有大大小小质量不同的各种黑洞，每一个黑洞就像筐子，把不同质量的微中子选择出来蒸发为“虚粒子”，留下质能较大的虚粒子。

所以即便宇宙初始有质量相对较小的微中子，经过 140 亿年的过滤，已经都被黑洞蒸发了。

新产生的纯能态“虚粒子”已经不可能再转化为质量相对较小的微中子，因为今天的黑洞势能 Φ 相对比宇宙初始实物质粒子“负能空穴”的势能高多了，由式(9-6)

$$E_{max}=m_0\cdot c^2=\Phi$$

原来不满足式(9-7)的“虚粒子”质能，由于 E_{max} 的提高，今天已经可以直接衰变为伽马光子，所以“虚粒子”的产生与蒸发由于宇宙时空膨胀的原因是不可逆的，今天的“虚粒子”只能产生质量较大的微中子。

今天要发现质量较小的微中子可能是徒劳的，但不排除有漏网的低质量微中子，估计这是一件很难的事。

今天可以观察到质量不同的黑洞，不同质量的黑洞应该能喷出不同质能的纯能态虚粒子，“虚粒子”与实物质势场是斥力，所以大质量的黑洞应该有纯能态“虚粒子”喷出。

正电荷就是“虚粒子”，正电荷在磁场中受洛伦兹力，说明“虚粒子”在黑洞磁场中受洛伦兹力，因此黑洞喷出的“虚粒子”具有方向性，黑洞的空间方向性就是磁极，所以黑洞喷出的“虚粒子”应该从两极喷出。

“虚粒子”与外界的势能差越小越稳定，黑洞具有很强的磁场，磁场对延长“虚粒子”的寿命有一定作用，从黑洞喷出的“虚粒子”的寿命将被延长。而且距离黑洞越远，黑洞视界附近势场的势能将在有限的空间内升高幅度越大，这些都将使得“虚粒子”的寿命延长，“虚粒子”甚至可以延伸至距离黑洞很远的空间，黑洞两个磁极看上去“雾气腾腾”，这使得黑洞喷出的“虚粒子”很容易被观测到。

由 9.1 节可知，黑洞喷出高势能的“虚粒子”是宇宙时空平衡必需的过程。

黑洞可以有辐射：

当“虚粒子”被挤出黑洞视界，“虚粒子”离开黑洞将会发生衰变，逻辑上部分虚粒子将会直接衰变为伽马光子对。这相当于一个质能为 $m \cdot c^2 = 2M \cdot c^2$ 的虚粒子一分为二产生两个质量分别为 M 的伽马光子，伽马光子在任何时候都将与外界时空保持同系，包括产生伽马光子的瞬间，伽马光子一定与当地背景势场时空保持同系。

同系与绝对时空是同一概念，所以在产生伽马光子的瞬间可直接使用经典物理学的动量守恒概念。因此刚离开黑洞视界的“虚粒子”速度如果很低，当低速虚粒子衰变为两个伽马光子时，如果当其中一个光子是奔向黑洞，另一个光子一定是离开黑洞。

因此黑洞视界或黑洞表面可以向外辐射伽马光子，黑洞能辐射光子说明黑洞并不黑。霍金认为黑洞表面虚粒子衰变向外辐射光子的预言应该是准确的。

如果实验能够发现黑洞表面可以辐射光子，代表黑洞视界肯定不是时空奇点。因为时空奇点的物理概念是时间停滞。这样，在黑洞外界观察黑洞视界的视光速 $c' = 0$，这就等于不存在黑洞辐射，外界永远观察不到黑洞表面，黑洞将永远是“黑”的，这种概念是由光速不变的假设推导的。

14 反物质与反粒子

14.1 实物质的反粒子:虚粒子

本节结论:通常情况下,让"虚粒子"与静质量物质在自发状态淹没为伽马光子是不可能的。

由上一章内容可知,正、负电子的镜像反对称的反粒子性,并由此得出实物质静质量粒子的反粒子就是"虚粒子"。

所谓反粒子就是粒子的时空结构必须镜像反对称,由此直接得出电子力场的场强公式

$$f_0 = -M_0 \cdot G'/r^2$$

为了比较互为反粒子的结构特性,可以比较正、负电荷的时空结构与外在力学特性,并从中找出规律性,见表14-1。该表以电子实物质在正电荷电场中的力学行为为标准力场,以相对势场无穷远的势能零点或时间为标准。

表14-1 正、负电荷的时空结构与外在力学特性

	正电荷	负电荷
静态力学特性	同性相斥,异性相吸	
长程力势场	引力势阱	斥力势垒
势场总能	$-m \cdot c^2 < 0$	$m \cdot c^2 > 0$

续表 14-1

	正电荷	负电荷
势能分布	半径越小时间相对越慢	半径越小时间相对越快
质心粒子	“虚粒子”$m \cdot c^2$	实物质粒子 $M_0 \cdot c^2$
短程力	同性相吸，异性相斥	
自旋	1 的整数倍	1/2 的整数倍
正、负电子淹没	伽马光子 $m \cdot c^2$	

以上互为镜像反对称的粒子说明，“虚粒子”就是实物质的互为反粒子，淹没为同一种伽马光子。

以实物质在引力势中的力学行为作为可比较的标准力场，以引力势场无穷远的势能零点或时间为标准，“虚粒子”与实物质的镜像反对称特性应该如表 14-2 所示。

表 14-2　“虚粒子”与实物质的镜像反对称性

	实物质	“虚粒子”
静态力学特性	同性相吸，异性相斥	
长程力势场	势阱	势垒
势场总能	$-M_0 \cdot c^2<0$	$m \cdot c^2>0$
时间分布	势场半径越小时间越慢	势场半径越小时间越快
质心粒子	势场质心物质实物质粒子 $M_0 \cdot c^2$	真空能粒子 $m \cdot c^2$
自旋	1/2 的整数倍	1 的整数倍
时空伸缩性	自发膨胀	自发收缩
淹没	伽马光子 $m \cdot c^2$	

可以用“虚粒子”相对实物质粒子的时间快慢逐条分析以上反对称特性是否成立，其实正、负电子的行为已经证明了大部分内容正确。

所以正、负电子碰撞的淹没就是宇宙初始由真空能产生实物质的逆过程，当然由此产生的伽马光子真空能物质的时间必然与正、负电子势场无穷远的时间快慢一致。

所以当正电子“虚粒子”陷在实物质引力势中，必然是远离引力势向无穷远运动，实物质与真空能物质满足异性相斥。

实物质之间满足同性相吸是已知的事实，“虚粒子”之间相遇是什么状态呢？“虚粒子”本身就是时空，只有真空能密度相对外界时空不均匀才形成界面势场。

按照反粒子之间互为反对称的原理，“虚粒子”势场应该是越往粒子中心时间越快，或半径越小势能越高（这也是势垒场的含义），所以，“虚粒子”相遇一定是向时间加快的方向运动，“虚粒子”之间满足同性相吸。

在实践中，人们把正电子中心的“虚粒子”称为正电荷 q，原子核正电荷 q 的集聚实际就是“虚粒子”相遇同性相吸的结果。

但“虚粒子”是自旋为 1 的整数倍的物质，自旋为零的“虚粒子”实际就是时空，时空可以互相重叠嵌套，因此“虚粒子”集聚的体积并不按集聚的总数增加，即“虚粒子”集聚时体积并不同比增加。

“虚粒子”物质同样具有经典物质学的空间几何概念，体积收缩提高真空能密度，体积膨胀降低真空能密度，似乎“虚粒子”的时空体积不受约束任意收缩，原因就是“虚粒子”是自旋为 1 的整数倍的波色子，由分析可知，“虚粒子”的时空体积伸缩实际上有一定约束。

由于“虚粒子”集聚并不按照质能的多少增加体积，必然造成“虚粒子”积聚过程势能密度提高，与外界势场形成极大的不平衡，所以在引力势空间很难形成“虚粒子”的集聚与长大，因为不符合热力学第二定律。

但这个概念与实物质粒子积聚造成质能密度提高的概念相

同，静质量质能密度提高必然使得真空能密度降低。“虚粒子”真空能密度提高就是势能提高，所以“虚粒子”集聚时一定是向势能升高的方向运动。由于“虚粒子”集聚的过程并不按集聚质量倍数增加，真空能粒子的时空实际相当于自发收缩而非膨胀，这与实物质粒子在外界势场中运动形成另一种反对称，实物质粒子向势能高的位置运动是时空膨胀。

如果宇宙中真有“虚粒子”物质的集聚，看上去“虚粒子”所占有的时空尺度相对要比实物质引力势时空所占据的空间少得多，并且宇宙在这块区域的势能最高，星系几乎没有，成为实物质星系极少空洞区，形成宇宙星系物质的不均匀分布。

这种状态可以推出宇宙初始高密度真空能以及有限时空尺度形成的原因。

“虚粒子”在自发状态下向实物质引力势势能升高的方向运动，形成异性相斥、同性相吸，这意味着“虚粒子”向实物质引力势场势能高的时空集聚，积聚过程空间体积增加不多，造成真空能密度增加，这正好与实物质向势能降低的时空集聚、时空收缩真空能密度降低形成反对称。这就是“虚粒子”与实物质的时空伸缩性具有反对称性。

“虚粒子”与实物质都满足反对称特性。

虽然实物质与“虚粒子”的势场镜像反对称，但能态变化完全对称，实物质粒子是“负能空穴”，自发向外界势能低的方向运动，并且外界势能越低，实物质的势能 Φ_m 越低，实物质时空被压缩。而“虚粒子”正好与实物质粒子，“正能包”，处于对称性自发状态应该向外界势能高的方向运动，并且外界势能越高，真空能粒子的势能 Φ_m 越高，真空能粒子的时空被压缩。

以上逻辑分析证明，实物质的反粒子就是“虚粒子”。

但是“虚粒子”与静质量物质势场是斥力，通常情况下让“虚粒子”与静质量物质在自发状态淹没为伽马光子是不可能的。

14.2 正、负电子势场的不对称性

本节结论：正、负电子各自独立互不影响的时空膨胀，客观上根本无法保障二者的膨胀力度必须一致。正、负电子电场镜像反对称的概念不存在。

由“虚粒子”的时空特性可以看出，“虚粒子”的伸缩性是自发收缩而不是自发膨胀，否则就不存在互为反粒子的时空结构镜像反对称的概念。

但是由于“虚粒子”生存在以膨胀为主的外界势场中，“虚粒子”的时空是被以膨胀为主的外界势场推动而膨胀，但膨胀力度受到了“虚粒子”自身特性的抑制。

这种概念的直接后果就是正电子的电场属于引力势型，等效实物质的引力场，宇宙时空的膨胀就是引力势型势场引起的，在逻辑上与是否存在静质量粒子无关，哪怕没有静质量粒子，只要有引力势型势场就会产生时空膨胀。

而电子的电场属于“虚粒子”势场，之所以能膨胀并不是因为“虚粒子”具有膨胀性，而是因为电子质心的实物质粒子的膨胀性推动被外包的“虚粒子”真空能向外膨胀，因此形成了“虚粒子”势场。

因此，相对来说电子电场的膨胀力度低于正电子电场的膨胀力度，膨胀力度越小，力程相对越小，势能梯度相对越大，直接后果就是正电荷电场的力程大于电子电场的力程，而电子电场的势能梯度大于正电荷电场的势能梯度，势能梯度就是场强，所以电子的场强大于正电子的场强。

同理，电流的电子运动磁场大于正电荷运动的磁场。

当然这种误差很小，原子中的正、负电荷的势场近乎镜像反对

称，对外呈中性物质。实际上电子的场强要比正电子的场强略大一些，并非对称，如图 14-1 所示。

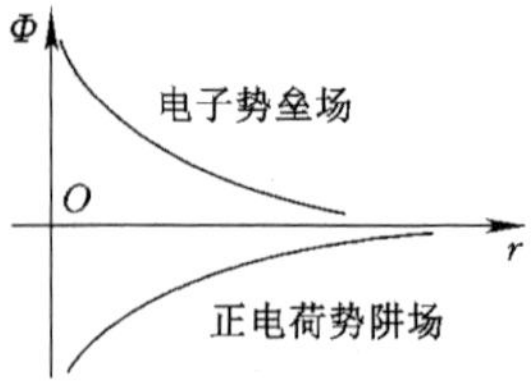

图 14-1　正、负电子势场的势能分布示意图

图中按正、负电子电势沿半径分布，正电子势阱场相对稍弱，但力程更大。而电子势垒场相对稍强，但力程更小。

正、负电子的电场相对各自质心的短程势场是长程力，所以正、负电子电场都感觉不到正、负电子的质心位置的粒子的短程力。

但正、负电子的质心位置短程力粒子能感受正、负电子电场的长程力。

尽管正、负电子的受力是短程力势场感受长程电场力，但人们的直观感觉是正、负电子之间的作用力。

不仅正、负电子的场强略有不同，由于同样原因，正电子质心的短程势垒场的场强更强，而负电子质心的短程引力场强相对就很弱，而且二者相差可能会很大。

正、负电荷的不对称，哪怕是微小的不对称也将会对时空产生影响，而且这种影响一定会在物理实验中显示出来。

通常实物质呈电中性，原因是正、负电荷的势场相互抵消，所以实物质运动并不产生磁场。

实际由于正、负电子电势沿半径分布不对称，逻辑上不可能做到正、负电荷的势场相互抵消，只不过这种效应太弱，在地表做实物质运动实验基本呈电中性。

如果把电子压缩回宇宙初始状态，实物质“负能空穴”势阱的负能总和与“虚粒子”质能相互填平，只剩下一个没有势场的实物质静质量粒子。因此如果静质量实物质势阱与“虚粒子”势场膨胀度一样，电子总是处于互相填平的状态，电子就是一个没有势场的微中子，这正是宇宙初始产生“虚粒子”衰变为没有势场的实物质的本质，因为只有这样才能抑制宇宙时空快速膨胀。

但是由于电子质心的实物质势场与外包的“虚粒子”势场的膨胀度并不一样，二者的势场叠加后形成了今天的电子。电子质心的实物质势场与“虚粒子”势场叠加的平均效果，等同于降低了合成势场的势能梯度，仍是抑制“虚粒子”势场的时空膨胀，这也是产生正、负电子的根源。

正电子质心“虚粒子”与正电场互有斥力，正电子质心“虚粒子”的膨胀度相对很小，正电子外包的正电场膨胀力度受到正电子质心“虚粒子”的影响相对要比电子质心的实物质势场的影响小，正、负电子质心粒子势场对各自外包的电势场影响不均衡，势必造成电子外包“虚粒子”势场的膨胀度低于正电子外包的引力势场的膨胀度。

另外由《经典物理学中的相对论·第2册》式(7-4)

$$F_{m}=\mathrm{d}\Phi_{m}/\mathrm{d}r=\rho_{m}\cdot \mathrm{d}V/\mathrm{d}r$$

$\mathrm{d}V/\mathrm{d}r$ 与电子的加速度对应，ρ_{m} 与电子内外势场总和的平均质能密度对应，ρ_{m} 代表粒子的惯性大小。

由于电子电场是势垒场，平均质能密度显然大于正电子电场质能密度。

所以电子电场的惯性大于正电子电场的惯性，电子抵御膨胀变形的能力肯定大于正电子抵御膨胀变形的能力。

同理，正电子质心的“虚粒子”密度最大，惯性也最大，膨胀力度最小，势能梯度显然很高，场力极强。

电子质心的实物质势场与外包的等效“虚粒子”势场的膨胀度不一样，外包的等效“虚粒子”势场的膨胀度相对比电子质心的实物质势场膨胀度大，实物质势场膨胀度相对较低意味着实物质势场的势能相对提高的少，而外包的“虚粒子”势场的膨胀度大意为着“虚粒子”势场势能降低的多，平均效果就是电子的势能相对比外界势场的势能低，或电子的均值时间相对比外界势场的时间分布更慢，电子总是受到外界引力势的重力。

正电子正好相反，由同样的方法可得正电子总体的平均势能总是相对比外界势场的势能高，正电子总是受到引力势的斥力，所以通常见不到正电子。

由此可以得出电子的势能相对比正电子的势能低，或电子内外总势场叠加的均值时间相对比正电子内外总势场叠加的时间更慢。

正、负电子各自独立互不影响的时空膨胀，客观上根本无法保障二者的膨胀力度一定一致，正、负电子电场镜像反对称的概念不存在。

14.3 正、负电子势场的不对称性对磁场的影响

本节结论：地球赤道太空在一定高度有微弱的磁场起伏。

地球作为大量实物质集聚整体，也是非常庞大的等量的正、负电荷集中集聚的整体，即便正、负电荷势场的不对称非常微弱，微弱到根本无法测试，但如此庞大电荷量的集中效应，完全可以把这种极其微弱的正、负电荷电势沿半径不对称分布在实验中表现出来，尽管这种表现可能同样微弱到可以忽略不计。

地球自转带动地壳运动，地壳的赤道带动正、负电荷可以产生磁场，如果正、负电荷相互抵消，正、负电荷产生的磁场也相互抵消。

如果正、负电子电势沿地球半径不对称分布能产生什么状态呢？

电子的场强略强，地球集聚大量的正、负电荷，赤道自转必然

使得正、负电荷产生的磁场相互叠加。大量电子产生的磁场相互叠加，使得电子产生的磁场超过正电荷产生的磁场，叠加结果使得电子产生的磁场占上风而显示出来。

但由于正电荷的力程更远，正电荷产生的磁场将会显示出来，如图 14-2 所示。

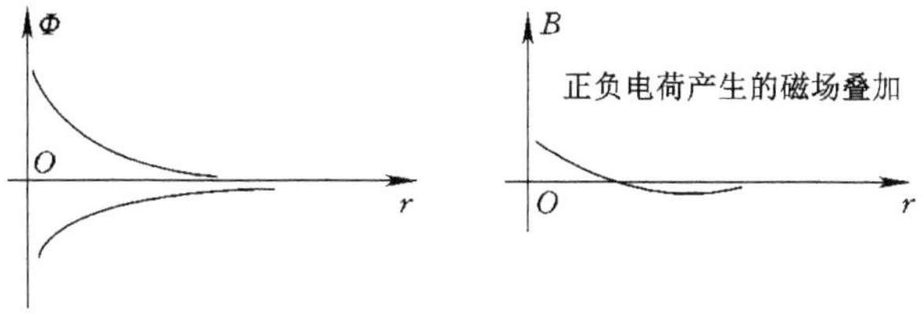

图 14-2　正、负电荷力程不对称引起的磁场分布示意图

图 14-2 是大量正、负电荷积聚在地表附近的势能分布，如果以电子产生的磁场为正，由于地壳大量分子的电子被赤道定向运动产生的磁场相对较强，力程相对较短。

而正电荷被赤道定向运动产生的磁场相对较弱，但力程相对较大。

结果是正、负电荷产生的磁场在地表附近随着半径增大转为反方向的磁场。可以想象由正、负电荷电势沿半径分布不对称产生的磁场极弱。赤道实物质运动同样产生磁场，相当于负电荷产生的磁场，实物质产生的磁场是随着半径增大逐步减弱的。

由于正、负电荷产生的磁场相对比赤道实物质产生的磁场短程，电子产生的磁场与赤道实物质产生的磁场相互叠加更强。

随着半径增大正电荷产生的磁场与赤道实物质产生的磁场方向相反，相互叠加后抵消，所以磁场继续减弱，这种减弱与实物质产生的磁场随着半径增大逐步减弱方向一致，给人们一种正常的磁场减弱的错觉。

但由于这种相互叠加抵消很短程，之后磁场又逐步回升恢复到正常的实物质产生的磁场，结果出现地磁在赤道上空半径 r_0 处磁场增强现象，接着磁场继续减弱，如图 14-3 所示。

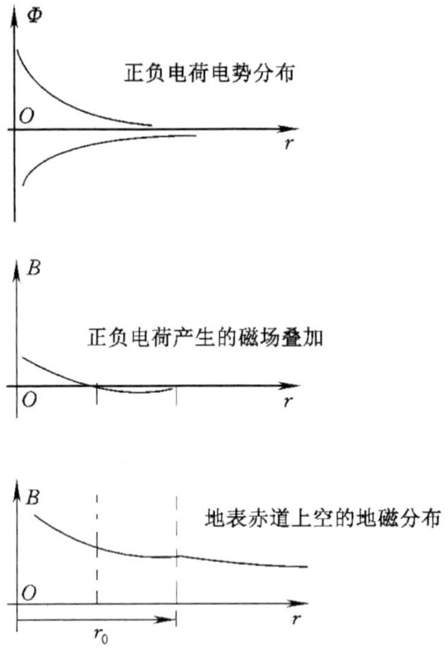

图 14-3　地球赤道上空磁场变化示意图

地磁分布如果在赤道上空半径处 r_0 出现磁场短程增强，接着磁场继续减弱，不但证明正、负电子电势沿半径不对称分布，同时证明实物质同样产生磁场，因为电荷产生的磁场绝不可能在赤道附近上空出现磁场增强现象。

如果地磁是这种分布还说明正、负电荷相对引力场是短程力粒子，赤道上空半径处 r_0 出现磁场短程增强是从地心到地表所有运动正、负电荷的总和产生的磁场叠加所能涉及的最远距离。

而地磁涉及的距离要比正、负电荷产生的磁场范围大得多，这说明电荷单位质量的力程要比实物质单位质量的力程小得多。实验中证实电场相对引力场属于短程力，所以实物质不感受正、负电荷产生电场和磁场。

地球实物质自转产生的地磁很弱，叠加上述所说的正、负电荷势场很微弱的不对称性短程范围的磁场，可能很难被发现，但只要有正、负电荷势场存在微弱的不对称性，逻辑上应该有以上效应。

14.4 反物质不存在

本节结论：反粒子存在，反物质不存在。

反物质不是反粒子，而是组成物质的原子的粒子正好都是互为反粒子。

例如电子在原子中心，正电子围绕电子旋转，同时原来跌落在原子核的质子也变成反质子。

这种反物质能存在吗？首先就违背了热力学第二定律，最初组成原子的过程一定是外界势场对粒子做功，这要求组成原子的粒子势能相对比外界的势能低，例如质子与电子的势能都比正电子的势能低，这些粒子才有可能向原子核跌落，并组成原子，而高势能的正电子根本就不可能存在这种向电子势场跌落的状态。

所以宇宙在自发状态下可以有反粒子，但不存在反原子，当然也就不存在反物质，有关宇宙存在反物质的学说都是个人意志创造的。

14.5 磁场的势能相对升高

本节结论：将高能粒子放入电子运动产生的强磁场中，寿命将会延长。

《经典物理学中的相对论·第3册》已经证明，磁场就是时空旋度，磁场需要对外界做功，因此磁场中还有能量。

由式(1-2)可得

$$\Delta E_0 = \Delta \Phi + \Delta E_k - \Delta \Phi_B \tag{14-1}$$

ΔE_0 是外力做功，ΔE_k 是外界势场推动电荷运动的动能，$\Delta \Phi_B$ 是电荷产生磁场引起的相对势能，因此

$$\Delta E_k + \Delta \Phi_B = -\Delta \Phi_B - \Delta \Phi_m = -\Delta \Phi_m{}'$$

$\Delta \Phi_m{}'$是电荷的势能增量。

电磁质量没有惯性质量，正电荷电场是一个没有静质量的势阱场，本质就是没有静质量的引力势。电子是没有静质量的势垒场，因此这两类势场在外界势场运动中只有势能增量 $\Delta \Phi_B$ 但没有对应的动能增量。

电子质心有静质量物质，因此电子在跌落过程中有动能增量，动能增量满足《经典物理学中的相对论·第2册》式(5-4)

$$\Delta E_k = -\Delta \Phi_m$$

电子电场的势能变化在外界势场跌落中不满足机械能守恒，原因很简单，电子质心的静质量动能增量引起的势能变化 $\Delta E_k = -\Delta \Phi_m$ 根本就与没有静质量对应的电场势能变化 $\Delta \Phi_B$ 无关，静质量动能增量根本不产生与电场势能变化 $\Delta \Phi_B$ 对应的受力平衡，所以电子在外界势场中运动不满足机械能守恒，一定会产生磁场。

静质量的动能增量虽然降低了静质量物质的势能，但静质量粒子能量没有损失，仅仅是储存在动能中，最终仍可通过动能的变化把静质量粒子的势能升到最大。

同理 $\Delta \Phi_B$ 实际就是外界把能量存储在磁场中，因此 $\Delta \Phi_B$ 就是与磁能增量 ΔE_B 有关的增量，可以表述为

$$\Delta E_B = \zeta \cdot \Delta \Phi_B$$

E_B 是磁能，$\Delta E_B = \zeta \cdot \Delta \Phi_B$ 与 $\Delta E_k = -\Delta \Phi_m$ 相互对应，静质量物

质有静质量，所以势能的变化与动能的变化相互平衡。电磁物质没有静质量，所以势能的变化与磁能的变化相互平衡，ζ 是磁场势能的变化与磁能的变化的比例关系。

ΔE_B 是运动电荷存储在电荷势场中的能量，因此磁能 E_B 与动能 E_k 相互对应。

式(14-1)可以变形为

$$\Delta E_0 + \Delta \Phi_B = \Delta \Phi + \Delta E_k \tag{14-2}$$

上式用力来表示

$$F = F_0 - F_m$$

F 是外力的合力，既包括洛伦兹力，也包括因机械能不守恒引起的重力或斥力，例如地球在太阳势场中的外力满足 $F = F_0 - F_m$。

当电荷在外界势场中运动被外界做功 $W = \Delta \Phi_B > 0$，电荷的磁场一定增加。

其实静质量物质也满足这种情况。例如地球从近日点向远日点运动，地球所受的磁场力与地球的径向位移 Δr 相互作用使得 $W = \Delta \Phi_B > 0$，所以地球的磁场增加。

所谓粒子衰变就是粒子的势能 Φ_m 相对比外界时空的势能 Φ 高，前几章已经分析这种粒子很难生存。如果提高高能粒子与外界势场的势能，降低与外界势场的势能差，将会延长高能粒子的寿命。

所以将高能粒子放入电子运动产生的强磁场中，寿命将会延长。

电子在势场跌落中，既有电子质心静质量势场的势能变化 $\Delta E_k = -\Delta \Phi_m$，又有电子电场空间在外界势场跌落引起的势能变化 $\Delta \Phi_B$，而 $\Delta \Phi_B$ 要靠外界势场做功获得，ΔE_0 通常都是损耗或负功。

为什么电荷在外界势场跌落中势能 $\Delta \Phi_B > 0$? 如何解释物理概念?

正、负电荷势场所占空间相对很大，而正、负电荷质心的短程势场时空很小，这部分时空所占有的份额相对电场所占有的外界势场份额几乎可以忽略不计。

因此正、负电荷势场的时空伸缩主要是靠各自的电场部分的时空伸缩。

电子势场的势能相对比外界势场的势能低，因此外界势场一定向电子势场输入能量$W=\Delta m\cdot c^2>0$，这部分能量$\Delta m\cdot c^2$都转换为电子的势能。

当然这个前提是外界势场对电子做正功。

正电荷原本就是引力场，正电荷向电子靠近原本就是向高势能方向运动，正好是势能增加的方向，所以正、负电荷的运动产生的磁场都使势能相对增加。

由热力学第二定律可知，系统的自发趋势就是降低正、负电荷之间的势能差，电子的势能总和原本就比正电荷的势能相对低很多，所以电子向外界势场低势能的方向跌落，电子势场的时空体积将会膨胀很大，使得电子的势能相对提高很多。尽管势能的提高不足以达到引力平衡，但会降低电子与外界势场的势能差，从而降低电子跌落过程的外力做功W。

同理，正电荷的势能总和原本相对就比外界势场的势能高，即便正电荷向外界势场势能高的方向运动$W=\Delta m\cdot c^2>0$，由热力学第二定律可知，在自发状态下正电荷的势能升高将受到抑制。

因此正电荷在向高势能方向运动的时空膨胀度将低于电子向低势能方向运动的时空膨胀度，反映在磁场上就是正、负电荷具有相同速度，但正电荷产生的磁场相对要比电子产生的磁场弱，这只有一种结果，正电荷的场强肯定比电子的场强弱，这就是正、负电荷场不对称的原因。

15　质子的产生

本章结论:宇宙产生的第一批光子应该是低质能的伽马光子。

有了以上基本知识,可以对宇宙产生质子过程简述如下:

当宇宙初始产生正、负电子后,宇宙的时空形态将会发生巨大的变化。

首先是“虚粒子”的生存条件发生了变化。“虚粒子”能态很高很不稳定。由于宇宙初始产生的实物质的势能很低,“虚粒子”从产生就生存在物质粒子势场的低势能空间中,所以“虚粒子”衰变为没有势场的微中子。

自从产生了正、负电子,“虚粒子”属于高势能的短程力粒子,自发状态下向外界势场势能高的方向运动,因此“虚粒子”与正电子引力势型电场形成斥力。

而电子电场半径越小势能越高,因此“虚粒子”将会与电子结合生成带负电的“虚粒子”,带负电的“虚粒子”的外界势场就是电子,而且“虚粒子”是在电子势场图中半径 r_0 的最高势能位置。

这实际是降低了“虚粒子”与外界势场的势能差,“虚粒子”高出电子势能部分的能量显然相对要比“虚粒子”的能量低得多,延长了“虚粒子”的生存寿命。电子势场成了“保护伞”,它把致使“虚粒子”高度不稳定的外界引力势场隔绝开。

这符合热力学第二定律。热力学第二定律要求在自发状态下粒子之间将向寻求降低势能差的方向发展,提高系统的平衡度。

带负电的“虚粒子”虽然仍不稳定，但稳定度相对提高，寿命延长毋庸置疑。

同时“虚粒子”衰变后的等质能物质也将会重新选择，“虚粒子”将会有部分势能与电子势场势能平齐，因此“虚粒子”将不再衰变为没有势场的微中子。

“虚粒子”与电子势场势能平齐的质能部分将衰变为与质子等质量的实物质。这部分质能的外界就是电子的势能高度，与宇宙初始产生实物质粒子的概念一样，如果产生与质子等质量的实物质，其势阱负能总和就是质子静质量。

当然“虚粒子”剩下高出电子势能部分的质能将衰变为其他粒子，例如低能量的伽马光子或没有势场的微中子，这种低质能的伽马光子应该是宇宙最早产生的伽马光子。

带负电的质子质量实物质就是反质子，宇宙最早先有反质子。

很显然反质子更稳定，生存寿命相对比带负电的“虚粒子”寿命更长。

接着反质子被正电子捕获形成中子。

早期的中子同样很不稳定，因为早期的粒子相对比现在的粒子有很大的收缩度，粒子的空间相对比今天更小。电子质心是个高度收缩的短程力引力势场，势能相对比外界长程力的引力势能很低，当然相对要比正电子质心的“虚粒子”势能更低，“虚粒子”是半径越小势能越高，因此电子在正电子质心的“虚粒子”势场短程力范围内受到极大的斥力。而且空间越小，正电子质心的“虚粒子”短程斥力越大，所以宇宙早期的中子很不稳定，可以把电子弹出去，反质子从而衰变为质子。

还有一种产生质子的方法是：电子的势能总和要比外界实物质势场的势能低，因此电子具有向外界实物质势场的跌势，或者说外界实物质对电子有引力，而且在宇宙初始这种引力相对很大。由于宇宙初始有大量的实物质粒子，因此电子被实物质捕获，从而形成反质子，反质子又被正电子捕获，形成中子，然后形成质子与电子，这个过程不会有伽马光子的产生。

这就是质子产生的两种原理。从热力学第二定律的角度来说，宇宙将自发降低做功能力，因此电子被实物质捕获组成反质子更具有合理性，无论哪种方法，都要求宇宙早期的引力势的势能相对很低，正、负电子的个体质能满足 $m \cdot c^2 > E_{max}$。

这可以保证正、负电子相遇不至于衰变为伽马光子，即在产生反质子之前宇宙只有低质能的伽马光子。

最早产生的伽马光子引力红移最大，因此红移最大的光子应该是质能最低的伽马光子，因为那个时候没有原子，只有伽马光子。

16 时空平衡推动黑洞吞吐物质

本章结论：黑洞蒸发了大量的暗物质，使得寻找低质能的暗物质很渺茫。

有了以上这些物理概念，对黑洞吞噬星系的行为就能很好地解释。

黑洞是引力势场势能梯度最大的位置，由热力学第二定律证明势能梯度越大，时空膨胀度越大，所以黑洞的均值体积始终在膨胀（$\Delta V_m>0$）。

黑洞在宇宙中运动，黑洞之间的相对运动引起势能的变化，这种势能变化 $\Delta\Phi$ 是由外界势场充填能量引起的。

还有一种势能变化是由黑洞势场膨胀引起的。均值势能 Φ_m 在增加，黑洞的势能增加必须要高势能区不断地向低势能区补充能量，由于黑洞的势能梯度较大，由势场时空膨胀引起的势能变化（$\Delta\Phi_m>0$）相对比黑洞之间的相对运动引起势能的变化（$\Delta\Phi$）不可忽略。

对于普通星系由于势场膨胀引起的均值势能变化往往可以忽略不计。

现在的问题是黑洞是否能保证时空膨胀（$\Delta V_m>0$）引起的势能增量（$\Delta\Phi_m>0$）与由外界势场引起的势能变化 $\Delta\Phi$ 满足平衡态？

当黑洞相对外界势场运动势能降低（$\Delta\Phi<0$），而黑洞自身势场膨胀引起的势能增加（$\Delta\Phi_m>0$），黑洞之间相撞是一件很困难的事。

特别是黑洞之间越相互接近，势能下跌越快，当然带来的黑洞势场相互影响，黑洞的势能梯度变大，黑洞自身势场膨胀相对增加，由自身势场膨胀引起的势能增量也增大，这种状态完全有可能阻滞黑洞的跌落，最后满足两个黑洞之间的机械能守恒运动，甚至不排除由于黑洞之间跌落速度过大引起黑洞之间的反弹。

即便没有黑洞自身势场膨胀引起的势能增量（$\Delta\Phi_m>0$），惯性定律"物质保持原有势能状态的性质"在发挥作用，黑洞质量很大，惯性也很大，黑洞的跌落原本就很困难，惯性与黑洞由自身势场膨胀引起的势能增量（$\Delta\Phi_m>0$）的相互结合，形成了黑洞相互之间拒绝跌落的现象。

当黑洞相互接近达到平衡，黑洞自身势场膨胀引起的势能增量 $\Delta\Phi_m>0$ 与 $\Delta\Phi<0$ 相互抵消，黑洞势场的分布几乎没有变化，势能梯度不变意味着场力不变，这个时候黑洞很稳定，黑洞附近的星系自发满足机械能守恒的公转轨道。

当黑洞相互远离（$\Delta\Phi>0$），与黑洞自身势场膨胀引起的势能增量（$\Delta\Phi_m>0$）相互叠加，黑洞的势能梯度或场力会降低，但黑洞附近的星系的势能往往跟不上黑洞势场的势能提高，星系将会跌落，因此黑洞将会疯狂地吞噬黑洞附近的星系。

以上这些时间并不是短期内能完成的，形成的黑洞不断地吞噬星系，又使得黑洞质量增大，势能梯度又变大，场力增强代表黑洞长大，接着又进入稳定时期。

黑洞星系之间也有类似于椭圆轨道的概念。宇宙黑洞星系之间并不是等距离圆周运动，这种远近周期变化将使得黑洞周而复始地狂吞与稳定交替进行。

但总体由于黑洞自身势场膨胀引起的势能增量（$\Delta\Phi_m>0$）不断进行着，黑洞星系之间也是相互退行。与磁场反转一样，黑洞的退行也不是匀减速，而是退行速度时慢时快，这种现象与黑洞星系之间的圆周运动结合，就形成了黑洞时而“暴怒”吞噬星系，时而稳定如湖水寂静，本质就是黑洞自身势场膨胀引起的势能增量 $\Delta\Phi_m$ 与 $\Delta\Phi$ 的相互影响作用。

其实 $\Delta\Phi_m$ 与 $\Delta\Phi$ 仅仅是相对而言的，通常星系质量较小，由势场膨胀引起的势能变化 $\Delta\Phi_m>0$ 可以忽略不计。

实际上人们对星系的计算都是满足机械能守恒的计算，公式就是万有引力定律，但引力常数是变量，引力常数与黑洞自身势场膨胀引起的势能增量（$\Delta\Phi_m>0$）息息相关，以上黑洞的周期运动实际就是由引力常数的变化引起的，由引力常数的分析可知，引力常数既是时间的函数，又是势场半径的函数，而黑洞之间的相互运动恰恰就是引力常数变化的原因，引力常数微不足道的变化就会引起黑洞暴怒与温和。

实际情况可能更加复杂，黑洞内部类似于宇宙初始状态，真空能密度极低，完全有可能使得黑洞势场视界内部真空能欠饱和。

宇宙中有大量的没有势场的微中子，当初产生这些微中子是因为宇宙初始时空的真空能过饱和。同理，当微中子遇到真空能欠饱和，就会逆向蒸发为“虚粒子”。

微中子进入到黑洞视界内部将有可能相变蒸发为“虚粒子”以弥补真空能密度过低，而“虚粒子”与引力质量有极大的斥力，这使得黑洞内部会有极大压力。如果压力过大，在黑洞内部产生的虚粒子就会被黑洞挤出，形成纯能态粒子喷出。

这些纯能态质能粒子射流从黑洞喷出，融入黑洞外界的膨胀时空又会继续衰变为正电荷、电子、γ 光子、各类射线、弱粒子、实物质粒子等，这些粒子积聚成团成为宇宙尘埃星云，从而产生新的星系，所以黑洞周围总是伴有大量的星云或星系。

其中一些弱作用粒子（暗物质）无法探测到，表现是会有宇宙质量的失踪。

要保证宇宙时空总体平均仍在膨胀，星系向黑洞的跌落过程必须释放大量时空膨胀度较大的粒子来平衡星系物质向黑洞跌落的时空收缩。

恒星向黑洞跌落势能降低,恒星物质为了保持原有势能状态,必然也会向宇宙抛洒大量时空膨胀度较大的粒子。星系向黑洞跌落过程应该有大量物质逃离黑洞,这是时空平衡所要求的,因此不排除星系向黑洞跌落有些物质可以逃离黑洞。所谓逃离就是许多物质的势能相对较高,远离黑洞,减缓跌落星系物质总和的平均势能降低程度。

但是如果星系密度超高,例如中子星(白矮星)或小型黑洞,星系本身半径很小或体积很小,而星系本身引力很大,体积效应就会降低很多。这时星系相对来说可以看成质点,只要星系绕黑洞的圆周速度达成引力平衡,这类致密度很高的星系在黑洞附近就可以生存而不被撕裂。

更重要的是时空高度收缩的星系本身膨胀力度也很大,势能升高相对较大,这些都造成这类高度收缩、体积很小的星系有可能逃离黑洞。

根据这个原理,黑洞附近可以有大量的尘埃,这些尘埃属于质点,惯性很小,可以随时调整自身的状态,围绕黑洞满足机械能守恒高速圆周运动,尘埃同样可以保证不跌落。

并且由热力学第二定律可知,由这些尘埃凝聚的高密度星系将会自动满足机械能守恒,所以如果黑洞附近如果存在运行稳定的高密度星系,这些星系一定不是外来跌落的星系。

所有这些都需要观察宇宙检验。

17 如何改变正、负电子的相对时空状态

本章结论：利用电子质心的短程引力可以改变电子相对正电荷的势能状态。

经典物理学很成功地论证了改变实物质的时空状态原理，利用运动可以改变实物质的势能高低，还可以利用实物质的集聚程度改变分子间的势能，例如截流阀制冷效应，所有这些都是利用分子势能的变化或时空伸缩的变化。

能不能利用以上两条原理改变正、负电子的相对时空状态，从而改变电子的运动状态？

万变不离其宗，时空的伸缩改变粒子的势能。

可以利用电子质心的短程引力将两个电子集聚在一起，例如两个电子重叠在一起，电子质心的短程力势场得到叠加，同时电子电场势能密度得到加强。

但这不能简单理解为数量叠加，它与实物质集聚势能密度降低具有同等概念，实际上是电子的时空收缩。

电子时空收缩相当于将电子向宇宙初始状态压缩，例如将电子压缩到宇宙初始极限状态就是宇宙初始时空的势能密度，这说明电子的集聚可以提高电子的势能。如果能改变电子的势能状态，而原子电荷的势能状态并没有改变，这就等于改变了正、负电子之间的相对时空状态，从而改变正、负电子之间的受力状态。

如果能直接测量电子在电子质心短程引力的受力，会发现电子所受重力要比电子在地表所受重力大得多，电子质心短程引力将有可能把两个电子拉在一起。

正、负电子之间微小的相对势能变化都将改变人们所熟悉的经典物理学概念。

当“电子对”的势能升高，“电子对”完全有可能脱离原子正电荷的束缚而成为自由“电子对”，这种自由“电子对”完全不同于原子势场中的自由电子。原子势场中的自由电子是受到正电荷引力的，因此外力拉动自由电子不但需要能量，而且自由电子由于受到正电荷的引力而消耗能量，外力必须持续给自由电子能量才能保持电子的有向运动。而自由“电子对”由于不受正电荷引力，没有损耗，一旦被外力加速运动，将永远保持运动，形成奇特的“超导体”效应。

当然电子质心的短程引力很弱，电子很容易逃脱电子质心短程力的束缚。

18 超 导 体

本章结论:超导体物质产生电子对是由于电子质心短程引力的作用,这个短程引力的本质是牛顿万有引力。

粒子产生磁场的充要条件是粒子相对场源必须有时空不平衡,同时粒子必须有定向运动。

电子在原子轨道中运动,如果电子达到时空平衡态,电子运动的轨道电流就不会产生磁场,否则就会产生轨道磁场,电子轨道磁矩实际就是分子磁畴的基础。

一般情况下,电子的轨道运动都不是时空平衡运动,电子都受到外力,所以电子运动的轨道电流会产生轨道磁矩。

电子自发状态下将向正电荷跌落,形成粒子碰撞,从而产生电阻,自由电子或离子的定向运动一般都产生电阻,因此无法维持无源定向运动。

电子受到组成物质的分子正电荷的引力,所以电子是靠运动达成引力平衡。由上节内容可知,自由"电子对"的势能相对被提高,不受正电荷引力,逻辑上自由"电子对"可以"悬浮"在分子之间势能最高的位置而不跌落。

"电子对"产生的电场场强不能简单用电荷数量的大小计算,这与黑洞的场力不能简单用引力质量与引力常数来计算一样,因为引力常数会随着时空收缩而增大,同理介电常数也会随着电子时空的高度压缩集聚变化而形成极大的场力。

这种堆积不能简单理解为积木堆积，而是电子势场时空的伸缩，代表介电常数的变化，这将造成由电子短程力积聚起来的“电子对”的电场场强要比通常电荷积木式集聚的场强大得多。

由此产生运动电荷的磁场要比集聚等量电荷的磁场强得多。

当给超低温超导体物质施加外磁场，这将使得超低温物质的时空状态发生变化，由惯性定律可知，物质反对时空的变化，超低温物质抵抗时空的变化的本质就是力图维持超低温物质原有的时空状态。

如果“悬浮”在分子之间势能最高的“电子对”不受力，“电子对”将会把自身的自旋磁场以相互抵消的方式组成自旋磁场为零的“电子对”，因此给超导体外加磁场会在超导体内部形成磁场为零的抗磁性。

超导体内部没有磁场，意味着“悬浮”在分子之间势能最高的“电子对”不受力，满足机械能守恒。

单电子就不具有这个特性，但单电子会利用运动产生的磁场抵消外加磁场，其惯性本质与自由“电子对” 自旋磁场为零的概念是一样的。

当给超低温物质撤销外磁场时，这实际相当于改变超导体的外界时空状态，“电子对”会自发产生定向运动，产生定向运动的目的是粒子力图抵御时空的变化。这时“电子对”作为一个独立的整体电荷与场源之间将会偏离不受力的“悬浮”状态，“电子对”有时空不平衡，“电子对”将受到外力。

因此“电子对”的自旋磁场可以根据需要加强，叠加形成自旋为 1 的“电子对”，因此“电子对”的自旋磁场与原子核的自旋磁场形成外力平衡，这种外力类似于地球与太阳之间的磁场力。

地球总是在时空平衡点附近震荡，但绝不会向太阳跌落，同理“电子对”的自旋磁场受到分子自旋磁场的作用，这就可以保证“电子对”组成的定向运动与分子正电荷达成受力平衡，逻辑上这与星系磁场之间的关系一样。

总结以上："电子对"势能相对比超导体分子正电荷的势能高而"悬浮"不会跌落，当"电子对"定向运动就会产生偏离"悬浮"状态的时空不平衡，这是定向运动"电子对"产生磁场的先决条件，这种时空不平衡引起的受力主要靠自旋磁场作用。所以电子在物质分子之间势能最高的位置做定向运动，这种运动使得"电子对"与分子或原子之间不存在碰撞，从而失去电阻，这样可以有效地保证"电子对"的无源定向运动。

超导体产生的磁场很强，按照经典物理学会误认为电流很大，实际"电子对"的场强要比两个独立自由电子的场强大得多：

$$\boldsymbol{B}=-\boldsymbol{u}_0\times\boldsymbol{f}_0'/(k_0c^2)$$

表达得很明确。如果仅仅是两个独立自由电子的场强，不仅场强$\boldsymbol{f}_0'$不变，$k_0\approx1$也不变，k_0是电场时间分布相对电子质心时间的快慢程度，势垒场半径越大k_0越小。

当"电子对"相对比电子的收缩度大，"电子对"的k_0值相对更小，磁场也更强。此外还有场强$\boldsymbol{f}_0$本身的增大，因此"电子对"产生的磁场要比同样速度的两个电子产生的磁场强，所以实际电流并不大。

19　粒子的时空结构种类

本章结论:宇宙包括场能粒子(光子)的不同时空结构物质粒子种类数只有4种。

宇宙中只有势阱与势垒这两类时空结构的粒子,而每一类时空结构的粒子有两种可能的质能形式,即实物质粒子引力势与纯能态质能或虚粒子,所以穷尽宇宙所有粒子的时空结构种类数

$$\Omega = 2^2 = 4$$

宇宙包括场能粒子(光子)的不同时空结构物质粒子种类数只有4种。

目前这四种粒子的时空结构全部被发现,实粒子与虚粒子,正、负电子对,包括各类光子以及暗物质。

20　反物质探讨

本章结论：低于电子质能的基本粒子不可能以可视的“粒子”的形式出现。

由“物质非无限可分”以及粒子的“质能是最基本质能单元的整数倍”的观点出发，光子的质能未必是最小质能单元，所以最基本质能单元应该很小，但组成实物质的最低质能单位不可能低于电子质量，因为由正、负电子的产生过程可以说明，微中子的最小质量不可能低于电子质量。

电荷的本质是电磁质量，电荷是人的定义，以表示电荷与引力质量物质的区别，仅此而已。所以电荷只不过是“质能”的不同表现形式之一，逻辑上电荷与实物质质能一样，也应该有最基本单位，这样必然带来一个问题，电子电荷量未必是最基本电荷量，可能还有分数电荷量。

同样原理，分数电荷低于正电子电荷数都变成伽马光子了，因此分数电荷不可能被发现。

正电子质心是“虚粒子”，从而形成极强的核子短程力，俗称正电荷，核子内的质子靠短程力结合在一起。如果对质子进行轰击，有可能将质子打破，或者说将正电核击碎，质子被击碎后应该能发现正电子中心的“虚粒子”。

“虚粒子”就是实物质粒子的反粒子，无论我们给这类反粒子取什么名字，例如所谓希格斯玻色子的上帝粒子，“不过是成千上万种自旋为零的质能形式的不同虚粒子之一”。

寻找夸克实际就是寻找核子短程力的原因，寻找正电子质心的“虚粒子”是否存在，所以夸克或西格玛波色子有可能存在。但这仅仅是四种不同时空结构的质能粒子之一，把众多自旋为零的质能形式的不同虚粒子之一种称为反物质的上帝粒子未免有点滑稽或夸大其词。

实验发现，时空是膨胀的。如果存在另一半反物质，反物质的时空形态与正物质的时空形态必然镜像对称相反，另一半反物质的时空是镜像对称收缩态，宇宙时空就不可能膨胀，这显然与实验不符。

从实验观察，真空能就是宇宙背景时空的势能，具有一定的透明度，因此“虚粒子”应该具有一定的透明度，考虑到高密度质能“虚粒子”对光子的折射作用，“虚粒子”积聚应该更暗淡一些。

宇宙时空膨胀就是真空能的膨胀，引力势阱与实物质同时产生，时空膨胀后实物质成为引力势阱的核，证明实物质的伸缩性很弱，具有一定的时空刚度。

而真空能的伸缩性很大，说明真空能具有一定的柔性。

因此“虚粒子”应该是具有一定柔性的物质。

“虚粒子”之间有极强的短程引力，因此“虚粒子”之间具有很大的黏性。

大量的“虚粒子”压缩集聚在一起很像一种黏性很强的液态胶体物质。

“虚粒子”是没有“静质量”的纯能态粒子，与之对应，能量是具有具体时空形态的有形物质，能量物质的时空具有相互镶嵌性以及时空可充填性。

我们之所以感觉不到能量的具体形态，是因为能量物质的时空具有相互镶嵌性、透明性，致使感觉不到真空能（暗能量）的相变与物质时空变化引起释放或吸收真空能的过程，但我们能发现质能守恒、机械能守恒、热一律等，所有这些守恒律均因具有具体时空形态的物质守恒。

实验可以发现“虚粒子”，说明“虚粒子”尽管自旋为零，但未必是可以无限收缩为时空奇点的粒子。

可以由此大致分析实物质在宇宙初始的特性：

实物质物质在宇宙初始类似于迷你黑洞，具有很强的短程引力，对光子不具有反射性，因此宇宙初始物质的黏度很高，并且很暗淡，相对“虚粒子”而言有一定的刚度。

如果让同类实物质达到光速碰撞，必然具有以上“虚粒子”或宇宙初始引力物质的特性之一。

21 宇宙的过去与未来

本章结论:宇宙不存在时空奇点概念,宇宙时空没有始终。

在较大时间跨度,实物质自发状态是时空膨胀,而虚粒子是时空收缩。

宇宙初始的实物质集中在宇宙初始不大的空间内,所以宇宙初始有可能是无数弥散的微型黑洞或收敛为一个巨大的黑洞,黑洞是实物质,实物质不具有时空镶嵌性,不可能收缩为时空奇点。

注意宇宙初始的实物质黑洞密度应该比通常所说的黑洞密度大得多,即便今天,这种密度奇大的黑洞仍可能存在。

如果让宇宙初始实物质密度极高的时空继续收缩,除非宇宙初始黑洞之前是自旋为零的波色子——虚粒子。

综合以上分析,宇宙初始出现实物质粒子之前应该是一个虚粒子纯能态物质,由于虚粒子是时空收缩,宇宙初始时空很像一种黏性很强的胶体物质,因此宇宙初始不可能是气态的光子场,而是宇宙初始纯能态黑暗期。

虚粒子未必可以收缩为时空奇点,宇宙初始可能不是时空奇点。

宇宙初始点不过是一个质能极大的纯能态物质,纯能态物质与微观虚粒子没有任何区别,这个质能极大的纯能态物质有可能是更大宇宙的一个虚粒子,因此无法确定宇宙是有限的,我们这个宇宙之外可能还有更大的宇宙。

这个质能巨大的纯能态物质由于时空收缩达到过饱和而发生相变，并由此产生各类粒子，所以宇宙初始是质能密度巨大的纯能态物质相变为实物质的过程。

无论宇宙初始是巨大的黑洞或是巨大的纯能态物质，都是时空梯度极大，时空不平衡达到最大的高度有序的能量状态，熵值最低，具有熵增最大的条件。

宇宙时间越早，时空收缩度越大，星系引力常数越大，所以星系越早质量集聚度越大，行星形成速度比现在快得多。

随着时间的流逝，时空膨胀度越来越大，引力越来越小，所以星系集聚度越来越小，行星形成速度越来越慢。

只要有引力势存在，宇宙将永远膨胀。但物质并非无限可分，存在最小质能单元的实物质，随着宇宙膨胀弱作用粒子逐步增多，最小质能单元的实物质将会占据宇宙主角，宇宙最终将在最小质能的实物质单元的粒子场中。

由于这些最小实物质粒子不可能再分解为更小的实物质，根据只要有引力势存在时空膨胀就不会停止的原则，最终将使这些实物质的真空能密度达到最低。使最小实物质粒子达到真空能欠饱和，相变为“虚粒子”。宇宙所有物质都是“虚粒子”，只不过是真空能背景下的“虚粒子”。

由式 $\rho(\infty)<\rho(\infty)'$ 可知，在较大时间跨度，宇宙背景时空的势能是降低的，势能密度降低。所以在实物质都转变虚粒子状态下的初期，宇宙的平均势能密度达到最低极限。

当宇宙平均势能密度达到最低极限，宇宙时空开始收缩，那时看到的是与现在正好相反的情景，虚粒子不断相聚，虚粒子高度集中可以称为白洞，白洞与白洞之间不断合并，实物质成少数粒子，宇宙不断收缩，最终再次收缩为宇宙初始状态。

如果把“虚粒子”定义为反物质，宇宙空间被实物质与反物质分时占有，实物质为主时，宇宙时空膨胀；反物质“虚粒子”为主时，宇宙时空收缩。

所以不可能出现正物质(有静质量)、反物质(无静质量)各占一半的宇宙时空。宇宙时空应该被正、反物质分时占有,宇宙时空在收缩与膨胀的循环中。

本宇宙之外应该有更大的宇宙,所以宇宙是无限的,时空没有始终,不存在宇宙始点与终点。

22 总　　结

· 物质归结为三大类：

(1) 宇宙以真空能(暗能量)背景为主,实物质仅占一少部分。

(2) 实物质世界以时空膨胀为主。

(3) "虚粒子"是宇宙真空能背景的凝聚态,时空收缩是虚粒子的本性,所以"虚粒子"是短程力。

· 微观作用力与宏观引力都是真空能梯度力,仅仅是梯度的大小与方向不同,形成了斥力与引力,物质势场势能的凝聚态不同形成了短程力与长程力。

· 物质的时空不平衡度决定物质的运动状态,外力是时空不平衡度的度量。

· 实、虚粒子(正、负电子)互为反粒子。

· 时空的视光速是可变的。

· 不可能出现正、反物质各占一半的宇宙时空,宇宙空间被正引力实物质与反物质分时占有。

· 本宇宙的膨胀与收缩是震荡的,本宇宙之外可能还有更大的宇宙。

后　记

本册重点是围绕物质的产生展开的讨论，实际就是质能转换。

本册的论证话题有两个：一个是引力常数到底是怎么回事？一个是正、负电子互为反粒子状态是怎么回事？

证明过程是严格按照很经典的物理与几何数学概念，只不过加进了相对时空的思想，证明的结果与经典物理学完全一致。

而正、负电子互为反粒子状态原本应该与产生粒子的质能转换有关，宇宙中有多少种质能形势？本册实际就是在质能转换中寻找反物质的概念。

如果粒子的产生都源于同一种质能，那么反粒子的概念到底是什么？宇宙有反物质吗？

最起码能在正、负电子的湮没中找到反粒子的蛛丝马迹，而不是毫无逻辑地猜测与遐想，这就是本册的主题思想。

经典物理学中的相对论·第3册

经典物理学中的相对论

——热二律在相对时空中的应用

王音光　著

中国矿业大学出版社

图书在版编目(CIP)数据

经典物理学中的相对论:全5册 / 王音光著. — 徐州 : 中国矿业大学出版社，2019.1

ISBN 978-7-5646-4228-0

Ⅰ.①经…　Ⅱ.①王…　Ⅲ.①相对论—研究　Ⅳ.①O412.1

中国版本图书馆CIP数据核字(2018)第254496号

书　　名　经典物理学中的相对论·第3册

著　　者　王音光

责任编辑　张　岩

出版发行　中国矿业大学出版社有限责任公司

(江苏省徐州市解放南路　邮编221008)

营销热线　(0516)83884103　83885105

出版服务　(0516)83995789　83884920

网　　址　http://www.cumtp.com　**E-mail**:cumtpvip@cumtp.com

印　　刷　江苏凤凰数码印务有限公司

开　　本　880×1230　1/32　**总印张** 13.875　**总字数** 361千字

版次印次　2019年1月第1版　2019年1月第1次印刷

总 定 价　68.00元

前　言

作者曾在郑州大学出版社出版《经典物理学中的相对论》。该书是从逻辑演绎与同一律性观点系统地论证了相对论的有关问题。图书出版后，经过反复思考，认为有必要将书中的重点内容做单独分析，这样既便于理解，又通俗易懂，较适合高中及以上的物理爱好者阅读，遂成此书。

在本书中，读者会发现，将相对时空理论直接代入经典物理学后非常自洽，自洽到令人难以置信的程度，充分展现了物理与数学相结合的魅力。

《经典物理学中的相对论·第1册》介绍了相对论四维时空的出处，逻辑演绎出相对论的观点，并从中发现相对论的问题，使读者对相对论与经典物理学的交集有明确的认识，特别是对物质波概念不太熟悉的爱好者，通过此书能获得物质波的概念；同时把经典物理学的速度叠加的定义域扩展到光速，并首次准确地得出定义域涵盖光速的相对动能公式。

《经典物理学中的相对论·第2册》由经典物理学出发，直接将相对时空引入经典物理学，逻辑演绎出相对论的动钟观点，证明从低速到高速的尺缩公式，并从中发现相对论关于动钟慢的问题，证明了质能守恒概念与质能转换的物理意义，揭示出机械能守恒的物理概念，推理出引力势的时钟场概念，特别是对牛顿惯性定律的本质给出相对时空的惯性意义，并从中发现时空的物质性具有可视性。

《经典物理学中的相对论·第3册》逻辑演绎出相对时空的热力学第二定律的物理本质，特别是对地球现在的状态进行了论证，

揭示出磁场反转的物理概念。并从经典物理学中科氏力的物理概念出发，在相对时空中证明磁场，从中寻找磁场的物理意义。

《经典物理学中的相对论·第4册》利用已知的经典物理学的基础理论寻找宇宙初始产生物质的逻辑过程。这个过程会充分激发读者的逻辑演绎思维，从中发现宇宙初始时间与物质的演变过程。证明过程中顺便对引力常数进行了证明，论证了引力常数的演化过程，并计算飞出太阳系的探测器的有关问题。这是纯粹的逻辑演绎，将引发更多人重新反思过去的知识哪些更准确。

《经典物理学中的相对论·第5册》对经典物理学的磁场进行了解剖，能感受到电磁场与牛顿力学实际上是从不同的角度观察同一现象。并对相对时空多普勒效应进行了论证，尽管方法与相对论一致，但仍有新的观点。

以上证明过程并没有新的概念，仅仅是把经典物理学带入相对时空得到的结果，但内容不仅证明了经典物理学众所周知的有关定律与定理，而且已经把广义相对论证明的时空伸缩以及质能转换概念涵盖进去。这说明经典物理学更严密精确，由此得到的相对时空概念更容易被物理爱好者理解。经典物理学的待挖掘潜力很大，一定还存在更深奥的规律等待人们去探索。

本书试图用经典物理学的基本概念和原理证明相对论，与相对论有交集，但对相对论没有涉及的部分部分也做出了更合理的解释。

本书的出版得到了家人、专家、学者、物理爱好者、出版社编辑等的支持和帮助，在此向他们表示最衷心的感谢！

在本书的编写和出版过程中，笔者虽然做了很大努力，但因水平有限，加之编写时间仓促，书中难免存在疏漏和不妥之处，恳请读者来信批评指正(邮箱 wyg5412@163.com)。

王音光

2017年11月

目　录

1 热力学第二定律的本质是什么?

本章结论:热力学第二定律(简称为热二律)的本质是物质之间力图自发向保持时钟快慢一致的方向发展,导致孤立系统自发朝着平衡态发展。

为什么卫星只要减速或卫星动钟比满足引力平衡的失重动钟慢就跌落?

为什么卫星只要加速或卫星动钟比满足引力平衡的失重时钟快就飞得更高?

为什么不满足失重速度的卫星会调整轨道自发朝着引力平衡状态的轨道方向发展?

根据热力学第二定律:孤立系统将自发朝着平衡态发展。

如果把卫星与地球看成孤立系统,以上不满足机械能守恒的卫星自发调整轨道行为的本质是什么?当然外在形式就是引力与惯性力平衡,这是典型的力学平衡概念,符合孤立系统自发向平衡态发展的要求。

《经典物理学中的相对论·第2册》已经推出引力势的时钟场概念,因地球引力势轨道高度不同,每一个轨道都有确定的时间快慢,所以地球引力势是时钟场,时钟的快慢不同对应不同半径的引力势能。地球引力势时钟场与具体的物理时钟没有关系,是引力势的固有时空特性,这个固有时间快慢特性被定义为势能,所以势能高低与引力势时钟的快慢是同义词。

卫星的物理时钟是具体的可视时钟，卫星时钟的快慢并不依赖于引力势时钟场，可以通过调整卫星速度来调整卫星时钟的快慢。

虽然卫星的时钟快慢是独立的，但是一旦卫星的时钟快慢被确定，卫星的轨道高低就不能随意改变，卫星会根据自身时钟快慢把卫星轨道自发调整到与引力势时钟场对应半径轨道的固有时间快慢一致，使得卫星可视的物理时钟快慢与引力势轨道半径的固有时钟快慢保持一致，从而达成时间快慢平衡，表现就是引力平衡，也称机械能守恒。

引力势半径越小，引力势固有时间越慢，所以动系的跌势越大或重力越大，代表动系的时间相对比外界引力势的固有时间越慢。

若地表动钟比地表引力势固有的时间慢，动钟力图与引力势固有时钟的快慢达成一致，所以有向地心跌落的趋势。这与卫星跌落类似，人称重力。

时钟的时间越慢跌落趋势越大，重力越大。

热力学第二定律的本质是什么？宇宙只有时间与空间，没有其他。人类定义的所谓热力学第二定律只是人类定义的各种自然律名词之一。物质的万有引力场就是物质的固有时钟场，卫星轨道本质是动系与外界势场之间力图保持时钟快慢一致。

所以热力学第二定律的本质是“物质之间力图自发向保持时钟快慢一致的方向发展”，导致孤立系统自发朝着平衡态发展。

由《经典物理学中的相对论・第 2 册》可知，物质势场具有时间快慢的梯度，本质是真空能物质密度梯度。宇宙中的物质密度或能量梯度等本身就是不均匀度，按照热力学第二定律的观点，自发状态中自然界各类不均匀度将会减弱，引力势梯度将会越来越小，代表引力将越来越小。因此地球的重力也将越来越小，磁场也越来越弱。

物质势场的势能分布与时间快慢的分布是同义词，能量守恒是时间相对快慢变化的守恒。给系统输入能量是输入时间的相对加快程度,消耗能量是减慢系统的相对时间,储存能量就是把时间的快慢储存起来。

例如相对动能虽然改变了动系的时间相对快慢,但并不消耗时间的快慢,最终可以把系统的时间转换为系统的最高势能。

时间的均匀化是热力学第二定律的最终发展方向,表现为宇宙势场的势能都将向均匀方向发展。没有时间概念就没有能量概念,时间有始有终观点不具有逻辑客观性——宇宙初始没有时间,能量从哪里来?时间结束能量向何处去?

所以热力学第二定律的另一种观点是能量的品质不守恒,有势能差的能量才具有做功能力。热力学第二定律的物理含义是宇宙自发向能量品质降低的方向发展,例如宇宙物质势场的势能均匀化就是发展方向。

时间的均匀分布代表能量永存,但势能均匀分布使得能量无法做功。

但若没有时间,所有这一切都无法进行,最后连能量都没有了,何谈宇宙终将时间均匀化?

所以时间有始有终观点以及时间停滞概念都不符合热力学第二定律,用热力学第二定律的观点解释时间应该是:宇宙初始产生极大的时间不均匀或最高的势能差,并最终向均匀时间分布发展或势能均匀分布的宇宙发展。近代物理涉及的时间始终概念以及时空奇点概念,包括时间的停滞概念,都不符合热力学第二定律。

自然界碰到的一切自发朝平衡态方向发展的最终目的就是力图达成物质间的时钟快慢一致,为了这个目的产生了热力学第二定律。

2 证明热力学第二定律

本章结论：自发状态下功的流动方向一定是从高势能系统流向低势能系统。

热力学第二定律是经典物理学最引人注目的实验定律，一直到今天都在有人力图推理热力学第二定律，但都归于失败。因为在推理过程必须再设一个新的定律，总定律数目并没有减少，这种推理毫无意义。

本章力图经过严密的推理及其论证，希望能够发现热力学第二定律更深层次的本质。

选取地球引力势无穷远为势能零点，如果动系初始动能 $E_k \neq 0$，由经典物理学满足机械能守恒的方程为

$$A = \Delta E_k' + \Phi$$

A＝常数＝0 是动系在无穷远的初始条件。$\Delta E_k'$代表动系相对无穷远的动能增量，逻辑上不能认为初始动能为零。

一般取动系在无穷远势能零点的动能 $E_k = 0$，$\Delta E_k' = E_k$，所以 $A = E_0$＝常数＝0，且

$$E_k + \Phi = 0$$

在经典物理学中通常取无穷远为势能零点 $\Phi = 0$，当动系在外界势场运动满足机械能守恒 $E_k + \Phi = 0$，动系在势能零点的相对动能必然满足 $E_k = 0$，这实际就是动系运动的初始条件，但逻辑上动系的初始动能可以不为零 $E_k \neq 0$。

实际上物质由于受力而跌落，从无穷远点开始跌落过程 $E_0 = A \neq$ 常数，所以

$$E_0 = E_k + \Phi$$

如果初始动能不为零

$$E_0 = \Delta E_k' + \Phi \tag{2-1}$$

为什么 $E_0 = A \neq$ 常数？对上式求增量就可以看出

$$\Delta E_0 = W_0 = \Delta E_k + \Delta\Phi \tag{2-2}$$

$\Delta E_0 = W_0 = F \cdot \Delta r$ 代表在自发状态下外界对系统的做功，若动能增量与势能增量之和不等于零，外界对系统做功 W_0。

如果 $\Delta E_k + \Delta\Phi = 0$，代表动系的时间与引力势的时间快慢一样，也只有这种状态才满足 $\Delta E_0 = 0$，所以外力做功 W_0 实际就是系统与外界势场的时间不平衡度 E_0 的增量。

动系的动能增量 $\Delta E_k = -\Delta\Phi_m$，所以 $E_0 = E_k + \Phi = -\Phi_m + \Phi$，动系的势能 Φ_m 与引力势的势能 Φ 不一致，或者动系的时间与动系所在引力势轨道的固有时间不一致，动系的运动过程一定不满足机械能守恒，这实际就是重力产生的原因。

由 $E_0 - \Phi = E_k$ 可得

$$\begin{aligned}(E_0 - \Phi)/E_k &= E_0/E_k - \Phi/E_k \\ &= -S + P = 1\end{aligned}$$

令 E_0 与动系动能 E_k 的比值

$$S = -E_0/E_k$$

同理可得

$$P = -\Phi/E_k$$

如果初始动能 $E_k \neq 0$

$$S = -E_0/\Delta E_k' \tag{2-3}$$

在初始动能 $A = 0$ 且动系失重状态下，满足时空平衡态，动能增量与势能增量满足机械能守恒，$S = 0$

$$P = -\Phi/E_k = 1$$

只有当 $S \neq 0$，外界才有可能从系统获取或输出功量 $\Delta E_0 = F \cdot$

Δr，显然 S 与系统的做功能力有关。

定义功函数

$$S = -E_0/E_k$$

S 为系统功函数或做功能力，E_0 实际是系统相对外界的时空不平衡度。

由功函数 $S = -E_0/E_k$ 可得微分增量

$$\begin{aligned}\Delta S &= E_0 \cdot \Delta E_k/E_k{}^2 - \Delta E_0/E_k \\ &= -\Delta E_0/E_k - S \cdot \Delta E_k/E_k \\ &= -(W_0 + S \cdot \Delta E_k)/E_k \end{aligned} \tag{2-4}$$

如果初始动能不为零即 $E_k \neq 0$，由 $\Delta E_0 = W_0$ 通过简单计算可得

$$\Delta S = -[W_0 + S \cdot (\Delta E_k)]/\Delta E_k{}' \tag{2-5}$$

在实际应用中，设为初始势能零点的初始动能不为零的情况很常见。

S 代表系统偏离平衡态的指标，也代表系统相对外界的做功能力，ΔS 代表做功能力的变化。

举个特例看功函数 S 以及 ΔS 的物理意义。当星系跌落时，星系因动能增量 ΔE_k 引起的高温高压，动系将会通过辐射的形式与外界交换，因此外界给动系输入功 W_0 的时候，还会有一部分 $S \cdot \Delta E_k$ 返还给外界。所以 $W_0 + S \cdot \Delta E_k$ 是动系跌落过程与外界交换功的总和。通常因动能增量 ΔE_k 引起的功损 $S \cdot \Delta E_k$ 很小，可以忽略不计。

如果不把动系与外界的摩擦阻力看成外力，可以从外界对动系的外力中把摩擦阻力分离出来，动系与外界的摩擦功 ω 合并到功损中

$$W' = \omega + S \cdot \Delta E_k = S' \cdot \Delta E_k$$

$$S' = S + \omega/\Delta E_k$$

这样 W_0 主要指外界输入的有用功，而 W' 是动系返还给外界的无用功。以下将不加区分地统一使用 S，S 包括功损部分 $\omega/\Delta E_k$。

例如外界发射火箭做功 $\Delta E_0=W_0$，动系可获得的最大高度势能增量

$$W_0=\Delta\Phi_{max}$$

由 $W_0+S\cdot\Delta E_k$ 可知，当 $S\neq0$ 时，动系可能获得的最大势能增量 $\Delta\Phi_m=W_0+W'$ 由两部分组成，其中 $W'=S\cdot\Delta E_k$ 是相对动能变化 ΔE_k 引起动系与外界的能量交换，例如摩擦阻力。注意这里已经包含 ω。

因此 $W_0+S\cdot\Delta E_k$ 是动系与外界交换的总功量，动系可能获得的最大势能增量

$$\Delta\Phi_m=W_0+S\cdot\Delta E_k\neq\Delta\Phi_{max}$$

所有这些都将影响动系的做功能力。

因此 $S\cdot\Delta E_k=W'$ 代表动系动能增量引起的与外界交换的功量，这是大家最熟悉的一种状态。在机械能守恒状态下，$\Delta S=0$ 代表动系与外界没有能量交换，动系原有的做功能力不变。

动系与外界功交换总和为 $\Delta E_0+S\cdot\Delta E_k$，所以功函数增量

$$\Delta S=-(W_0+S\cdot\Delta E_k)/E_k=-(W_0+W')/E_k$$

设定势能零点，动系相对势能零点的相对动能 $E_k=-\Phi_m$。同样道理，在动系的势能零点，动系的势能 Φ_m 与外界的势能 Φ 也不一致，但可以将动系的势能 Φ_m 设为势能零点，外界在该点的势能肯定就不能是势能零点。

所以

$$\begin{cases}\Delta S=(W_0+W')/\Phi_m=W/\Phi_m\\ W=\Delta\Phi_m=\Delta\Phi_{max}+\Delta\Phi_m{}'\\ W'=\Delta\Phi_m{}'=S\cdot\Delta E_k\end{cases}\tag{2-6}$$

其中，$\Delta\Phi_{max}$ 是外力给动系做功带来的最大势能增量，$\Delta\Phi_m{}'$ 是由于各种功损丧失的势能增量。

Φ_m 是动系相对势能零点的势能，由《经典物理学中的相对论·第 2 册》知道，动系势能 Φ_m 是动钟相对快慢的同义词，是比较

物质之间时间快慢或势能高低的基本自然量。

当动系获得能量 W，动系的势能增加 $W=\Delta\Phi_m>0$，$\Delta\Phi_m'=S\cdot\Delta E_k$ 是相对动能增量带来的势能增量，在许多情况下直接用动系的势能增量 $\Delta\Phi_m$ 更方便。

如果初始动能不为零，并以外界势能零点设物质初始势能 $\Phi_m=0$，通过简单计算同样可得功函数增量形式 $\Delta S=W/\Phi_m$ 不变。

动系与外界交换功，必然使动系与外界都有各自的功函数增量。为区别动系与外界的功函数增量，设动系的势能为 Φ_m'，动系的功函数为 S'，动系功函数增量

$$\Delta S'=W/\Phi_m'$$

可以看出，若动系相对外界有时空不平衡即 $S'\neq 0$，系统功函数增量

$$\Delta S'=W/\Phi_m'\neq 0$$

系统与外界进行功交换，外界同样有功函数增量

$$\Delta S''=W''/\Phi_m''\neq 0$$

其中，Φ_m'' 是外界势场的势能，W'' 是外界与动系的交换功。

系统与外界是互为相对关系，系统与外界的交换功量 W 大小相等，流向相反，动系与外界的交换功满足 $W''=-W$。

动系与外界构成孤立系统，孤立系统与外界没有能量交换。

由计算可知，若动系与外界没有功的交换 $W''=-W=0$，或动系满足机械能守恒，动系获得的能量 W 正好是外界势场的势能降低量 W，满足 $W''=-W$。同时动系的势能正好等于外界势能 $\Phi_m=\Phi$，孤立系统功函数增量

$$\Delta S=\Delta S'+\Delta S''=W/\Phi_m-W/\Phi_m=0$$

所以孤立系统满足 $\Delta S=0$ 必须满足两个条件，一个是孤立系统内部满足机械能守恒，一个是孤立系统内部之间没有能量交换。

无论是机械能守恒系统还是孤立系统内部之间，都没有能量交换，都是平衡态。例如动系在引力场中平衡，动系将维持在引力

平衡状态而不跌落。

孤立系统内部之间没有能量交换，也是平衡态，例如温度场、密度梯度场等系统内部都有能量交换或质能流动，都是不平衡态。如果均匀温度场或均匀密度场，系统内部没有能量交换或质能流动，肯定属于平衡态。

所以系统与外界保持平衡状态的充要条件是

$$\Delta S=\Delta S''+\Delta S'=0$$

$\Delta S=\Delta S''+\Delta S'$是系统与外界构成孤立系统的功函数增量，系统与外界构成的孤立系统的功函数增量为零，代表孤立系统没有做功能力。

若系统与外界在自发过程中不保持时空平衡，必然 $\Delta S=\Delta S''+\Delta S'\neq 0$，系统的势能为 Φ_{m}'，外界的势能为 Φ_{m}''，热力学规定系统获得功量为正功，系统失去功量为负功，自发状态下总是势能高的系统向势能低的系统输出能量。

在《经典物理学中的相对论·第 2 册》中证明惯性定律的本质是“物质保持原有时钟状态的性质叫惯性”，而动系的势能 Φ_{m} 代表动系的时间相对快慢，所以“物质保持原有势能 Φ_{m} 状态的性质叫惯性”，与上述论述是一个意思。

自发状态下动系抑制动系势能的变化，所以动系在外界势场中的势能降低幅度$|\Delta\Phi_{\mathrm{m}}|$一定不可能超过外界势场的势能降低幅度$|\Delta\Phi|$，即

$$|\Delta\Phi_{\mathrm{m}}|\leqslant|\Delta\Phi|$$

由 $\Delta E_{\mathrm{k}}=-\Delta\Phi_{\mathrm{m}}$ 可知，动系的动能低于外界势场的势能降低量，惯性定律使得动系在自发状态下跌落根本不可能满足机械能守恒，动系受到向势能降低方向的外力，外力拽着动系跌落，并且外力对动系的做功 $W_0\geqslant 0$。

设外界初始势能为势能零点 $\Delta\Phi=\Phi$，令 Φ_0 与 Φ_{m} 分别为系统的初始势能与跌落过程的势能，注意动系的初始势能 Φ_0 与外

界并不必须一致。将 $W_0 \geqslant 0$ 与 $\Delta E_k = -\Delta \Phi_m$ 代入式(2-2)

$$W_0 = \Phi - \Delta \Phi_m \geqslant 0$$

或

$$\Delta \Phi_m = \Phi_m - \Phi_0 \leqslant \Phi$$

上式只有保证 $\Phi_0 < 0$,即 $\Phi_m < \Phi$ 才能跌落。

动系初始状态的势能 Φ_0 低于外界势能 Φ,动系才能跌落,人们看到的重力或星系跌落都是这个原因。

如果动系初始满足 $\Phi_0 = \Phi = 0$,动系满足机械能守恒,何谈跌落?

所以自发状态下动系的势能一定满足 $\Phi_m < \Phi$,这是由惯性定律确定的。

所以自发状态下总是势能高的系统 Φ 向势能低的系统 Φ_m 输出能量,$W_0 \geqslant 0$,这是自发状态下惯性定律结合能量转换的必然结果。

假设动系获得正功 $W_0 \geqslant 0$,外界势场 Φ_m'' 必定满足 $\Phi_m'' > \Phi_m'$,动系与外界构成孤立系统的功函数满足

$$\Delta S = \Delta S'' + \Delta S' = W(1/\Phi_m' - 1/\Phi_m'') > 0$$

结合孤立系统平衡态 $\Delta S = \Delta S'' + \Delta S' = 0$ 可得

$$\Delta S = \Delta S'' + \Delta S' = W(1/\Phi_m' - 1/\Phi_m'') \geqslant 0 \qquad (2\text{-}7)$$

即孤立系统的功函数总是自发达到最大值。上式恰恰是热力学第二定律的物理意义,所以系统的功函数 S 就是系统的熵。

举一个众所周知的实例。地表动系在自发状态下将会自动跌落,设动系的相对动能为 E_k,动系的相对势能为 Φ_m,外界地表静系的相对势能为 Φ_0,当动系作为打夯的夯块触及地面,动系动能的变化变成对外界的做功而不是动系的势能变化

$$W = -\Delta E_k > 0$$

动系与外界的交换功为 $W = |\Delta E_k|$,因 $\Delta E_k < 0$ 代表动系对外做功,所以动系的熵增 $\Delta S' = -W/\Phi_m$。

同理,地表获得的功 $W = |\Delta E_k|$,所以地表的熵增 $\Delta S'' = W/\Phi_0$。

由式(2-7)可得

$$\Delta S=W(1/\Phi_m{}'-1/\Phi_m{}'')=W(\Phi_m-\Phi_0)/(\Phi_0\cdot\Phi_m)\geqslant 0$$

注意,在这里 $\Phi_m-\Phi_0=-\Delta\Phi_m\neq\Delta E_k$,原因是有一部分功变成了动系的压缩功,外力的压缩功同样可使动系的势能发生变化,动系动能增量转化为对外界做功。

很显然 $\Phi_m-\Phi_0\geqslant 0$,即撞击瞬间在地表同一高度,动系的势能 Φ_m 必须高于地表静系的势能 Φ_0,即自发状态下功流方向总是从高势能向低势能方向流动,这是动系自发状态向外界做功的充要条件。这其实是常识。

注意 Φ_m 是动系碰撞前瞬间失重状态的势能,而 Φ_0 是外界与动系同高度受重力的势能,从动系动能释放到静止的全过程,一直到动系静止受到重力,动系的势能 Φ_m 转换为静止的势能 Φ_0,$\Delta S=W(\Phi_m-\Phi_0)/(\Phi_0\cdot\Phi_m)\geqslant 0$ 都满足,失重状态下的势能 $\Phi_m-\Phi_0>0$。关于这个问题,将在后面有关章节专门讨论。

但以上过程却无法用在平动的动系上。与重力打夯不同,平动动能正好满足

$$\Delta\Phi_m=\Phi_0-\Phi_m=-\Delta E_k$$

由 $\Delta\Phi_m=\Phi_0-\Phi_m=-\Delta E_k\geqslant 0$,满足动系 $\Delta E_k<0$ 的条件,但 $\Phi_0-\Phi_m>0$,即动系的时间相对比静系慢,与狭义相对论吻合。

出现这种状况是因为是人们根本就无法确定动系的真实动能与势能,原因见后。

以上证明把热力学第二定律推到定理的地位,并得到热力学第二定律真正的物理含义。

注意以上证明过程,如果没有"物质保持原有势能 Φ_m 状态的性质叫惯性",热力学定律永远是实验定律,不可能推理出来,因为无法证明自发状态下总是由势能高的系统 Φ 向势能低的系统 Φ_m 输出能量,而本节没有任何假设,直接证明了热力学第二定律,把热力学第二定律推到定理的位置。

3 物质间的受力由物质之间时空不平衡态确定

本章结论：物质自发状态的受力或运动状态的本质，是物质势能 Φ_m 具有力图自发向外界势场势能 Φ 一致的方向发展的趋势。

物理学最靓丽的研究就是利用物质间的受力辨别不同的粒子，人们通过粒子的运动状态判断粒子的受力，并对不同力学特性的粒子给予不同的定义。

由经典物理学，粒子之间受力代表粒子之间处于不平衡态，不平衡态的本质是什么？这种不平衡态为什么可以造成粒子的运动？

由相对时空的热力学第二定律“物质之间力图自发向保持时钟快慢一致的方向发展”，由于物质与外界势场之间的时间相对快慢不一样，物质时钟具有力图自发向着与外界势场快慢一致的方向发展。

物质与外界势场之间的时间相对快慢可以用物质的势能 Φ_m 相对外界势场势能 Φ 的高低表示，因此物质势能 Φ_m 具有力图自发向着与外界势场势能 Φ 一致的方向发展。

物体受到重力，是因为物体的势能 Φ_m 相对比外界引力势的势能 Φ 低，物体具有力图向外界势能更低的方向运动的趋势以达成与外界的势能一致。

没有静质量的“虚粒子”之所以与实物质是斥力，是因为“虚粒子”的势能 Φ_m 高于外界引力势的势能 Φ，因此“虚粒子”具有向外界势场势能高的方向运动，引力势是半径越大势能越高，所以“虚粒子”向引力势半径增大的方向运动，这就是“虚粒子”与实物质之间是斥力的原因。

“虚粒子”之间是引力也是同样的原因，“虚粒子”越往势场中心势能越高，所以虚粒子逻辑上可以“长大”。

但是今天引力势的势能相对“虚粒子”的势能都很低，“虚粒子”与外界的势能差很大，如果“虚粒子”质能增加，“虚粒子”密度将更大，“虚粒子”的势能 Φ_m 将比外界势场的势能 Φ 更高，更不稳定，所以在今天的宇宙“虚粒子”通常不可能“长大”。

“虚粒子”的势能 Φ_m 比外界势场势能 Φ 高，自发状态下总是由势能高的系统向势能低的系统输出能量，所以“虚粒子”不可能从外界势场获得能量。

“虚粒子”向外界输出能量成为唯一选择，“虚粒子”将会衰变成伽马光子或实体物质以及质能更小的粒子供给外界，所以“虚粒子”不稳定。

“虚粒子”不稳定是因为“虚粒子”与外界的势能差很大，改变“虚粒子”的外界环境，降低“虚粒子”与外界的势能差，就可以提高“虚粒子”寿命。在强电场的负极或强磁场中有可能提高“虚粒子”的寿命。由上节分析，自发状态下总是势能高的系统向势能低的系统输出能量，因此“虚粒子”不可能从外界自发获得能量被加速，另外由惯性定律“物质具有保持势能状态的性质”，因此质能较大的“虚粒子”很难通过速度改变自己的势能 Φ_m，因此“虚粒子”的唯一出路就是衰变。

但质能较小的“虚粒子”可以自发提高自己的相对动能，相对动能可以降低势能，从而提高“虚粒子”的稳定度。光子就是这种“虚粒子”。光子都是匀速运动的，并始终与外界势场保持一致，所以光子很稳定。

所有这些运动规律都是热力学第二定律与惯性定律相互制约形成的。

因此不能简单根据力的定义寻找反物质,物质与反物质不能由斥力与引力确定。时空状态的镜像反对称就是反物质。

4　时空膨胀机理、势能梯度、力程与场力

本章结论：物质的膨胀度确定物质的力程与场力大小，引力势具有从高势能区向低势能区的能流。

热力学第二定律的本质是物质之间力图自发向保持时钟快慢一致的方向发展，导致孤立系统自发朝着平衡态发展。

引力势时空是由势能 Φ 不同的球壳连续衔接的球形时空场，相邻壳层之间势能 Φ 不同代表相邻壳层之间的固有时间快慢不同，由热力学第二定律可知，物质之间力图自发向保持时钟快慢一致的方向发展，引力势时空同样应该具有自发朝着时间快慢一致的方向发展的趋势。

不同球壳之间的真空能密度不同，形成能量密度梯度，外在效应就是势能梯度 $F_0=\mathrm{d}\Phi/\mathrm{d}r$，人们把势能梯度称作场力 F_0。

由热力学第二定律可知，凡密度不均匀都属于非平衡态，将自发向着平衡态发展。

星系势场无穷远的势能最高意味着真空能密度最高，因此无穷远处将会自发将能量密度降低。要使无穷远处的能量密度降低，时空必须膨胀。

能量密度的降低，意味着无穷远处势能的降低。由此可以明确宇宙早期的星系无穷远处的势能要比现在星系无穷远处的势能高。

因此时空是膨胀的，并且膨胀力度与能量密度梯度成比例关系。

半径越大引力越小，代表半径越大膨胀力度越弱，这是热力学第二定律的自然结论。

由这种关系，场力就是梯度关系，势能越低势能梯度越大，在引力势与半径的函数图形关系显示斜率越大，引力势沿势场半径的分布都是球形空间分布，势场是由同心的半径不同的势能分布的空间构成，不同半径代表不同的同心球壳层，满足半径越大势能越高，半径越小势能越低。但是半径越小势能梯度越大，代表半径越小不同引力势半径之间的能量差越大，这就是引力势系统内部的能量不平衡。

由热力学第二定律可知，引力势将靠时空膨胀降低这种能量梯度，势能越低膨胀力度越大，膨胀似乎将造成势能密度更低，这是不是会造成引力势低势能的能量更低？

如果这样就不符合热力学第二定律了，应该根据热力学第二定律进行计算，看是什么结果。

设 Φ'、Φ''分别是不同壳层的势能，外层球壳势能较高，高势能向势能较低的内层球壳输入功，由热力学第二定律式(2-7)可得

$$\begin{aligned}\Delta S &= W(1/\Phi' - 1/\Phi'') \\ &= W[(\Phi'' - \Phi')/(\Phi' \cdot \Phi'')] \\ &= W[\Delta\Phi/(\Phi' \cdot \Phi'')] \geqslant 0\end{aligned}$$

可以看出不同壳层之间 $\Delta\Phi=\Phi''-\Phi'\geqslant 0$，引力势半径越小势能 Φ 越低，这符合热力学第二定律的要求。

W 是时空膨胀的做功，代表时空膨胀力度，而 W 来自相邻壳层之间势能差 $\Delta\Phi$，很显然相邻壳层之间势能差 $\Delta\Phi$ 越大膨胀力度 W 越大。

所以引力势内层壳层的膨胀大于外层壳层的膨胀，势能梯度 $\mathrm{d}\Phi/\mathrm{d}r$ 越大膨胀力度越大，这只有一种可能，势能梯度 $\mathrm{d}\Phi/\mathrm{d}r$ 随

着半径增大越来越小。

势能较高的势场壳层向势能较低的内层球壳输入功 W 是什么概念?

由《经典物理学中的相对论·第2册》式(6-10)可得输入功

$$W=\Delta m\cdot c^2$$

$W=\Delta m\cdot c^2$是真实的质能转换,势场是由同心的不同势能球壳分布的空间构成,半径不同的同心球壳层之间有能量差,由热力学第二定律系统内部一切梯度不平衡都将是能量传递的源泉可知,内层球壳将获得从高势能壳层流进更多的真空能 $W=\Delta mc^2$,$W=\Delta mc^2$不是物质势场与外界势场的能量交换,而是物质本身势场系统内部势能高的壳层不断向低势能壳层输送能量。

而且势能梯度越大向低势能输送的真空能越多,最终造成高位的真空能密度被降低或势能降低,而最低势能的壳层获得的能量最多,从而提高了最低势能的真空能密度,实际就是提高了引力势中心的势能。

真空能 Δmc^2流向与势能梯度方向相反,这与实物质密度梯度的物质流方向一致,造成引力势中心与无穷远的势能差越来越小。这就是热力学第二定律的作用,时空膨胀使宇宙向着均匀时空发展。

而且由于星系势场的均值势能密度比外界势场的势能密度低,或者说星系不满足机械能守恒,同样会发生外界势场与星系之间的功交换 $W=\Delta mc^2$,最终星系势能的相对升高仍是由相对势能较高的外界势场对星系的做功 $W=\Delta mc^2$,由于外界向星系势场输入能量,反过来又使得外界势场的势能密度也在自发降低。

所以星系相对外界势场之间的运动方向与作用力方向直接主导二者之间的能流 Δmc^2方向。由热力学第二定律可知,如果星系势能相对比外界势场的势能低,一定是外界势场向星系流进真空能 Δmc^2,反之如果星系势能相对比外界势场的势能高,星系将向外界势场流出能量 Δmc^2。

这种能量传输方式最终形成全宇宙的均匀一致的相对势能,没有势能差就没有做功能力,那时的宇宙将是一片死寂。

按照以上的逻辑演绎,过去的引力势大致如图 4-1 所示。

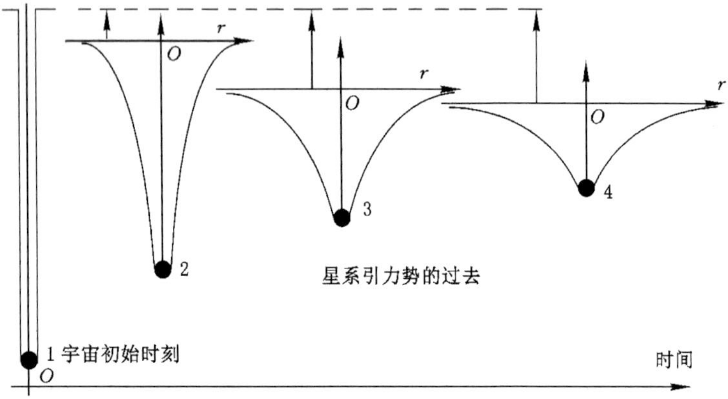

图 4-1　星系引力势的发展情况

以银河系引力势为例,今天的引力势如图 4-1 中的 4。时间越早,银河系引力场中心的势能越低,无穷远的势能越高,到了宇宙初始,银河系引力势收缩到极限。这个极限是真正的势阱,势能具有明确的界面,物质的界面就是势能的界面。

今天向过去的星系看,时间越早星系势能越低,普通光子就是星系实物质原子发射的,所以今天接收到过去时空发来的光子都有宇宙红移。

时间越早势能梯度越大,宇宙早期的膨胀力度很大。

例如 2 号星系中心的势能相对比宇宙初始 1 号星系的势能就高一些,距离宇宙初始越远势能越高,这说明当宇宙初始的 1 号星系发展到 2 号星系的势能状态并不是在原地,而是星系远离宇宙初始,使得 1 号星系与 2 号星系之间有很大的退行速度。同理 2

号星系与3号星系之间也有退行速度，今天会发现时间越早的星系退行速度越大，这就是宇宙膨胀的物理意义。

可以看出，物质势场随着时空膨胀，力程越来越大，形成长程力，但势能梯度越来越小，即引力越来越低，最后变成弱力物质。

由此证明地球的重力也将越来越小，早期的重力比今天大得多。

引力势时空越来越“平坦”的含义是引力势中心的时间快慢越来越接近无穷远的时间快慢。

综合以上就是，时空膨胀相对较大的势场属于长程力粒子，而势场膨胀相对较低的势场属于短程力粒子。

长程力粒子的势能相对比短程力的势能高，时间快慢与势能高低是同义词，长程力粒子的时间相对比短程力粒子的时间快。

长程力粒子的场强相对比短程力粒子的场强弱，所以长程力粒子都是弱作用粒子，而短程力粒子都是强作用粒子。

以上都是热力学第二定律的必然结果。

由长程力粒子是弱作用粒子，短程力粒子是强作用粒子，以及引力越强时空膨胀度越大的结论可知，宇宙早期的时间加快程度 k_0 要比今天小得多，k_0 值越小代表星系的势场时空收缩度越大，引力越强。

宇宙早期的时空相对今天是高度收缩的，当时物质的引力要比今天大得多，因此宇宙早期的星系形成速度要比今天高得多，而 k 代表引力增强的概念，逻辑上也代表时间快慢比例。

可以大致根据 k 值算出宇宙早期星系形成速度。以今天的 $k_0=1$ 为标准，把今天的星系形成时间定为 k_0-1，将今天的星系形成的时间 $k_0=1$ 放入宇宙初始，并设宇宙初始星系收缩在极限状态，可得宇宙早期星系形成的时间 k_0 值为 $k_{min}=1/e$，所以早期星系的形成时间约为今天星系形成时间的30%，也就是宇宙早期星系形成速度是今天星系形成速度的3倍左右。

引力越强时空梯度越大，则膨胀度越大，这代表早期星系的引力变化很大，必然造成星系的轨道极不稳定，所以宇宙早期的星系特点是，形成速度极高，但星系极不稳定，星系坍缩或分解速度很大。

今天的星系黑洞附近同样也具有时空膨胀度较大的特点，造成星系变轨速度较大，所以黑洞附近同样是星系轨道不稳定区域，这是造成黑洞附近不断吞噬星系的主要原因之一。由于同样的原因，也会有大量的星系逃离黑洞。

结论：

（1）长程力弱作用粒子时间相对比短程力强作用粒子时间快，时间代表势能，所以长程力弱作用粒子势能相对比短程力强作用粒子势能高，表现为强作用粒子更愿意参与弱作用粒子相互作用，而弱作用粒子不参与强作用，这符合热力学第二定律，因为自发状态下总是势能高的粒子给势能低的粒子做功，但绝不会发生势能低的粒子给势能高的粒子做功。后面将对这一问题专门证明。

（2）引力场强越大膨胀力度越大，直接效果就是星系之间的膨胀力度不同。例如黑洞的膨胀力度较强，黑洞膨胀代表场强降低，黑洞势场的势能 Φ 相对升高。而围绕黑洞旋转的星系原本满足引力平衡的公转轨道的势能 $\Phi_m=\Phi$，但星系相对膨胀力度较弱，星系的势能 Φ_m 很难及时跟上外界势场势能 Φ 的变化，使得星系公转轨道的势能 $\Phi_m<\Phi$，若黑洞膨胀力度较大，星系将受到极大的“重力”，并且越接近黑洞中心，这种现象越严重，将造成星系的跌落。

物质势场半径越小，则场强越大，膨胀力度越大，无穷远的场强近乎为零，所以引力势无穷远的膨胀力度近乎为零，这将为引力物质以及宇宙背景时空带来非常奇特的形象。

（3）宇宙早期星系膨胀速度极快，星系从无穷远到引力势中心会有极大的真空能冲击质能流，冲击质能流在星系中心交汇碰撞，这实际代表星系的时间快慢将快速变化，外在可视表现为星系的势能变化极大。

由经典惯性定律“物质具有保持原有的运动状态”或等效的相对时空惯性定律“物质具有保持原有势能状态的惯性”，早期星系将会抑制这种势能快速提升的状态，星系将会快速合并收缩引力时空，外在表现为星系质量之间的引力极大，因此早期的引力常数 G 比今天大得多。

今天人们看到的黑洞附近有大量的星系跌落，就是因为星系的惯性，黑洞视界附近时空膨胀带来黑洞必须不断吞噬星系，以抑制黑洞的势能快速提高。星系中心的膨胀力度相对较大，惯性定律起的作用就大，因此黑洞附近的引力常数要比远离黑洞附近的引力常数大。

(4) 星系之间将会有能流传递，从而降低星系之间的相对势能差。

通过以上分析可以发现，宇宙应该是惯性定律与热力学第二定律相互制约的平衡态。

5　引力势真空能能流对物质的影响

5.1　宇宙初始曾产生过大量的“虚粒子”

本节结论：宇宙初始应该有“蓝移星系”。

宇宙初始产生实物质瞬间，会产生如上节所示的几乎竖直的势阱，因此势能梯度接近无穷大，势场内部会形成巨大的真空能能流，能流在势场中心相会。

这就为宇宙初始产生实体物质粒子带来了巨大的势能变化，最初产生几乎竖直的势阱，同时宇宙初始时空突然发生势能变化。

在实物质产生的瞬间产生的几乎竖直的势阱在膨胀过程中就会产生巨大真空能能流使实物质势能快速提高，实物质势能快速提高的过程就是远离宇宙初始的过程，形成宇宙快速膨胀。

实物质这种巨大的势能变化代表宇宙初始时空的势能发生过剧烈振荡。

势能的高低与时间相对快慢是同义词，因此宇宙初始时空产生实物质产生势阱是宇宙初始时间快速减慢的过程。由“物质具有保持原有的时钟状态或势能状态的惯性”，为了抑制宇宙初始时空快速减慢，宇宙初始膨胀瞬间将会有大量的实物质“返回”到真空能状态，也就是实物质会衰变回到真空能粒子。

同时宇宙初始时空还将有大量的“虚粒子”产生抑制时空的膨

胀。“虚粒子”就是时空，只不过是具有收缩凝聚度的高密度真空能粒子。真空能密度提高代表势能高，大量时空收缩的高密度粒子必然抑制时空的膨胀，产生“虚粒子”的目的就是防止宇宙初始时空膨胀过快或势能降低过快。

如果实物质衰变为真空能粒子以及宇宙初始时空产生的“虚粒子”的密度与外界宇宙初始的真空能密度一致，这些真空能粒子就是时空的一部分，从而势能提高，抑制了初始时空的快速减慢的过程。

但是实物质衰变回真空能粒子不可能返回到原来的状态，同时宇宙初始时空产生的“虚粒子”就是真空能收缩而产生的，都不可能与外界的势能密度一致，仅仅是因惯性定律为抑制宇宙初始时空的势能快速变化而产生。因此这些“虚粒子”的密度不可能达到与外界时空真空能密度一致的状态。

实物质衰变回真空能粒子的密度与外界时空的密度不一致，与外界时空中的真空能密度就形成了界面，于是没有静质量的带有引力势阱的“虚粒子”就产生了，这就是正电子，并且由此对称产生电子。有关这方面的逻辑推理请看第 4 册。

同理，宇宙初始时空产生的高能态“虚粒子”的真空能密度也形成了界面，“虚粒子”本身就是真空能势场，“虚粒子”势场逻辑上应该正好与实物质粒子反相或镜像反对称，所以“虚粒子”势场应该是中心势能高、边缘势能低，不是势阱概念，而是势垒概念。

“虚粒子”与外界时空的势能差并不稳定，“虚粒子”将衰变成伽马光子或暗物质，因此在宇宙初始的早期时空，应该有短暂积聚的“虚粒子”衰变成低质量伽马光子与暗物质。

宇宙初始时空的早期，外界无穷远的势能比今天高，在这个时区内“虚粒子”积聚区一定比今天的势能高，如图 5-1 所示。

“虚粒子”积聚区衰变的伽马光子来到地球一定是蓝移而不是红移，如果宇宙初始发现蓝移星系，绝对不是星系，而是宇宙初始

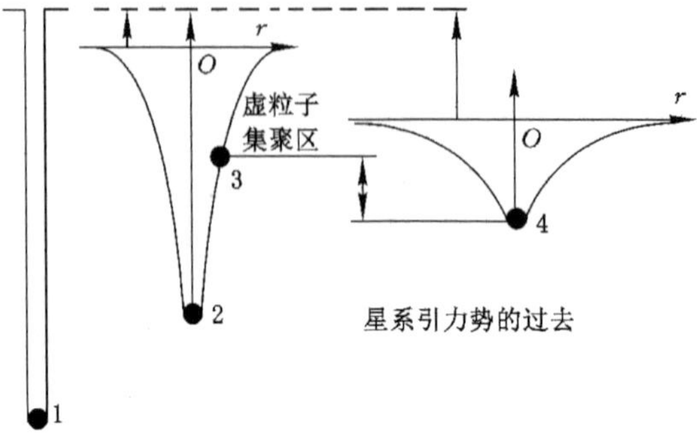

图 5-1 宇宙初始时空早期星系引力势

早期出现的没有静质量的“虚粒子”积聚区，并且都是伽马光子。

宇宙观察应该密切关注早期附近(早期附近指的距离宇宙初始时空不远的时空，通常指宇宙可观测早期红移最大的区域)不大的时区内有没有“蓝移星系”，如果观测出现这种“星系”，由于宇宙初始早期才有可能出现，并且产生这种“星系”的原因仅仅是为了抑制时空快速膨胀，这种“星系”一定很少，地球现有的理论应该无法解释，将被称作宇宙之谜。

但更多的“虚粒子”将衰变为暗物质，甚至“虚粒子”根本不产生伽玛光子而都产生暗物质，如果这样，就不存在宇宙早期蓝移星系。有关这方面的逻辑推理请参看第 4 册。

5.2 星系不可能始终满足机械能守恒

本节结论：星系磁场是交变磁场。

为了说明这个问题，可以假设地球在太阳势场的圆周运动满足机械能守恒，但是地球势场自身有势能梯度，因此地球势场将产

生逆势能梯度的真空能能流，这种能流大小将与地球的时空膨胀力度同步，因此地球势场的势能将提高，有

$$\Delta\Phi_{m} > 0$$

假设外界势场在短期内可以看成没有时空伸缩。但外界势场也有势能梯度，由于时空膨胀，同样有能流以及势能提高，外界势场每一处的势能都在提高，有

$$\Delta\Phi > 0$$

注意，$\Delta\Phi>0$ 不是地球在外界势场运动引起的势能增量，而是外界势场由于时空膨胀引起的势能变化。如果地球的势能的提高始终与外界势场的提高达成一致，则

$$\Delta\Phi_{m} - \Delta\Phi = 0$$

以上是宇宙膨胀造成星系与外界势场满足机械能守恒的关系式。

地球的势能与外界的势能始终一致，这时地球将永远与外界势场自动达成机械能守恒，势能的提高代表势场时空的膨胀或满足机械能守恒的公转轨道半径增大，地球在满足机械能守恒的状态下慢慢远离太阳。

但是地球势场与太阳势场的膨胀力度并不一致。由分析可知，质量越大势能梯度越大，外界势场的膨胀力度更大一点，将会形成

$$\Delta\Phi_{m} - \Delta\Phi < 0$$

结果造成地球由原来的机械能守恒状态 $\Phi_{m}=\Phi$ 变为

$$\Phi_{m} < \Phi$$

地球的势能比外界势场的势能低，逻辑上地球将向外界低势能方向跌落，但是宇宙间会自动满足自然规律，即星系将自发向着平衡态发展。

这时地球就会产生磁场，磁场的方向必须与太阳的磁场形成斥力，阻止地球的跌落。为了满足热力学第二定律，系统与外界必

须满足高势能向低势能做功的原则，外界磁场对地球一定做正功推动地球远离太阳，因此地球并不是向太阳跌落，而是被磁场继续推离太阳。

由于 $\Delta\Phi_m - \Delta\Phi < 0$，原本就有跌落趋势，越是远离外界势场中心，地球相对外界的势能差越大，使得 Φ_m 与 Φ 的差值越来越大，由热力学第二定律可知地球将向着机械能守恒方向发展，必然会使得地球产生的磁场越来越强。

当 Φ_m 与 Φ 的差值达到某一最大值，也就是地球的跌势增大到一定程度，地磁受到地球物质运动产生磁场的影响，磁场将不可能继续增加，这时地磁达到了磁场极值，因此跌势使地球相对太阳的退行速度降低。

地球的势能低于外界势场的势能，代表地球势场相对受到压缩，地球的势能梯度也将会增加，这有助于提高地球势场流向中心的真空能流，可以提高地球的势能，降低地球的势能与外界的势能差。

用经典物理学解释就是地球原来保持在机械能守恒圆周公转轨道上，外界势场的膨胀等于势能梯度降低，实际就是场力降低。地球的势场膨胀度跟不上外界势场的膨胀度的含义是，地球由于外界引力降低，地球原本应该降低圆周速度与外界达成引力平衡，但原来地球的圆周速度大于引力平衡速度，或惯性离心力大于引力，因此地球将重新选择公转轨道，地球会产生相对外界势场的径向速度，满足

$$\Delta\Phi_m - \Delta\Phi = 0$$

地球将跟随满足机械能守恒的公转轨道 $\Delta\Phi > 0$ 一块远离太阳。

但由于满足地球机械能守恒的公转轨道是相对远离太阳的，满足机械能守恒的公转轨道 $\Delta\Phi > 0$ 的退行速度是减速运动，而地球由于 $\Delta\Phi_m > 0$ 相对太阳的径向退行速度因惯性总是慢不下来，因此地球 $\Delta\Phi_m > 0$ 的退行速度总是大于外界势场满足机械能守恒

公转轨道 $\Delta\Phi>0$ 的径向退行速度，结果地球利用惯性冲过满足机械能守恒轨道来到外界势场更高势能的径向位置。

地球的势能 Φ_m 越高，圆周速度越低，不满足机械能守恒的物理含义是地球的圆周速度肯定低于外界势场的引力平衡速度，地球的惯性离心力低于引力，地球受到太阳的重力，因此地球将产生磁场拖住重力以防止跌落。

地球的圆周速度低于外界势场的引力平衡圆周速度越大，地球受到太阳的重力越大，磁场越强，形成了一种独特的地表重力分布与磁场分布的关系。

当地球的跌势达到最大，引起地球的径向退行速度降低，外界势场满足机械能守恒的公转轨道的径向退行速度大于地球在外界势场的径向退行速度，最终地球又恢复到满足机械能守恒的轨道，地球的磁场为零。

地球的势场膨胀度跟不上外界势场的膨胀度的物理含义实际就是惯性定律的作用，地球具有保持原有势能的惯性。

注意，地球重新达到满足机械能守恒的公转轨道的原因，是因为地球相对太阳的径向退行速度低于外界满足机械能守恒的公转轨道的径向退行速度。

由于惯性，地球的退行速度跟不上满足机械能守恒的公转轨道的径向退行速度，最终造成地球又脱离满足机械能守恒轨道，重复以上的过程。同理，外界势场的势能提高相当于满足机械能守恒的轨道继续向半径增大方向退行运动，外界势场引力降低，地球公转轨道的圆周速度高于外界势场的引力平衡速度，地球将被惯性离心力甩出去，本质是地球的势能高于外界势场的势能。

于是地球产生磁场反向，地球受到太阳磁场力的拉力，防止地球被甩出去。

地球的势能相对比外界势场势能高，代表地球势场的势能梯度相对被降低，势场的真空能流也降低，以减缓势场梯度内部的真空能流，抑制地球势能升高的幅度。同时由于地球势场总的势能相对比外界势场势能高，地球势场边缘的势能一定比外界势场的势能高，因此，地球势场边缘的势能将向外界势场输送能流，这样必然降低地球的势能，降低地球相对外界势场的势能差。

地球的势能比外界高，由热力学第二定律可知，一定是外界对地球做负功，即磁场力方向与地球的径向位移反向，所以地球继续沿着外界势场的径向方向运动，距离太阳越来越远。

之后就是继续重复以上的过程，所以地磁是交变磁场，地球相对太阳的退行速度也是周期脉动的。

黑洞附近是黑洞势场引力最大的地方，也是势能梯度最大的地方，所以黑洞附近的势场时空膨胀度相对很大，由此造成势场变化也很大。

同理，黑洞附近有很多星系，这些星系的生存同样要满足机械能守恒。黑洞附近的星系同样有膨胀度，但这些星系的质量相对黑洞小得多，势能梯度也小得多。因此，黑洞附近势场的势能变化一定远远大于黑洞附近星系势能的变化，即

$$\Delta\Phi_{\mathrm{m}} - \Delta\Phi \ll 0$$

因此，黑洞附近的星系往往很难有稳定的轨道，通常都是以跌落为主。

6　粒子相互之间感受力场的条件

6.1　长程力场不感受短程力场

本节结论：短程力粒子将自发向长程力粒子方向发展。电场与温度将改变物体的重量。

自发状态下总是由势能高的系统 Φ 向势能低的系统 Φ_m 输出能量 W，由热力学第二定律式(2-7)可得

$$\Delta S = W(1/\Phi_m - 1/\Phi) = W[(\Phi - \Phi_m)/(\Phi_m \cdot \Phi)]$$
$$= W[\Delta\Phi_m/(\Phi_m \cdot \Phi)] \geqslant 0$$

该式说明一个现象，当两个有各自势场力程的粒子相互作用时，总是势能 Φ 高的粒子对势能 Φ_m 低的粒子做功 W，而不可能相反。

例如重力做功，重物获得的动能实际就是外界引力势的势能差 $\Delta\Phi$ 提供的能量。

长程力粒子的势能 Φ 相对比短程力粒子的势能 Φ_m 高，式(2-7)含义非常明确，是长程力势场对短程力势场做功而不可能相反。

因此长程力粒子不感受短程粒子的作用力，但短程粒子可以感受长程力粒子的作用。

长程力属于弱作用粒子，短程力粒子属于强作用粒子，式(2-7)的另一个含义是，弱作用粒子不感受强作用粒子，但强作用粒子

感受弱作用粒子。

中性粒子之所以感觉不到电磁场，是因为电荷单位质能的力程相对比中性粒子单位质能的力程小得多，电荷只能感受中性粒子的力场。

力程的概念是什么？例如引力势有势能分布，但势场时空范围很大，很小的势能变化就涵盖很大的时空范围，在很大的时空范围测量势能的变化几乎微乎其微，所以引力势场近乎绝对时空。

在机械能守恒状态下，当物质粒子以很小的势能变化就足以跨越很大的时空范围，例如第一宇宙速度范围内的空间有多大？对应的势能变化有多大？

势能变化覆盖的空间实际就是引力作用的空间，引力作用空间的尺度就是力程的概念。在引力场中，产生引力的物质实体空间尺度相对引力作用的空间或力程可以忽略不计，以至于在引力场中可以把产生引力的物质看成一个质点，这种力场称作长程力。

产生长程力的粒子称作长程力粒子。

反之，在力场中必须将产生作用力的物质实体空间尺度作为力场的主体部分，这种力场称作短程力。

产生短程力的粒子称作短程力粒子。

短程力粒子在长程力的势场中，短程力势场的势能分布收缩在很小的空间范围，而长程力势场空间覆盖了短程力的势场空间，被覆盖的短程力粒子在运动中始终在长程力粒子的力程之中，能感觉到外界的长程力势场。

而力场空间远远覆盖短程力场的长程力粒子在运动过程中能感觉到短程力的力场吗？

由于短程力粒子的势场没有延伸覆盖到长程力粒子的势场之外，在长程力粒子势场之外没有可判断短程力粒子势场势能高低的依据，长程力粒子如何判断短程力粒子的势能高低？长程力粒子的外界没有短程力势场，就无法判断长程力粒子的运动方向，长程力粒子向外界什么方向跌落呢?

中子本身实体尺寸并不大,中子在电势中运动,中子的引力势范围远远超出电场范围。若长程力粒子覆盖区域相对短程势场绰绰有余,长程力粒子只能感觉到短程势场空间的整体大小对长程力粒子势场空间的伸缩程度造成的影响。

短程力粒子在长程力势场中运动,短程力粒子是被当成一个集中质点受长程力的场力而运动的。因此长程力势场远远覆盖短程力势场,长程力粒子势场实际是把短程力粒子的势场空间当成一个集中粒子看待,而不是当成一个能影响长程力粒子的势场看待。

所以若长程力粒子势场远远覆盖短程力粒子势场,相当于在长程力势场中塞进一个有势能但没有势场空间的粒子质点,这相当于把长程力粒子与短程力粒子这两个粒子看成一个整体系统,短程力粒子充其量影响整体系统的相对势能 Φ_m,虽然两个粒子组成的整体系统的势能 Φ_m 相对外界肯定有影响,但已经不是短程力粒子势场对外界的影响的概念。

例如在平板电容器中产生静电场,组成电容器的中性物质不感觉静电场作用,但静电场一定会使得平板电容器的重量发生变化,这个变化已经不是电场的概念,而是整个平板电容器的相对势能发生变化。

又比如高温物质的内能增加,而内能与分子级别的电势能有关,实物质不感觉电势能与电场力,但实物质势场远远覆盖电场,电场作为实物质势场的一部分,会使实物质势场成体系统的时间相对快慢或势能发生变化,最终显示为物体重力势能的变化,所以温度同样会使物体的重量发生变化,但这并不是电场力对实物质的所用,而是电场系统已经属于实物质系统。

再例如中子在电场中运动,由于电场被中子的引力势场远远覆盖,甚至出现中子跑出电场的作用力范围,中子势场的有效空间仍覆盖电场的作用范围。而在中子运动过程中电场从高位势到低位势的总势能始终被中子的势场所覆盖，中子根本不可能感觉到电势的变化。所以中子感觉不到由电荷物质产生的电磁场，但电荷物质可以感觉到引力物质的势场以及磁场，这就是物理学中发现强作用粒子参与弱作用，而弱作用粒子不参与强作用的根本原因。

作为一种极限状态，如果粒子的势场与粒子实体尺度大小一样，这种粒子实际就是短程力粒子的一种，当短程力粒子进入长程力粒子的势场范畴，就会出现如下情况，短程力粒子受到长程力粒子的势场作用而发生动能变化，当然短程力粒子受到外力，而长程力粒子由于在短程力粒子的作用力场之外，所以感觉不到短程力粒子的势场存在，当然感觉不到作用力，必然会打破牛顿力学“作用与反作用”定律。这种情况确实存在。

例如已知电子受到引力场的作用，这是实验事实。当电子进入中子的引力场，尽管中子的引力很小，但是逻辑上电子同样受到中子的引力。电子在进入中子引力场的过程中，无论电子距离中子远近，中子的势场覆盖电子势场空间，中子只能感觉到电子势场空间的整体对中子势场空间整体的伸缩造成影响，这种影响充其量是中子与电子作为统一的整体而对外界产生影响。

其实地球与月亮之间的关系也是这样。地球的引力场覆盖月亮的势场，人们从不说地球向月亮的哪个方向运动，因为没有这个概念。但人们会说地球与月亮的共同质心远离太阳，地球能够根据本身的势能变化判断应该向外界太阳势场的哪个方向运动，但无法根据月亮的势场判断地球真实的运动方向。

由 $\Delta S=W[\Delta\Phi_m/(\Phi_m\cdot\Phi)]\geqslant 0$ 可以看出，宇宙物质相互间都将向着 $\Delta\Phi_m=0$ 的方向发展，但由于长程力粒子不感受短程力粒子影响，所以只有一个可能，短程力粒子将自发向长程力粒子发展，短程力粒子变成长程力粒子的方法就是时空膨胀。宇宙发展方向都是弱作用粒子，到那时所有的星系都将不复存在，宇宙就是均匀密度的弱作用粒子空间。

6.2 “反作用力”定律的定义域

本节结论：牛顿力学“作用与反作用”定律的适用范围受到热力学第二定律的制约。

由于长程力粒子不感受短程力势场，短程力粒子能感受长程力势场，因而势场的场力不满足牛顿力学“反作用”定律。

正、负电荷静质量能感觉地球的引力，但无论电场力多强大，实物质粒子都感觉不到电场的存在。

没有电荷与地球之间的引力大小相等、方向相反的概念。

“虚粒子”受到实物质粒子的斥力，但实物质粒子感觉不到“虚粒子”的存在。

牛顿力学“作用与反作用”定律的定义域受到热力学第二定律的制约。

7 星体跌落吸积盘与星体公转轨道方向对引力势的影响

本章结论：星体势场含有星体自转的信息，星体势场将受到星体自转的影响。

如果星体势能 Φ_m 低于外界引力势能 Φ，星体自发向黑洞跌落。

由热力学第二定律 $\Delta S=W(1/\Phi_m-1/\Phi)\geqslant 0$，极限状态星体的势能 Φ_m 将自发向与外界势场的势能 Φ 保持一致的方向发展，力图满足机械能守恒 $\Phi_m=\Phi$，由此可以得出星体在自发向黑洞跌落过程中将使星体相对外界的势能差 $E_0=\Phi-\Phi_m$ 越来越小。

为了保证星体势能 Φ_m 越来越接近外界势能 Φ，星体在自发跌落过程中的动能增量 ΔE_k 将赶不上外界的势能增量 $\Delta\Phi$，由于 $\Delta E_k=-\Delta\Phi_m$，星体的动能变化 ΔE_k 意味着星体势能跌幅 $|\Delta\Phi_m|$ 小于外界势场势能的跌幅 $|\Delta\Phi|$，外界势场势能 $\Delta\Phi$ 跌得多，星体势能 $\Delta\Phi_m$ 跌得少，必然造成势能差 $E_0=\Phi-\Phi_m$ 越来越小。

用经典物理学表示 $\Delta E_0=W_0=\Delta\Phi-\Delta\Phi_m=\Delta\Phi+\Delta E_k$，$W_0$ 是外力 F 做功，这意味着星体在自发向黑洞跌落过程中外力 F 越来越小，极限状态下星体将自发达到失重状态并满足机械能守恒的圆周运动。

所以当星体自发向黑洞跌落过程中接近黑洞视界，星体被撕裂的碎片逐步形成圆周运动，这就是星体跌落过程形成的吸积盘。

以上实际是惯性定律起作用，星体跌落过程必将带来星体时间快慢的变化，星体为了保持原有的时空状态，必然满足动能的变化赶不上外界势能的变化，形成吸积盘是力图阻止星体的跌落。

实验发现，吸积盘的圆周运动方向是统一的，都是沿着主星系黑洞自转的方向形成吸积盘，这说明星体沿着外界势场中心主星系自转方向的公转轨道能阻止跌落，这是统一的现象。

以上现象的本质是星体在跌落过程中势能变化 $\Delta\Phi_m$ 相对降低，星体因惯性定律作用而降低星体势能的速度变化，星体自发跌落过程中将选择运动方向，这个运动方向将使星体的势能变化速度被降低。

因此尽管星体跌落运动方向使势能降低（$\Delta\Phi_m<0$），但选择圆周的运动方向力图使势能降低最小，在这个运动方向有使星体势能提高（$\Delta\Phi_m>0$）的趋势，这两种势能变化叠加的结果，使得星体跌落同样的距离 Δr，星体势能降低 $\Delta\Phi_m$ 低于外界势场的势能降低 $\Delta\Phi$。

黑洞附近时空在膨胀，膨胀的过程使得黑洞势场中心主星系势场的势能相对提高，所有星体原本在引力平衡的公转轨道，由于外界势场的势能升高，围绕主星系公转的星系相对外界势场的势能差 $E_0=\Phi-\Phi_m>0$，正常情况下所有星体都应该向势场低轨道跌落，重新到达引力平衡的公转轨道。

如果这样，在引力时空不断连续的膨胀过程中，所有星体相对外界势场的时间减慢或势能差 $E_0=\Phi-\Phi_m>0$ 总是成立的，这与星体自发向势场中心主星系黑洞跌落一样，所有星体最终都将跌落。

但如果由于星体选择的公转运动方向不同，动系的时延系数 k 与动系的公转运动方向有关，公转运动方向（$k>1$）的星体将可能得以生存。当然黑洞附近场强极高，黑洞的膨胀力度相对也极高，造成的势能差 $E_0=\Phi-\Phi_m>0$ 也大，而公转方向引起的 k 值增大也被较大的 $E_0=\Phi-\Phi_m$ 抵消了，所以即便星系公转方向与黑洞自转一致也将跌落。

由相对时空的惯性定律“物质保持原有势能状态”，黑洞吞噬星系又使得黑洞质量增大，黑洞的收缩度加大，势能降低，这样可以有效地抵御黑洞相对势能的提高。

以上现象说明一个问题，行星沿着恒星自转方向的公转轨道运动相对最稳定。

所以星体公转轨道圆周运动方向与外界势场中心主星系自转方向相反的星体并不稳定，最终将跌落。

这说明不排除有反向公转的恒星或行星，但它们一般都应该是在正在跌落的低轨道上。

星体跌落自发向黑洞自转方向偏离，说明黑洞势场含有黑洞自转的信息，因此星体势场的时空将受到星体自转的影响。

8 重　　力

本章结论：同一高度自由落体的失重物体的速度越快，动钟时间相对比同一高度的静钟越快。

当动系的动能与外界引力势不满足机械能守恒，动系与外界构成孤立系统，外界的势能 Φ_m''实际就是引力势 Φ，动系的势能 Φ_m'实际就是第 2 册式(5-2)证明的动系真实势能 Φ_m。由式(2-7)外界就是引力势能 $\Phi_m''=\Phi$，动系势能 $\Phi_m'=\Phi_m$，如果动系从外界获得功 W 使得动系动能增量 $\Delta E_k>0$，由式(2-7)可得

$$\Delta S=\Delta S''+\Delta S'=W(1/\Phi_m-1/\Phi)\geqslant 0 \qquad (8\text{-}1)$$

所以 $\Phi_m\leqslant\Phi$。以上也是重力产生的原因，由 $\Delta S=\Delta S''+\Delta S'\geqslant 0$ 可知，随着时间推移重力越来越弱，因此地球早期的重力比今天大得多。

地球质量没变，重力会越来越弱，这只能带来一个结果，引力常数不是常数，早期的引力常数比今天的大得多，未来将会继续降低，并且半径越大引力常数越低，宇宙早期的星系形成能力要比今天大得多。

在重力势中，在地表势能零点有一个速度为零的失重物体以及一个受重力的静止物体，如何比较两个物体的时钟快慢或相对势能高低？

速度为零的失重物体如果让其成为受重力的物体，失重物体将因为地表给物体支撑力继续保持速度为零，只有外界对失重物

体做正功才免于跌落。这个向上的支撑力在数值上就是重力，所以在自发状态下让速度为零的失重物体转化为受重力的静止物体，支撑力方向应与失重物体落体的方向相反，相当于失重物体做负功$-W$，外界静止受重力的静系获得能量W，所以

$$\Delta S = \Delta S'' + \Delta S' = W(1/\Phi_m - 1/\Phi) \geqslant 0$$

其中，Φ是同一高度速度为零的失重物体的势能，Φ_m是外界静止受重力的静系的势能。所以

$$\Phi_m \leqslant \Phi$$

受重力物体的势能$\Phi_m \leqslant \Phi$，说明速度为零的失重物体比受重力的静止物体的时间快，实际代表受外力机械变形的物体的时间相对有快慢变化，一般物体密度增加会使物体时钟减慢。

按照经典物理学，同一高度的失重物体，无论速度高低，重力加速度都一样，用时间快慢解释就是同一高度失重物体的重力势能Φ都一样。

但按照热力学第二定律，在自发状态下孤立系统将朝着平衡态发展，而且这个自发过程时间越长，孤立系统越接近平衡态。重物从高处自由落体属于自发过程，因此重物自由落体过程将会自动降低重物与外界引力势的时空不平衡度，重物是因为动钟相对比同一高度引力势Φ的时间慢而受重力，时间相对越慢重力越大。

重物自由落体过程将会自动缩小动钟相对比同一高度引力势Φ的时间快慢差，从而降低动系与外界的时空不平衡度。

为了降低动系与外界的时空不平衡度，物质的惯性定律将发挥作用。惯性定律要求物质力图保持原有的时空状态，自由落体的动钟随着速度提高，时间将相对减慢，惯性定律将抑制自由落体动钟的相对减慢程度。物理过程是自由落体的势能增量，应满足

$$|\Delta\Phi_m| \leqslant |\Delta\Phi|$$

上式的物理含义是自由落体的势能降低幅度$|\Delta\Phi_m|$不大于外界势

能的降低幅度$|\Delta\Phi|$。而且自由落体过程的时间越长，动钟相对比同一高度引力势Φ的时间快慢差越小，所以同一高度自由落体的失重物体的速度越高，动钟时间相对比静钟越快，或者失重物体的速度越高，自由落体物质的势能Φ_m相对比静止物质的势能越高，只不过这个差值很小罢了。

9 传　　热

本章结论：经典物理学证明分子的平均热动能或内能与物质的绝对温度 T 成正比，其物理概念是以绝对温度零度为系统的势能零点。

当给物体加温时，微观粒子有动能增量，逻辑上微观粒子的动能与宏观粒子一样，没有本质区别，区别仅在于给动系输入能量没有宏观速度，但一定有分子级别的热动能的改变。

所以物质的微观分子之间的势能 Φ' 与分子的平均热动能有关，而分子级别的势能与热动能统称为内能。

由经典物理学可知，物质系统的内能或平均热动能直接与温度成正比，所以当直接以热量的方式给系统输入能量，必然提高系统的势能 Φ_m，在能量传输过程没有宏观动能的变化，系统的势能 Φ_m 必然只与物质的温度有关。

由经典物理学可知系统输入热量与温度的关系

$$W = \Delta\Phi_m = c \cdot m \cdot \Delta t = k \cdot \Delta t$$

其中，c 是比热。系统输入热量与温度变化 Δt 成正比，这意味着系统以升温之前的温度为势能零点，并且系统的势能 Φ_m 随着系统的温度升高而升高。

如果称量高温物体的重量，将会发现高温物体的重量低。出现这种情况的原因是高温物质的内能增加 $\Delta\Phi_m > 0$，而内能与分子级别的电势能有关，最终要显示为物体的重力势能升高。

如果以绝对温度为标准，经典物理学证明分子的平均热动能或内能与物质的绝对温度 T 成正比。所以系统的势能 Φ_m 与系统的绝对温度 T 成正比，因此系统的势能参考点 $\Phi_m = k \cdot T$ 也以绝对零度为相对势能零点，k 是常数。

恒温热源系统功函数增量

$$\Delta S = W/\Phi_m = W/(k \cdot T)$$

将常数 k 合并到 $\Delta s = k \cdot \Delta S$ 中，则恒温热源系统功函数增量

$$\Delta s(T) = W/T$$

传热功 W 很简单，就是热量 ΔQ，所以物质传热的熵增为

$$\Delta s(T) = \Delta Q/T$$

以吸收热量为正，高温系统温度为 T_g，低温系统温度为 T_d，可得高、低温热源两个系统互为热量的传递与接受者，所以

$$\begin{aligned}\Delta s &= \Delta Q/T_d - \Delta Q/T_g \\ &= \Delta Q(1/T_d - 1/T_g) > 0 \qquad (9\text{-}1)\end{aligned}$$

上式就是热力学第二定律。

10　相对论时延系数 k 的热力学第二定律矛盾

本章结论：式(2-7)$\Delta S=\Delta S''+\Delta S'\geqslant 0$ 具有普适性。

地表运动物体自发状态下由于地表摩擦力最终将停下来，所以动系的动能增量 $\Delta E_k<0$，地表对动系的摩擦力 F 与动系的运动方向相反，代表动系对外界做功 $W=-\Delta E_k$，外界接收功，地表作为外界与动系构成孤立系统。

Φ''是外界静止物质的重力势能，Φ_m'是动系的势能，$\Delta\Phi_m'=\Phi''-\Phi_m'$正好是动系的势能增量，因此$-\Delta E_k=\Delta\Phi_m'$，由式(2-7)可得

$$\begin{aligned}\Delta S&=W(1/\Phi''-1/\Phi_m')=W[(\Phi_m'-\Phi'')/(\Phi_m''\cdot\Phi'')]\\&=W[-\Delta\Phi_m'/(\Phi_m'\cdot\Phi'')]\\&=W[\Delta E_k/(\Phi_m'\cdot\Phi'')]\geqslant 0\end{aligned}\tag{10-1}$$

由 $\Delta E_k\geqslant 0$，这看似与事实不符，这是矛盾之一。

$\Phi_m'-\Phi''>0$ 说明动系的势能 Φ_m'总是大于外界的重力势能 Φ''，或动钟相对比静钟快，这是矛盾之二，但符合高势能向低势能输入能量的原则。

出现这种矛盾的重要原因是静系根本无法判断动系的真实势能增量 $\Delta\Phi_m'$。

引力势是宇宙统一的时钟场，引力势任何一点都可以作为势能零点，通常是以引力势无穷远点为势能零点。势能高低分布的

相对性本质就是时钟场快慢分布的相对性，例如势能分布相对越低代表时钟快慢分布相对越慢。根据这个原理，如果把参照系选在地表引力势 Φ 作为势能零点，由地表引力势参照系观察地表动系的势能 Φ_m' 的相对高低准确无误。例如地表达到引力平衡满足失重状态的动系的势能 Φ_m' 与引力势 Φ 达成一致，将地表满足失重状态的动钟快慢定为标准钟，就可以确定地表动钟相对标准钟的快慢，以上矛盾迎刃而解。

例如本书第 1 册与第 2 册利用这个原理确定向东运动的动钟肯定比静钟快。

经典物理学认为，相对地表静系匀速运动的参照系都属于惯性系，惯性系之间相互观察具有平权性。

在这些惯性系中，取两种特殊的惯性系，一种是假设地球没有自转的地表静系，称作绝对静系，在绝对静系观察地球自转带动地表静系具有向东的匀速运动。第二种取向东匀速圆周运动达到引力平衡失重状态的参照系，称作失重参照系，在失重参照系观察地表静系具有向西的匀速运动。

惯性系之间互相观察具有平权性，例如地表向东运动的物体自发状态下由于地表摩擦力最终将停下来，因此在地表观察向东运动的动系有减速度。同理，在绝对静系与失重参照系观察动系具有减速度或向西的加速度。

三个参照系共同观察向东运动的动系受到向西的作用力，这个作用力就是地表对动系的摩擦力。

但是三个参照系共同观察地表向东运动的动系自发状态停下来的动能增量大相径庭，由于受到地表引力势的影响并不具有平权性。例如绝对静系与地表静系观察动系的动能增量 $\Delta E_k < 0$，而失重参照系观察动系的动能增量 $\Delta E_k > 0$。

产生矛盾的原因是动能增量 $\Delta E_k = -\Delta \Phi_m'$ 与势能增量有关，而势能增量与动钟的时间加快程度是同义词，动钟的时间加快程度具有可视性，代表表盘刻度值的物质性，表盘刻度值的物质性与参照系无关，具有可视的真实性。

失重参照系满足机械能守恒，所以失重参照系的势能 Φ_m' 正好与外界势场的引力势能 Φ 一致，即 $\Phi_m'=\Phi$。失重参照系的动钟与外界势场的时钟场的快慢一致，这是寻找地表动钟相对快慢的关键所在。

如何选择地表引力势参照系？地表向东运动达到引力平衡速度的失重参照系的势能 Φ_m' 就是地表引力势的势能 Φ，只要把静系选在地表达到引力平衡的失重参照系，由此观察地表动系，可得到动系真实的相对势能 Φ_m' 的高低。

地表失重参照系相对地表向东运动，反过来在地表失重参照系观察地表实际是相对向西运动，在地表失重参照系观察相对地表静系向东运动的动系仍是向西运动，区别仅仅是西向的速率不同罢了。

由于地表失重参照系观察地表动系相对向西运动受到下沉的跌势或重力，所以地表向东运动的失重参照系知道相对向西的动系时钟减慢或势能降低。

动系向西的速度越低，势能相对越高或时间相对越快，因此相对地表静系向东运动的动系的势能 Φ_m' 是升高而非降低。

如果地表静系用两个静钟统一校表对时，然后让其中一个经过统一对时的静钟向东运动一段时间后再静止，动钟静止后再与原来统一校表对时的静钟进行比较，会发现向东运动一段时间后比静钟快了。

地表向东运动的动系对地表的摩擦力 F 向东，而地球自转带动地表牵连运动也是向东运动，地表受的摩擦力 F 与地表位移一致，所以地表静系作为外界接受动系对地表的做功 $W>0$，动系显然输出功，符合热力学第二定律孤立系统自发状态高势能向低势能输出功的原则。地表作为外界与动系构成孤立系统，由热力学

第二定律式(2-7)可得

$$\Delta S = W(1/\Phi'' - 1/\Phi_{m}') = W[(\Phi_{m}' - \Phi'')/(\Phi_{m}' \cdot \Phi'')] \geqslant 0$$

所以 $\Phi_{m}'-\Phi''\geqslant 0$,向东运动的动系的势能 Φ_{m}' 必须大于静止物质的重力势能 Φ'' 才满足热力学第二定律。自发状态动系最终 $\Phi_{m}'-\Phi''=0$,在地表静系观察当动系的势能 $\Phi_{m}'=\Phi''$,动系相对静系静止。注意 Φ'' 不是引力势,而是重力势。

动系在地表势场平动满足 $\Delta\Phi=0$,所以热力学第二定律 $\Delta S\geqslant 0$ 与动系在势场中运动满足能量守恒 $W_{0}=\Delta E_{k}+\Delta\Phi=\Delta E_{k}$ 一致,$W_{0}=-W$ 是外力做功,这个外力就是地表对动系的摩擦力。

当动系自发状态由向东运动的高势能 Φ_{m}' 降为低势能 Φ'',动系的势能增量

$$\Delta\Phi_{m}' = \Phi'' - \Phi_{m}' < 0$$

$\Delta\Phi_{m}'<0$ 代表动系由动到静的真实绝对势能降低,在任何参照系观察都不可能改变 $\Delta\Phi_{m}'<0$。所以动系的绝对动能增量 $\Delta E_{k}=-\Delta\Phi_{m}'>0$,只要动系的时间比原来减慢,动系的绝对动能肯定增加。

因为在地表向东运动的失重参照系观察相对地表向东运动的动系实际的绝对位移向西,地表静系的减速实际是相对失重参照系向西加速运动。

如果直接利用地表失重系判断,在失重系观察动能增量的数值与地表静系观察的动能增量的数值一样,但动系相对失重参照系的势能高低是真实可视的,例如在失重系观察动系绝对位移是地表向西的牵连位移加上动系相对地表向东的相对位移,动系相对地表向东的相对位移与向西的摩擦力反向,所以在失重系观察摩擦力对动系相对位移做功是负功 $W_{0}=-W$,动系对外做负功实际就是动系通过摩擦力对地表做功,这与绝对静系观察动系一致。

所以式(10-1)正好是动系向东的热力学第二定律计算。但如果动系向西运动怎么计算?结果正好相反,证略。

热力学第二定律式(2-7)同样适用于地表动系运动的自发状态，但 $\Delta\Phi_m'$ 代表动钟时间的真实相对快慢，动钟表盘刻度值将真实显示动钟时间的相对快慢，这就要求动能增量 ΔE_k 受到的不仅仅是惯性系的影响，由于动钟的真实性，惯性系的平权性不复存在。

可以看出这种算法太复杂，如果将惯性系设在动系原来匀速运动的参照系上，即以保持动系原来匀速运动的参照系为静系观察动系。

设保持动系原来匀速运动的参照系相对地表静系的势能是 Φ，动系相对保持原来匀速运动的惯性系的势能是 Φ_m'，在保持原来匀速运动的参照系观察向后运动的动系是加速运动，$\Delta E_k>0$。

所有的惯性系都是与地表静系一样的外界，包括保持原来匀速运动的惯性系。由惯性系观察动系加速度方向的平权性，保持原来匀速运动的惯性系观察外界对动系的摩擦力与动系加速的方向一致，外界对动系做功推动动系加速。

热力学第二定律具有普适性，与所选参照系无关，因此热力学第二定律

$$\Delta S = W(1/\Phi_m' - 1/\Phi) \geqslant 0 \qquad (10\text{-}2)$$

式(10-2)与动系的运动方向无关，动系的相对动能引起的势能增量总是满足 $\Delta\Phi_m'=\Phi_m'-\Phi<0$，代表相对动能 $\Delta E_k>0$ 总是使动钟减慢，人们只需要知道相对势能与相对动能的关系使动钟减慢即可。

在地表静系观察动系的真实势能变化正好是式(2-6)

$$\Delta\Phi_m = \Delta\Phi + \Delta\Phi_m' = \Delta\Phi_{max} + \Delta\Phi_m'$$

$\Delta\Phi_m'=\Phi_m'-\Phi$ 是动系相对保持原匀速动系的势能增量，$\Delta\Phi=\Delta\Phi_{max}$ 是地表静系给原来匀速运动的动系输入的能量，这个能量使得动系获得相对动能增量并保持在匀速运动状态。

人们没有必要知道动系相对原来匀速运动惯性系的势能 Φ_m'

以及原来匀速运动参照系 Φ 的具体数值，这不是人们关心的。人们只需知道动系相对势能 $\Delta\Phi_m'$ 与动系相对动能 ΔE_k 的关系使动钟减慢即可。这与人们并不关心引力势无穷远的真实势能一样，人们总是以势能零点为标准，这里人们总是以保持原动系匀速惯性系为势能标准，由此计算的逻辑关系不变。

实际上式(10-2)才是相对论动钟慢的物理含义，只要有相对动能，动钟就是减慢的，减慢多少由动钟原来相对静钟的快慢关系来确定，通常人们没有必要关心动钟相对静钟的快慢。

以上方法与动系在重力势中由静止高位势 $\Delta\Phi_{max}=mg\cdot H$ 开始自由落体类似，动系的势能变化 $\Delta\Phi_m'$ 是相对高位势的。

静系观察动系自由落体的势能 Φ_m 转换为动系相对高位势的 Φ_m'，动系自由落体的势能增量与动能增量关系不变，动系的真实势能增量为 $\Delta\Phi_m$。

所以热力学第二定律 $\Delta S=\Delta S''+\Delta S'\geqslant 0$ 具有普适性，由此证明相对动能总是使得动钟减慢，不涉及动系的真实势能增量。以上证明没有假设与人为设置，所以相对论动钟慢的观点不符合热力学第二定律。

11 地球的相对势能 Φ_m 与量子纠缠现象

11.1 地球的相对势能 Φ_m

本节结论：地球现阶段公转轨道不满足机械能守恒，地球的势能 Φ_m 低于外界太阳引力势的势能 Φ。宇宙不可能加速膨胀，所谓宇宙加速膨胀是误判。

为了说明这个问题，以地球向平衡态发展为例。地球围绕太阳公转，地球在公转轨道的自发状态同样要满足热力学第二定律。

地球从近日点向远日点运动势能升高，地球的动能降低，$\Delta E_k<0$。

同时地球自身有磁场，地球磁场与太阳磁场的方向使得地球与太阳之间产生斥力，所以地球在外界太阳势场中不满足机械能守恒。

由式(2-7)有 $\Delta S=(W_0+W')(1/\Phi_m-1/\Phi)$，$W_0$ 是外力对地球做功，磁场力对地球的做功可以根据地球公转轨道相对太阳的径向位移 Δr 运动直接判断。

除此以外，还有地表重力分布的不均匀，例如夜里的重力略大于白天的重力，地表重力分布的合力方向也是外力的一部分，外力做功要满足

$$W_0 = \Delta\Phi + \Delta E_k$$

地球沿着公转轨道一周再回到原点，地球的运动状态能回到原点吗？

通常会认为地球沿着公转轨道一周再回到原点，势能与动能都没变，地球的运动状态回到原点，理所当然，逻辑合理。

可以按照热力学第二定律分析地球沿着公转轨道一周再回到原点的状态。

地球在公转轨道不满足机械能守恒，由式(2-2)

$$\Delta E_0 = \Delta\Phi + \Delta E_k \neq 0$$

当地球的动能增量满足 $\Delta\Phi + \Delta E_k > 0$，地球的圆周运动的离心力低于外界势场的场力，地球受到太阳对地球的重力，有向太阳方向跌落的趋势。这说明地球的势能相对比外界势场的势能低，地球力图向外界势场势能更低的方向运动。因此地球会自发产生磁场，由热力学第二定律可知地球受到太阳的磁场力在自发状态将阻止地球的跌落。

因此磁场力的方向肯定与地球受到太阳对地球的“重力”的方向相反。

反过来当地球的动能增量满足 $\Delta\Phi + \Delta E_k < 0$，地球的圆周运动的离心力大于外界势场的场力，地球受到太阳对地球的斥力，地球具有被太阳的斥力抛向势能增大方向的趋势。这说明地球的势能相对比外界势场的势能高，地球力图向外界势场势能更高的方向运动。

因此磁场力的方向肯定与地球受到的斥力方向相反。

由热力学第二定律可知，地球受到太阳的磁场力在自发状态将阻止地球的跌落或被抛向势能增大方向。

因磁场力的方向肯定与地球受到太阳对地球的“重力”或斥力的方向相反，因此根据地球受到太阳磁场力的方向可以判断地球的运动状态。

但是地球受到的太阳磁场力能与地球受到太阳对地球的“重力”或斥力平衡吗？如果平衡，正好满足机械能守恒。但是地球产生磁场的原因就是因为地球在公转轨道不满足机械能守恒，结果被迫产生了磁场或外力，反而满足机械能守恒了，这叫逻辑悖论。因此地球受到太阳的磁场力与地球受到太阳对地球的“重力”或斥力肯定不平衡。

那么磁场力应该多大呢？磁场力的大小肯定至少要保证地球不能跌落或被抛向势能增大方向，由于地球受到太阳的磁场力与地球受到太阳对地球的“重力”或斥力肯定不平衡，这只有一种可能，地球受到太阳的磁场力必须大于地球受到太阳对地球的“重力”或斥力。

根据现在地球的磁场方向可以判断地球受到的斥力，而这个斥力肯定大于“重力”，所以地球受到的合力一定是斥力。

从热力学第二定律可知，在自发状态下地球沿着公转轨道一周再回到原点，一定降低地球与外界势场的不平衡态，而绝不是保持原来的不平衡态，所以地球沿着公转轨道一周再回到原点，地球的运动状态肯定变了，而且肯定降低地球与外界势场的不平衡态。

由以上分析，根据现在地球磁场的方向，可以判定地球的势能低于外界势场的势能，地球受到太阳的磁场力必须大于地球受到太阳对地球的“重力”，所以地球受到的合力方向是斥力。

地球沿着公转轨道一周再回到原点，地球所受外力的做功必须保证地球的势能相对外界势场的势能差更小。因此外界势场必须给地球输入能量，因为输入能量可以提高地球的势能。

由热力学第二定律可知，必须是外界势场向地球输入能量 $W=\Delta mc^2$，这个能量用以提高地球的势能，地球接受外界势场的能流。

地球受到的外力肯定做正功，$W=\Delta mc^2>0$，而地球受到的合力方向是斥力，所以地球沿着公转轨道一周再回到原点，必须保证

地球的位移 $dr>0$,所以

$$W=W_0+W'>0$$

其中,W' 是地球沿着公转轨道一周再回到原点的各种功损。

$dr>0$ 说明地球回不到原点,而是向半径增大方向运动。

将外界对地球做功 $W=W_0+W'>0$ 代入热力学第二定律可得

$$\Delta S=W(1/\Phi_m-1/\Phi)=W(\Phi-\Phi_m)/(\Phi_m\cdot\Phi)\geqslant 0$$

地球的势能 $\Phi_m<\Phi$,Φ_m 总是低于公转轨道外界势场的势能 Φ,公转轨道不满足机械能守恒,所以地球受到太阳势场的“重力”,只不过这个“重力”被磁场斥力拖住了,原理上与地表重物的重力被地表支撑力拖住一样。

但是由于惯性定律与热力学第二定律相互制约,地球同样拒绝势能的提高,因此地球又将这部分能量转化为动能,动能的升高有助于地球的势能升高不至于变化太大。

但地球的圆周速度的动能要满足受力平衡,外力做功 W 原本就是由式(2-2)受力不平衡计算的,地球的圆周速度的动能变化不会破坏外界势场向地球输入能量 $W=\Delta mc^2$,因此地球的公转圆周速度变化并不大,所以外界势场向地球输入能量 $W=\Delta mc^2$ 将使得地球自转的转动能增加,这就满足了自然律天生就是为平衡而设计的原理。

所有的行星都相对太阳退行,所以行星应该是半径越大自转速度越高。

以上有关 W_0 与 W' 都是很微弱的,几乎可以忽略不计,通常计算按照满足机械能守恒的方式

$$W=W_0+W'=0$$

但这种微弱的效应足以证明地球正在远离太阳,并最终达到新的平衡态。

知道了地球相对外界势场的势能状态,就能准确地分析地磁

的变化。

已知地球的势能相对低于外界势场的势能，说明满足机械能守恒的公转轨道相对地球目前的实际公转轨道更靠近太阳，所以地球受到太阳势场的“重力”力图推动地球向满足机械能守恒的公转轨道靠近，地磁由此而产生。

因此地球距离太阳越远越不满足引力平衡，磁场应该更强，远日点磁场相对更强。而地球距离太阳越近越接近满足机械能守恒的公转轨道，所以近日点磁场相对更弱。

还能知道，满足机械能守恒的公转轨道相对地球的实际公转轨道越来越接近，这说明现在满足机械能守恒的公转轨道相对太阳的径向退行速度大于地球目前相对太阳的径向退行速度，从而最终能达成一致，从而磁场为零。

由于满足机械能守恒的公转轨道相对太阳的径向退行速度大于地球相对太阳的径向退行速度，最终满足机械能守恒的公转轨道半径又大于地球的实际公转轨道半径，那时的状态正好与现在相反，于是地磁翻转。

通过类似的重复分析可知，那时的地球相对太阳的径向退行速度大于满足机械能守恒的公转轨道的径向退行速度，地球最终能赶上满足机械能守恒的公转轨道的退行速度，达到引力平衡，磁场为零。

通俗解释就是外界势场满足机械能守恒的公转轨道是径向匀减速退行，而行星的公转公道是径向脉动减速退行，时而比满足机械能守恒的公转轨道的退行速度快，时而比满足机械能守恒的公转轨道的退行速度慢，这种状态交替进行。

如此往复循环，所以行星相对恒星的径向退行速度是脉动减速运动，同理恒星相对星系中心黑洞的径向退行速度也是脉动减速运动，进而可知宇宙星系相对宇宙初始的退行速度也是脉动减速运动。

这样必然带来一个结果，由于宇宙星系相对宇宙初始的退行速度也是脉动的，宇宙不同时期星系相对地球的速度未必一定是相对退行速度，有可能是相向运动，宇宙不同时期星系相对地球的相向速度与退行速度将会带来波长的多普勒红移与蓝移，而人们始终认为星系相对地球是退行速度，一旦出现光色反常，人们就会误判宇宙在加速膨胀。

11.2 量子纠缠现象

本节结论：量子纠缠是热力学第二定律的必然反映。

《经典物理学中的相对论 · 第 2 册》中

$$F_m = d\Phi_m/dr = \rho_m \cdot dV/dr$$

其中，V 是动系的实际体积。该式的物理意义是"物质具有保持原有时空状态的性质叫惯性，惯性等于质能密度 $\rho_m = M \cdot c^2/V$"。

动系势场时空伸缩反映在动系实际体积的伸缩，所以动系的惯性本质是动系势场时空的惯性，时空的势能密度 ρ_0 越大惯性越大。

若粒子势场时空被压缩，粒子具有抗压缩的能力。反之粒子时空被拉伸膨胀，粒子具有抗拉伸膨胀的能力。因此粒子势场的时空惯性很像一个弹性皮球或弹簧，同样具有共振频率。

通俗解释如下：

(1) 由惯性定律知道粒子势场时空具有抵抗时空变形的能力。

(2) 弹簧有共振频率，根据同一律性，同样的物理概念必有同样的结果，所以粒子势场的时空也有共振频率。

(3) 粒子势场时空之间相互嵌套，若其中一个粒子势场的时空发生伸缩，必将对其他粒子的势场产生影响，因此粒子之间有量子态共振联系，这种共振联系使得粒子之间可以通过共振感应传输共振态行为。

（4）经典物理学的粒子抵抗时空变形能力的表现形式是经过实践检验的牛顿第一运动定律与牛顿第二运动定律，但牛顿第一运动定律与牛顿第二运动定律应该是粒子势场时空伸缩在宏观粒子的运动反映，因此粒子势场之间相互感应的行为是真实的，即粒子之间可以传输运动状态。

（5）由热力学第二定律可知，在自发状态下，粒子之间具有力图保持时间快慢或势能一致的趋势。为了达到这个趋势，粒子势场之间要有能流，粒子之间功的交换是保证势能状态一致的必要条件。

由以上这 5 条基本可以理解量子纠缠现象。粒子势场的量子振荡频率与粒子的惯性 ρ_m 有关，只有相同惯性 ρ_m 的粒子才有相同的量子共振态。

相同质量、相同速度才有一致的时空收缩度 k_0，k_0 与粒子的速度方向有关。

只有相同速度及相同运动方向的粒子，才能有一致的伸缩度，才能保持一致的质能密度或惯性 ρ_m，从而有相同的时间快慢或势能，这是粒子之间力图满足机械能守恒的另一种表述法。为了保证粒子之间具有一样的行为状态，粒子之间的能量交换是不可少的。

实际上所有的粒子势场之间都将相互产生影响，但终归不同粒子势场时空之间的相互伸缩影响很小，哪怕粒子受到很小的外力造成的运动状态的变化都将覆盖粒子之间的量子纠缠效应，而且大部分粒子之间没有共振态，只有共振态粒子并且受到外力影响很小，才能把这种满足热力学第二定律的运动方式发挥到极致。

以上通过几个实例对热力学第二定律进行了物理概念的阐述，可以看出热力学第二定律证明并不复杂，逻辑严密，没有假设与个人主观。主要思想有两条：

(1) $\Delta S=\Delta S''+\Delta S'\geqslant 0$ 建立在时空不平衡 $E_0=E_k+\Phi$ 基础上，即动系的动能并不等于引力平衡速度或不满足机械能守恒，本质是动系的时间与引力势的固有时间不一致。卫星最终能自发完成引力平衡本质是卫星系统与外界的时间快慢最终趋于一致。正因为如此，首先选择引力公式 $E_0=E_k+\Phi$ 以及 $\Delta E_0=\Delta E_k+\Delta\Phi$ 作为突破口。

(2) 由 $E_k=-\Phi_m$ 以及 $\Delta E_k=-\Delta\Phi_m$ 置换公式中的动能，$\Delta S=-(W_0+W')/E_k$，并由此得出源于引力公式的更具有一般普适的热力学第二定律熵增公式 $\Delta S=W/\Phi_m$。如果没有 $E_k=-\Phi_m$ 以及 $\Delta E_k=-\Delta\Phi_m$，想把热力学第二定律推到定理的位置是很难的。

例如，两种颜色不均匀的物质放在一起，颜色不均匀代表物质种类不一样，不同种类分子的时间快慢不一样，有时间快慢差别，尽管这个误差很小，宏观可以忽略不计，最终依然会扩散混合均匀，这时溶剂与溶质均匀，大范围的宏观时间快慢差别被消除了。

这种大范围的宏观时间快慢差别被消除不等于微观不同种类的分子之间的时间快慢差被消除，微观不同种类的分子之间的时间快慢差是靠时间漫长的原子级别的自发衰变来完成的，所以不同时期根据外界势场的固有时间快慢，必有一种与外界势场固有时间快慢最接近的元素最稳定，其他元素都将自发地向现阶段最稳定的元素衰变。

以上证明过程总是涉及地磁，因此以下各章开始由热力学第二定律的概念阐述磁场的产生与磁场性质。

12　地球的重力分布与磁场分布的关系

12.1　地表动钟相对快慢的计算

本节结论：地表达到引力平衡的失重系是地表计算动钟相对快慢的标准参照系。

由于地球有自转，地表静系有牵连运动，u'是地表静系的自转圆周牵连速度。

地表有无穷多个惯性系，按照惯性系的平权性，不同的惯性系观察动系的动能增量都一样。但要想取得动系的真实动能增量，必须把势能零点选在地表引力势处，因此地表只有一个惯性系满足这个要求，就是达到引力平衡失重状态的匀速惯性系。

地球自转向东，设匀速惯性系向东运动达到引力平衡失重状态的失重速度是 u'，在失重系观察地表静系具有向西的牵连速度 u'，动系是相对运动，所以动系的真实动能增量

$$\Delta E_k = M_0 \cdot u^2/2 - M_0 \cdot u' \cdot u < 0 \qquad (12\text{-}1)$$

动系相对真实动能增量 ΔE_k 与参照系无关，在宇宙所有引力势能零点参照系观察地表动系的真实动能增量 ΔE_k 都统一，引力势能零点之所以选在地表，仅仅是因为观察更方便。

可以看出，式(12-1)与本书第 1 册式(8-1)$k_0 \approx 1 + A \cdot \beta -$

$\beta^2/2$ 相互对应，而式(8-1)要求站在相对势能零点的牵连运动 u' 观察动系的相对速度是 u，其中 $A=-u'/c$，$\beta=u/c$，当相对速度 u 与向西的牵连速度 u' 反向时取负号，$A\cdot\beta-\beta^2/2$ 与式(12-1)正好对应，$A\cdot\beta-\beta^2/2=\Delta k_0$ 代表动系的 k_0 值增量。

动系的相对势能增量与动系的动能增量方向相反，即

$$\Delta\Phi_m=-\Delta E_k=M_0\cdot u'\cdot u-M_0\cdot u^2/2 \qquad (12\text{-}2)$$

相对势能 Φ_m 与时钟的相对快慢是同义词，由 $\Delta\Phi_m$ 可以直接看出动钟相对比静钟的快慢，当然也可以用 $k_0\approx1+A\cdot\beta-\beta^2/2$ 计算，效果一样。

第 1 册式(8-1)$k_0\approx1+A\cdot\beta-\beta^2/2$ 代表动系的相对论时延效应，可以看出动系向东的 $k_0>1$，动钟加快，动系相对势能提高 $\Delta\Phi_m=-\Delta E_k>0$。

当动系相对速度达到失重速度 u'，动系的相对势能正好等于经典物理学对应的相对势能

$$\Phi=M_0\cdot u'^2/2=-\Delta E_k$$

如果地球没有自转，地表引力势 $\Phi=M_0\cdot U^2/2$，其中 U 是地球没有自转的失重速度。由于地球自转，地表已经有了牵连速度 u_0，所以

$$U=u'+u_0$$

势能是相对概念，地表静系观察失重系的势能是 $\Phi=M_0\cdot u'^2/2$，在失重系观察地表的相对势能为

$$\Phi_0=-M_0\cdot u'^2/2=-M_0\cdot(U-u_0)^2/2 \qquad (12\text{-}3)$$

其中，Φ_0 是以失重系观察地表赤道静系的物质势能。

尽管式(12-2)与经典物理学吻合，但要明确，相对势能 Φ_m 的概念与时钟的相对快慢是同义词，静系相对势能比失重的势能低，代表地表静钟比失重系的动钟慢。

可以用相对时空的物理概念来判断相对论的正确性。无论是理论计算还是实验证明，势能越高时钟相对静钟越快，能让动钟飞

起来的运动方向一定是动钟相对比静钟快，否则飞不起来。

这就是判断相对论动钟慢的错误的最简单判据。

12.2 地球的重力分布

本节结论：午夜的重力大于中午的重力，早晚的重力最大。

假设地球自转轴垂直于公转轨道平面，这样可以保证地球赤道或等维度平面距离太阳最远或最近的质点速度方向正好与自转轴同纬度公转速度方向共线，计算相对简单。

地球围绕太阳公转轨道公转速度 u 方向如图 12-1 所示，1 点与 2 点的绝对速度方向与公转速度 u 方向一致。

假设地球相对太阳做正圆圆周公转运动，地球质心圆周公转牵连速度为 u，地球自转带动赤道相对线速度为 u_0，地表赤道的绝对速度为 $u+u_0$。如果不考虑太阳引力的作用，地表达到引力平衡失重物质的相对速度为 U，地表自身重力是均衡的。

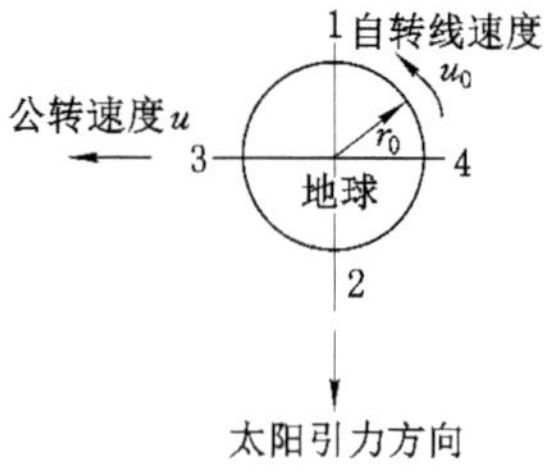

图 12-1　地球围绕太阳公转的速度示意图

太阳引力

$$F_0 = MG/r^2$$

太阳势场的引力叠加在地球势场的引力上，以太阳在地球质心的引力为标准，太阳的引力沿着地球赤道 1 点与 2 点的分布是与地球距离太阳的平方 r^2 成反比关系，引力增量变化为

$$\Delta F_0 = -2MG \cdot \Delta r/r^3 = \pm 2MG \cdot r_0/r^3$$

其中，$\Delta r = r_0$ 是地球半径。

地表赤道 1 点与 2 点相对太阳的绝对速度

$$u' = u \pm u_0$$

地球质心达到引力平衡速度为 u，也就是地球 3 与 4 两点达到引力平衡速度，所以地球 3 与 4 两点的重力一样，这两点的时间大约在地球早晚 6 点(中国时区)的位置。

可以看出地表赤道 1 点与 2 点相对地球质心的速度变化是线性的，而太阳引力相对地球质心的引力变化不是线性的，结果是地表赤道 1 点的引力下降幅度为

$$\Delta F_0 = -2MG \cdot r_0/r^3$$

而地球赤道的线速度增加 $u' = u + u_0$，造成地球自转的惯性离心力增大，将大于太阳引力的降低幅度，如果没有地球的重力，地表赤道 1 点的物质将会被甩出去。由于地球自身有重力，地表赤道 1 点的物质将会被甩出去的力与地球自身的重力叠加，结果是地表赤道午夜的重力下降。

地表赤道 2 点的引力增加幅度为

$$\Delta F_0 = 2MG \cdot r_0/r^3$$

注意，地表赤道 2 点的半径 r 小了，地表赤道 2 点的引力增加幅度大于地表赤道 1 点的引力下降幅度。但地表赤道 2 点的绝对速度反而降低，$u' = u - u_0$，造成地表赤道 2 点受到太阳方向的引力要大于地表赤道 1 点的物质将会被甩出去的力，地表赤道 2 点受到太阳方向的引力与地球自身重力叠加，同样是重力降低，但重力降低幅度要大于地表赤道 1 点的重力的降低幅度，结果是中午的重力低于午夜的重力。

综合以上结果，地球表面重力的合力指向太阳方向，地球有向太阳跌落的趋势，由上一章热力学第二定律计算可知，地球会自发产生磁场拖住地球。

以上结果正好与上一章由热力学第二定律计算的结果完全一致。

最后看磁场的分布。由于地表赤道 2 点或中午不满足机械能

守恒的程度最大，由热力学第二定律可知，地球产生磁场是由于地球不满足机械能守恒而致，所以不满足机械能守恒的部位的磁场应该更强，因此白天的磁场大于午夜的磁场。

这就是地磁分布与重力分布对应的原因。

将来地球满足机械能守恒，磁场消失，午夜的重力将与中午的重力相等。

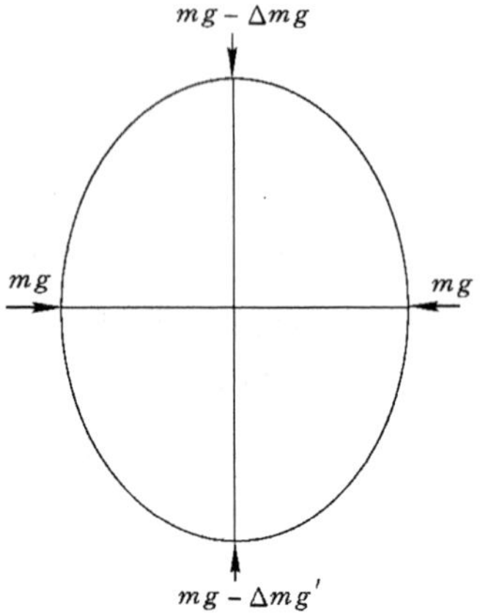

图 12-2　重力分布引起的地壳变形示意图

重力分布引起的地壳变形如图 12-2 所示。地球沿着地球质心与太阳质心连线方向被拉长，地球赤道圆周早晚的重力相对最大，而赤道昼夜正午重力相对最低。当这种拉长度很大时，星体就被撕裂。

12.3　地壳变形分析

本节结论： 地表的塌陷、滑坡等多集中在近日点至远日点期间。

(1) 重力变化幅度的分析

地球两极重力最大，但变化较小。其次是赤道早晚的重力，赤道午夜的重力与赤道中午的重力较低，而赤道中午的重力比赤道午夜的重力略低。所以赤道附近一天会发生 4 次重力变化，平均 6 小时变化一次。

地球公转的椭圆运动在一年里有半年远离太阳，半年靠近太阳，所以一个年周期中必有重力变化幅度最大与重力变化幅度最小的时期。

重力变化最大的时候配合 24 小时的重力日周期，会导致地表日周期重力变化幅度最大。

从近日点到远日点地球转速越来越快，直接后果就类似于鼓蒙皮的振动频率提高一样，而且这个鼓蒙皮面积实际是很大的，所以尽管重力变化很小，但由于面积很大，整体作用力并不小，重力变化速度提高就像振动筛敲击着地表，会引起诸多地壳运动效应。

(2) 地球自转加速度分布

根据上一章分析，当地球从近日点向远日点运动，地球自转加速，因此地壳半径越大，加速引起的切向力越大。当地球从远日点向近日点运动，正好与地球从近日点向远日点运动反对称，地球自转减速。所以地球自转加速度分布是沿着远、近日点连线两侧对称分布。

(3) 地球重力变化对地下水系的作用

由于赤道早晚重力最大，会把地表水系挤向赤道昼夜正午方向，所以地表水系沿地球质心与太阳质心连线方向呈椭圆形分布。由于赤道早晚把地表水向赤道昼夜正午方向挤压，地球早晚至昼夜午间会发生两次起潮力。

如果月亮的位置与太阳的位置叠加，起潮力会很大。

重力大会压迫地壳位移，因此地下水水位也会随着重力变化而变化。赤道早晚地壳重力压迫变形最大，地下水压力最大，地下水位最高，赤道正午水位最低。

水井里早晨水很多，中午就少了，似乎是水被用得太多了，一夜不用水又多了，实际是地壳运动的结果。

(4) 重力变化对地壳的影响

如果地表有空洞、疏松薄弱区域，一天 4 次的重力变化，就会发生地陷与山体滑坡等，并且地下水位越低，空洞、疏松越严重，地陷与山体滑坡越严重。

由于从近日点到远日点地球自转速度逐步提高，如果再考虑自转加速度引起的地壳切向力的影响，3 到 6 月份之间是地陷与山体塌方或滑坡高发季节，并且越接近赤道这种现象越严重。

自转加速主要对地震有影响，因此近日点到 3 月份之间以及对称位置的远日点到 9 月份地震频率最高。

对于地下水压较高的地区，地陷与山体滑坡较少，但由于重力变化对地下水系的压迫作用，当地下水连通面积较大时，类似于一个巨大的天然水压机，即便很小的水压变化，十几平方千米的连通面积即可以产生很大的作用力，如果是百十平方千米连通面积就可能很危险了。加上地壳变形有可能会被大面积的水压作用鼓破，地壳也会被白天正午大面积的水压降低幅度而被压塌，地壳是易破碎物质，即便径向很小的位移变形，配合一天 4 次的重力变化，以及切向力的作用，这类地区的地震概率极高。

其实从远日点向近日点运动也有对称的重力变化，但由于重力变化是逐步降低而不是增加的，并且地球自转速度降低，破坏强度从高到低变化，所以薄弱地带都在下半年 7 月至 8 月之前发生。到了远日点以后一般都是经过考验的地质变化，可以认为从近日点到远日点地壳被高频的重力变化反复作用，类似于打夯，地壳被夯实了，所以从远日点到近日点相对较稳定，下半年地陷与山体塌方或滑坡次数相对比上半年少，因此不能把这种现象简单归结为雨季对地下水的影响。

13 相对时空的旋度

本章结论:相对时空存在速度旋度,相对时空的旋度就是磁场。

可以由经典物理学直接证明磁场是物质,不满足机械能守恒的物理现象。

地球有引力场,物质都有属于自身的势场,势场是跟随场源运动的,场源物质走到哪将势场带到哪。势场时空不是真空,而是有真空能物质充斥在势场中,因此场源物质的势场各点都有速度。

但由于场源各点的时间快慢分布不一样,所以势场力程范围内各点的速度 u' 与场源物质质心的固有速度 u_0 有关联,因此势场有效力程内各点的速度 u' 与场源质心的固有速度 u_0 并不一样。

例如引力势半径越大时间 τ 相对越快,场源质心时间 Δt_0 与势场各点的时间 τ 快慢关系满足 $\tau=\Delta t_0 \cdot k_0$,$k_0$ 是势场各点相对势场质心的尺缩系数,势场各点跟随场源质心运动同样的位移 L。

则场源质心速度

$$u_0=L/\Delta t_0$$

势场有效力程内各点的固有速度 u' 满足

$$u'=L/\tau=L/(\Delta t_0 \cdot k_0)=u_0/k_0 \tag{13-1}$$

这就造成势场各点跟随场源质心运动会有不同的速度 u' 分布,过场源质心垂直于场源速度方向的轴线的势场速度分布如图

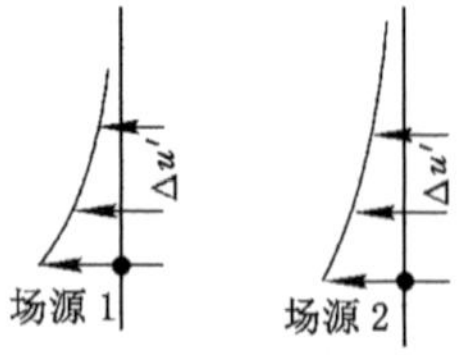

图 13-1　势场各点随场源质心运动的速度分布

13-1 所示。

场源不同半径之间有速度差 $\Delta u'$，半径越大，速度差 $\Delta u'$ 越小，这种势场速度差分布与流体层流速度差分布一样，形成势场速度旋度 $\boldsymbol{\Omega}=2\boldsymbol{\omega}$，当动系进入势场力程范围，势场对动系就会产生经典物理学的科氏力

$$\boldsymbol{f}_{\mathrm{L}}=2\boldsymbol{\omega}\times\boldsymbol{u}_0$$

可以看出同样的场源速度 u_0，由于势场的时间快慢分布或势能分布不同，场源 1 与场源 2 的旋度不可能一样，时间快慢梯度越大，势场速度旋度 $\boldsymbol{\Omega}=2\boldsymbol{\omega}$ 越大。而时间梯度与势能梯度是同义词，势能梯度本身就是场强 f_0，所以势场速度旋度 $\boldsymbol{\Omega}=2\boldsymbol{\omega}$ 不仅与势场速度 u'分布有关，也因此必然与 k_0 分布有关，此外还与各点场强 f_0 有关。

势场每一点的速度 u'都可以看成势场速度是围绕某一曲率半径 r'的圆心做圆周运动引起的切向运动，这与刚体转盘的速度没有任何区别，只不过 r 是场源半径的函数，势场速度 u'分布的曲率半径 r'是变量。

为了说明旋度与科氏力的关系，可用旋转刚体转盘做一比较，如图 13-2 所示。

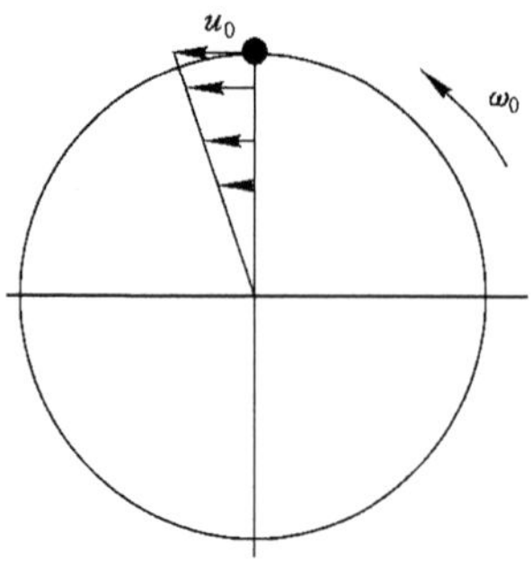

图 13-2　转盘运动示意图

设转盘最大半径的固有速度为 u_0，从转盘中心到边缘有速度梯度 $\mathrm{d}u'/\mathrm{d}r=\omega$，半径越大速度越大。

$$u'=\omega r=u_0\cdot r/r_0=u_0/k_0 \tag{13-2}$$

$$k_0=r_0/r$$

式(13-2)说明转盘刚体运动有刚体速度分布，所以沿着半径方向有速度梯度，刚体转盘运动有旋度。

在绝对时空，转盘半径的时间与静系的时间快慢一样，u'就是固有速度，k_0 就是转盘的刚体速度分布比例，在逻辑上与式(13-1)类似，只不过不是时间快慢分布引起的速度分布，而是半径不同引起的速度分布。

可以由经典物理学把转盘旋度 $\Omega=2\omega$ 经过简单整理得到矢量关系

$$\boldsymbol{\Omega}=\boldsymbol{u}_0\times\boldsymbol{f}_0/(K\cdot c^2) \tag{13-3}$$

$$K=k_0\cdot f(\beta),f(\beta)=a-(1-\beta^2/2)$$

$f_0=\omega^2\cdot r$ 是转盘的向心加速度，$k=1-\beta^2/2$ 实际就是相对论尺缩系数，但在这里应该理解为满足刚体转盘旋度的配平系数。

最大半径的固有速度为 u_0 带动转盘各点的速度分布，u_0 相当于运动场源，f_0 是转盘的向心加速度，逻辑上是转盘势场的场力场强。

a 代表势场的相对运动分布的因子，具有相对运动速度分布的势场 $a=1$，没有相对运动速度分布的势场 $a=0$，例如引力势就是没有相对运动速度分布的势场。

转盘属于具有相对运动速度分布的势场，将 $a=1$ 代入 $f(\beta)$

$$f(\beta)=\beta^2/2$$

将 $f(\beta)=\beta^2/2$ 代入式(13-3)可得矢量

$$\boldsymbol{\Omega}=\boldsymbol{u}_0\times\boldsymbol{f}_0/(K\cdot c^2)=2\boldsymbol{\omega}$$

即刚体转盘的旋度可以用带动转盘各点运动的速度 u_0 以及转盘的 k_0 分布表达出来。

经典物理学转盘的旋度 $\boldsymbol{\Omega}=2\boldsymbol{\omega}$ 很简单，之所以出现式(13-3)的复杂形式，是为了寻找时空旋度的规律性，从中找出计算时空旋度的规律，实际就是寻找客观规律的同一律性，利用客观规律的同一律性寻找磁场的物理意义。

如果场源有速度 u_0，场源的势场必然有速度 u'分布以及速度梯度，必然存在速度旋度，而速度的旋度矢量 $\boldsymbol{\Omega}$ 必然与场源的场强矢量 $\boldsymbol{f}_0$ 以及场源的速度矢量 $\boldsymbol{u}_0$ 满足式(13-3)。

刚体转盘的旋度式(13-3)应该是物质势场时空旋度的通式，K 是物质势场尺缩 k_0 分布与势场相对运动的函数。

在绝对时空当势场没有相对运动速度分布时 $a=0$，$k_0=1$，转盘由于没有场力，转盘旋度为零。

但对于有势场场力的场源，式(13-3)为

$$\boldsymbol{\Omega}=-\boldsymbol{u}_0\times\boldsymbol{f}_0'/(k_0\cdot c^2)$$

在经典物理学的绝对时空范畴内 $k_0=1$，不能用相对时空的尺缩概念 k 解释

$$\boldsymbol{f}_0'=\boldsymbol{f}_0/k$$

在绝对时空 $k=1-\beta^2/2$ 就是时空旋度的配平系数概念，没有必要再去解释 k 的时空意义，绝对时空与相对时空混用属于物理概念不清晰。

自然律满足同一律性，即同一物理现象遵从同一实验定律，不可能违背这个自然律。旋度由场源运动而生，场源运动速度 u_0 越大旋度越大，场强 f_0 越大旋度越大，所以用场源质心速度 u_0 与场强 f_0 的乘积代表势场速度旋度的分布函数，将 $K=k_0\cdot f(\beta)=k_0\cdot k$ 直接代入运动势场的相对时空的旋度矢量

$$\boldsymbol{\Omega}=-\boldsymbol{u}_0\times\boldsymbol{f}_0'/(k_0\cdot c^2) \tag{13-4}$$

显然势场的旋度矢量 $\boldsymbol{\Omega}=-\boldsymbol{u}_0\times\boldsymbol{f}_0'/c^2$ 要比刚体的旋度弱很多，但是势场只要有速度分布以及时延系数 k_0，K 就不可能是常数，这是同一律所决定的。

经典物理学属于绝对时空，场源势场各点相对场源质心的时延系数 k_0 不发挥任何作用。在经典物理是绝对时空 $k_0=1$，可以证明

$$\boldsymbol{\Omega}=\boldsymbol{u}_0\cdot\boldsymbol{f}_0'/c^2 \tag{13-5}$$

k_0 是场源势场各点相对势场质心的时延系数，相当于式(13-3) $a=0$ 的情况，时空旋度与势场的时延系数 k_0 肯定有关。

在相对时空状态下，有了势场时间相对快慢分布 k_0 的概念，解释场源质心的相对运动的尺缩 k 才具有实际意义，这时的 k 值就不是旋度的配平系数。

动系刚体的受力以及科氏力等都是由动系质心时间相对外界势场时间的快慢引起的。同理动系运动速度 u 与外界物质势场速度场分布引起的旋度 $\Omega=2\omega$ 相互作用同样会引起受力。引力惯性物质在引力场的科氏力满足矢量关系

$$\boldsymbol{f}=2\boldsymbol{\omega}\times\boldsymbol{u}=-\boldsymbol{u}\times2\boldsymbol{\omega}=\boldsymbol{u}\times\boldsymbol{B}$$

$$\boldsymbol{B}=-2\boldsymbol{\omega} \tag{13-6}$$

$\boldsymbol{B}$ 在经典物理学中称作磁感应强度或磁场，$\boldsymbol{B}=-2\boldsymbol{\omega}=\boldsymbol{u}_0\times\boldsymbol{f}_0'/(k_0\cdot c^2)$。

在绝对时空 $k_0=1$，上式就是绝对时空正电荷产生的磁场，可以理解为静质量物质相当于负电荷。

物质势场速度的前后方没有切向速度梯度，只有与运动方向一致的纵向速度梯度，因此不产生旋度，所以运动物质的前后方不产生磁场。

场源势场速度旋度 $\Omega=2\omega$ 与刚体旋度有什么区别？刚体旋度实际是刚体圆周运动产生的，计算科氏力必须考虑产生旋度的刚体圆周运动。而场源势场速度旋度 $\Omega=2\omega$ 并不是由场源圆周运动产生的，而是势场时间相对快慢分布造成的速度分布不同引起的，因此在计算动系受力时要在势场中满足刚体运动受力的基础上再叠加洛伦兹力。

在经典物理学中，引力惯性物质中没有洛伦兹力 $\boldsymbol{f}=\boldsymbol{u}\times\boldsymbol{B}$，原因是引力势中洛伦兹力 $\boldsymbol{f}=\boldsymbol{u}\times\boldsymbol{B}$ 太小了。

当行星公转轨道方向与恒星自转方向一致时，洛伦兹力 $\boldsymbol{f}=\boldsymbol{u}\times\boldsymbol{B}$ 方向是斥力，行星很不容易跌落。当行星公转轨道方向与恒

星自转方向相反时洛伦兹力 $\boldsymbol{f}=\boldsymbol{u}\times\boldsymbol{B}$ 方向与引力一致，所以行星公转轨道方向与恒星自转方向相反最终都将跌落。

静质量物质的洛伦兹力相当于正电荷受的洛伦兹力。

下面给出本章内容的深层次问题：

(1) 物质场能的实验理念具有普适性

以上给出了势场旋度与磁场的计算方法，但本书并没有采用电磁学理论，不过是经典物理的方法，有关理论计算放在下一章介绍。

在实际应用中，没必要像以上这样用烦琐的理论计算，根据质能守恒是所有物质度量标准的统一性概念可知，电荷不过是质能的一种形式，质能的能量分布概念就是势场，势场的能量分布概念是不以物质形态而区分的。

无论是电荷还是静质量星系，都可以产生磁场，因此电荷物质的势场在运动中产生的场能效应，实际是不同势场质能分布的一种形式，逻辑上应该是所有质能物质势场在运动中产生场能效应的一种，而绝非只有电荷可以产生场能效应，由此物质势场应该遵从统一的实验定律。

电磁理论的实验定律以及在此基础上的定理，均适用于引力场。

反过来静质量物质发生的运动现象，同样应该是电荷物质存在的现象，只是人们用不同的方法解释同义的物理现象，并给出了不同的学科名词。

因此可以用同义类比法将二者统一起来，可以使问题的分析大幅简化，而无须进行烦琐的理论分析与计算。

例如电场中的洛伦兹力的方向即与磁场方向垂直又与速度方向垂直，洛伦兹力的大小不但与磁场成正比，还与动系电荷的速度成正比。经典物理学证明，动系在转盘场中的科氏力的方向即与旋度垂直又与速度方向垂直，动系科氏力的大小不但与转盘场的旋度成正比，还与动系速度成正比。

另外从磁场与转盘旋度的公式具有完全对应的概念，例如转盘刚体的向心力与电荷的场力对应等。

由同义概念可知，磁场与旋度是同一物理概念，但磁场是外在效应，代表场源相对外界势场的受力不平衡度，只有在外界势场不满足机械能守恒的星系才显示磁场。而旋度是势场场源的运动特性，只要场源有运动就有旋度。即便没有磁场，行星势场旋度依然存在。物理学仅仅是为了与各自理论的方法配套，磁场方向与旋度方向仅仅是定义不同而已。

同理，洛伦兹力与科氏力虽然是同一物理概念，但科氏力参与到星系的引力平衡计算中，在计算中不满足受力平衡的部分才发生洛伦兹力，洛伦兹力是将系统不满足受力平衡的受力部分表示出来。

有了磁场与势场旋度的这种关系，以下就以本条内容为基础，不去做理论分析，直接用实验给出关于势场旋度的计算方法。

(2) 由实验确定势场的时空旋度

当星系向黑洞跌落，最后星系被撕碎一定是沿着黑洞自转方向运动的吸积盘方向，根据科氏力总是与动系速度方向垂直的侧向力特点，可直接得出星系在外界势场中的科氏力方向。

如图 13-3 所示，中心点是黑洞，黑洞自转角速度为 ω，一个星系从黑洞赤道平面的无穷远处沿着黑洞径向向黑洞中心对心跌落，为了保证星系能向黑洞自转方向偏转，星系对心跌落肯定受到向黑洞自转方向平行的侧向力，这个侧向力恰恰是科氏力 f_L。

既然知道黑洞自转角速度 $\boldsymbol{\omega}$ 方向与黑洞势场旋度 $\boldsymbol{\Omega}$ 方向相互平行，仅仅是方向与大小的区别，因此势场旋度矢量

$$\boldsymbol{\Omega} = \pm n \cdot \boldsymbol{\omega}$$

$\boldsymbol{\Omega}$ 是黑洞势场旋度，n 是黑洞半径的函数，$n \cdot \boldsymbol{\omega}$ 代表实际的旋度值，上式的正负号代表由实验确定势场旋度的方向。

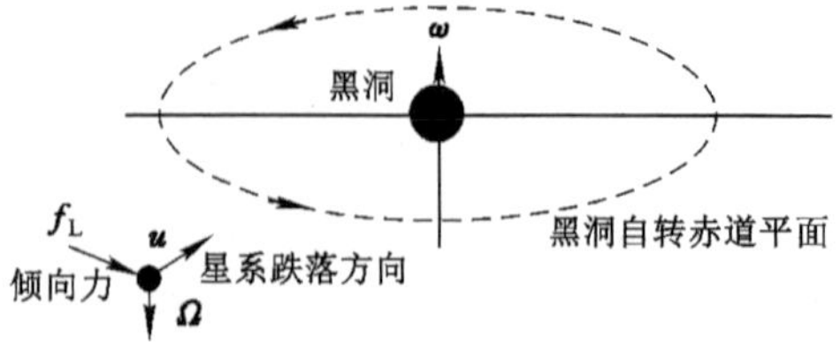

图 13-3　科氏力 $\boldsymbol{f}_L$ 与势场旋度 $\boldsymbol{\Omega}$ 以及星体速度 $\boldsymbol{u}$ 方向示意图

由经典物理学科氏力原理知道叉乘矢量积 $\boldsymbol{\Omega}\times\boldsymbol{u}$ 代表转盘动系的科氏力，所以星系受到科氏力大小以及方向由图 13-3 实验可直接得出

$$\boldsymbol{f}_L=-n\cdot\boldsymbol{\omega}\times\boldsymbol{u}=\boldsymbol{\Omega}\times\boldsymbol{u}$$

上式是矢量关系，$\boldsymbol{\omega}\times\boldsymbol{u}$ 是矢量积，$-n\cdot\boldsymbol{\omega}$ 的物理含义是引力场的势场旋度与场源中心主星系自转角速度的方向相反。

定性计算中人们没必要知道 n 的实际大小，只要知道矢量积 $\boldsymbol{\omega}\times\boldsymbol{u}$ 的方向，由上式就可知道科氏力 $\boldsymbol{f}_L$ 的方向，$\boldsymbol{f}_L$ 与 $\boldsymbol{\Omega}$ 以及 $\boldsymbol{u}$ 之间相互垂直。

外界势场作用在星系有两个力，一个是不可视的科氏力，一个是可视的磁场力，今天的物理理论没有势场旋度与科氏力，引起星系运动的各种宇宙之谜。

(3) 卫星轨道平面与行星自转赤道平面的相互关系对卫星的作用

当卫星轨道平面与行星自转赤道平面在同一个平面，卫星是椭圆轨道，行星在椭圆的焦点位置，行星自转角速度如图 13-4 所示。

卫星公转方向与行星自转方向一致，可以简单得出科氏力方向与轨道平面是同一平面，科氏力 $\boldsymbol{f}_L$ 方向几乎与行星半径方向一致，在卫星椭圆轨道的远近点，科氏力正好与行星半径方向一致。

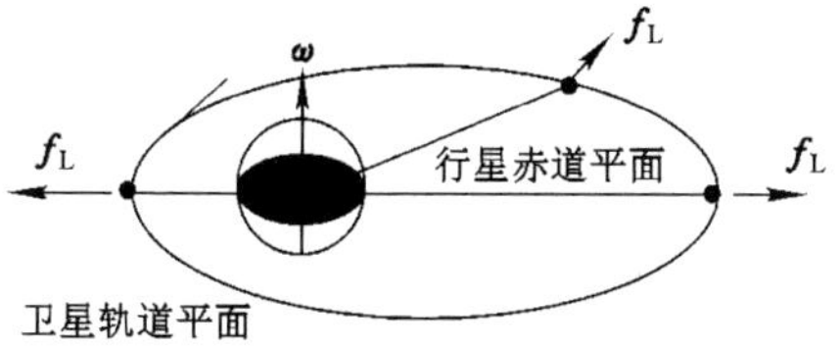

图 13-4 科氏力 f_L 方向与行量自转方向 ω 示意图

图中大致画出了卫星在轨道的三个位置的科氏力方向。

科氏力方向与引力方向相反，形成外界势场给卫星的外力。

如果没有科氏力，当卫星偏离引力平衡轨道，卫星要靠动能变化形成的径向加速力与引力平衡，卫星动能变化必然带来卫星轨道半径的变化，增加轨道的椭圆率。由于科氏力总是在偏离引力平衡的轨道产生，且与引力方向相反，抵消了部分引力，卫星的加速力就相对降低，代表动能变化降低，所以轨道椭圆率也被降低。

由于科氏力与卫星速度成正比，轨道近行星点的科氏力大于轨道远行星点的科氏力，因此卫星轨道力图向椭圆长短轴一致的方向平移。另外轨道各点的科氏力方向都有将轨道拉伸成正圆轨道的趋势，所以卫星轨道最终将逐步降低椭圆率，并达成引力平衡。

由此可以得出经过百亿年的演化，宇宙早期星系轨道的椭圆率要比今天大得多。

(4) 星系势场旋度与星系磁场的关系

如果卫星有磁场，磁场与洛伦兹力怎么计算？在以上计算中满足

$$\boldsymbol{f}_0-\boldsymbol{f}_L-\boldsymbol{a}=\boldsymbol{f}'$$

$\boldsymbol{f}_0$ 是指向行星质心的场强，$\boldsymbol{a}$ 是卫星的向心加速度，表现为惯性力离心力，科氏力与引力相反，科氏力降低了引力不平衡程度，但不可能完全抵消引力不平衡程度，不平衡的受力部分 $\boldsymbol{f}'$ 就要靠卫

星受到的磁场力来平衡，卫星与此对应必然产生磁场。

用做功的概念是

$$f_0 - a = f' + f_L = f$$

f'与 f_L 是卫星受的两个性质完全不同的外力。但在卫星轨道平面与行星自转赤道平面近乎平行的状态下，f'与 f_L 的作用总是相抵，总效果是合外力 f 被降低，这正是科氏力做功的效果。经典物理的公式正确无疑，但合外力 f 掩盖了科氏力的作用，造成人们至今没有势场旋度概念。

但在几十亿年的演化中，恰恰是 f_L 的作用逐步显现了出来。

例如，太阳对地球的洛伦兹力表现正电荷性质，可以用地球的速度矢量与外磁场的矢量积计算，可以得出地球受到的磁场力是斥力，因此 f 的方向指向太阳，磁场力与 f 达成平衡。

外力 f 是真实可视的外力，表现为地球重力分布，夜里正午的重力一定大于白天正午的重力。

因此卫星势场旋度并不是全部转换为磁场，而是由不平衡的程度将势场旋度按照一定比例关系转换为磁场，按照磁场定义，磁场与势场旋度方向相反。

由于卫星物质各点的引力不平衡度是不均衡的，有的质点引力不平衡度很大，这些质点的引力不平衡度同样反映在卫星的势场中，所以卫星势场的旋度转化为磁场的程度也不均衡，形成不均衡的磁场分布，造成磁场的轴心线与卫星自转的轴心线不一致。

例如，地球的磁场分布就是白天强夜里弱，远日点的磁场大于近日点的磁场。

由于星系旋度只与星系自转以及圆周运动有关，不会因为磁场翻转而发生变化，所以磁场翻转过程必须伴随电荷性的翻转，这是造成磁场翻转不改变星系的自转方向，星系之间运动关系仍满足经典物理关系。

而电荷势场的旋度全部转换为磁场。

这就是星系产生的磁场与电荷产生磁场的区别，这样就把电荷产生的磁场与星系产生的磁场在势场旋度概念完全统一起来，牛顿力与电磁力原本就是同义。为了与经典物理学的电荷产生磁场相吻合，星系物质必须对应定义可变的电荷性。

(5) 卫星公转方向与行星自转方向相反

当卫星公转方向与行星自转方向相反，科氏力方向也相反，由同样的分析，卫星轨道椭圆率将会很大。并且会越来越大，卫星将逐步跌落。

星系经过至少几十亿年的演化，行星反向的公转轨道基本都跌落没有了，即便有反向公转轨道的行星，也一定是正在跌落的低轨道行星。

(6) 卫星轨道平面与行星自转赤道平面相互垂直

当卫星轨道平面与行星自转赤道平面相互垂直，如图 13-5 所示。

卫星科氏力方向与半径方向垂直，无法形成与引力抵消的作用，这样当卫星不满足引力平衡，完全靠卫星的动能变化的径向加速力与引力平衡，动能变化必然较大，由此带来的轨道椭圆率就很大。

这种状态应该是卫星不满足引力平衡的极限状态。

由此得出卫星轨道平面与行星自转赤道平面的倾角越大，卫星椭圆率越大。

由图 13-5 中卫星科氏力方向可以看出，如果将各点的科氏力画出，由于近行星点卫星速度大，科氏力也大。因此，卫星轨道平面力图向行星自转赤道平面方向靠拢，因此发展趋势是经过百亿年的演化，今天的行星轨道基本都在太阳自转赤道平面附近。

由此可以看出，宇宙早期星系相对黑洞自转赤道平面的倾角要比今天的大得多。

(7) 行星自转轴的方向

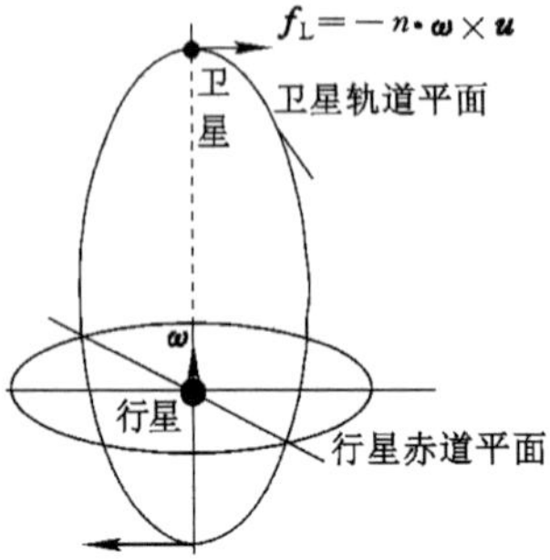

图 13-5　卫星轨道平面与行星自转赤道平面相互垂直科氏力 f_L 方向与行星自转方向 ω 示意图

由卫星轨道平面与行星自转赤道平面相互垂直可以推导出，如果卫星产生磁场力图与行星磁场平衡，卫星旋度方向只有两个方向能与行星磁场方向达成一致，即在行星自转轴方向的远、近行星点，可以使得卫星的旋度方向与行星磁场方向平行。

因此卫星这种状态的自转轴只有一个可能，即卫星的自转轴总是与半径方向保持一致，并且自转方向不变，这样卫星势场的旋度必将在远、近行星点的两个位置最大限度地转化为磁场，力图与外界磁场达成受力平衡。

在其他方向，由于卫星势场的旋度与行星磁场方向不一致，例如，当卫星势场的旋度与行星磁场方向垂直，卫星势场的自转旋度即便全部产生磁场，最多使 卫星自转轴产生力矩，但不可能与行星磁场达成平衡。

因此卫星自转轴与行星磁场方向平行度越高，卫星磁场的作用越大。

而且卫星自转轴与卫星轨道平面平行一定说明卫星在极限状态的引力不平衡度，为了能够产生最大的磁场，必然会产生很大的旋度，因此卫星这种状态的自转速度一定很大。不排除宇宙有这种状态的行星，这种行星通常是恒星从宇宙捕捉时间不长的行星。

由此可知，行星轨道平面与行星自转轴的关系：行星自转轴与恒星磁场方向越平行，行星产生磁场的作用越大。因此，行星自发状态的自转轴将最大限度地与外界磁场方向保持一致。

而外界磁场通常也与场源主星系自转轴方向一致，因此行星自转轴将最大限度地与外界势场场源主星系的自转轴方向保持一致。

由于行星自转方向的正反向不影响星系产生磁场的方向，同时磁场可以翻转，因此，逻辑上可以有反向自转轴的行星。

但行星轨道平面通常相对场源主星系自转赤道平面有一个倾角，而行星自转轴方向始终与场源主星系自转轴方向保持一致，造成行星自转轴与行星轨道平面有一个倾角。

(8) 行星的自转速度

由于恒星的半径越小磁场越强，与行星磁场的相互作用力相对很强，因此行星没必要产生很强的磁场，行星磁场与行星自转旋度有关，所以行星距离恒星的半径越小，行星自转速度相对越低。

(9) 卫星椭圆轨道短轴的作用

如果卫星椭圆轨道长短轴相对行星自转赤道平面同时有倾角，问题就更复杂一些。

如图 13-6 所示，行星在卫星椭圆轨道的焦点，自转角速度为 $\boldsymbol{\omega}$。

假设卫星长轴相对行星自转赤道平面有一个倾角，但椭圆短轴与行星自转赤道平面平行，这样从平行于椭圆短轴的方向看卫星椭圆轨道的侧视图是一条线，在侧视图看卫星椭圆轨道短轴两端的 2、4 点看上去是重合在一起的，这两点与行星自转轴的距离一样，说明这两点的科氏力大小与方向对称分布。

然后让卫星椭圆轨道的短轴以长轴为轴心线旋转一个角度，使得卫星椭圆轨道短轴相对行星自转赤道平面有一个倾角。如图

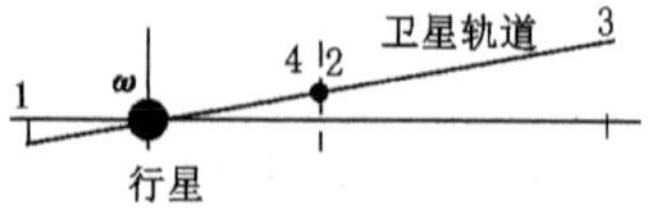

(a) 卫星轨道侧视图

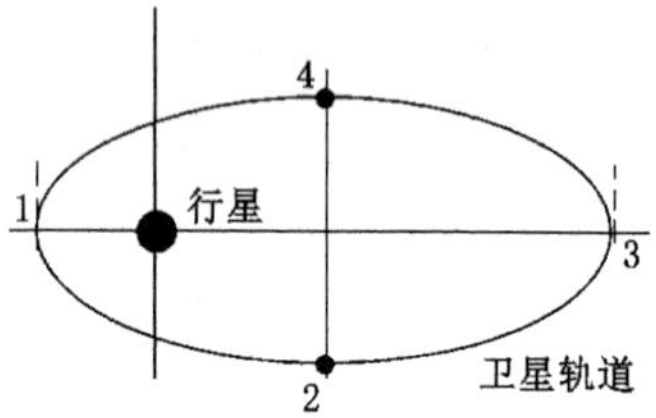

(b) 卫星椭圆轨道侧视方向示意图

图 13-6

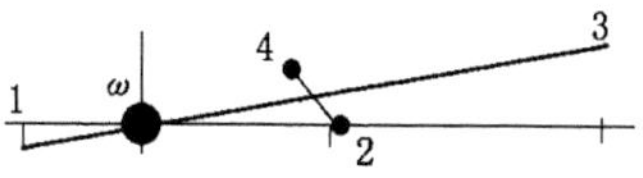

图 13-7　卫星椭圆轨道短轴 2、4 两点侧视不重合示意图

13-7 所示，椭圆轨道短轴由于与椭圆相互垂直，2、4 两点是椭圆对称的两点，距离行星质心的距离一样，椭圆轨道短轴肯定与行星自转赤道平面不平行，短轴两端的 2、4 点相对行星自转赤道平面一高一低。因此短轴两端的 2、4 点距离行星自转轴的距离不一样，例如 4 点相对 2 点距离行星自转轴的更近一点。与行星自转轴的距离越近旋度越大，因此同样的速度科氏力也不一样。

椭圆轨道所有类似 2、4 两点对称的两点都将产生不对称的科氏力，椭圆轨道将被拉向科氏力较大的方向偏转，无法形成闭合的椭圆轨道，形成卫星椭圆轨道的长轴将会围绕行星旋转，这就是卫星的进动。距离行星越近 2、4 两点的旋度差别越大，距离行星越近，进动程度就越大。并且，椭圆短轴相对行星自转赤道平面倾角越大，进动速度越大。

极限状态就是卫星椭圆轨道平面竖起与行星自转轴平行，会发现 2、4 两点的科氏侧向力将使椭圆轨道的短轴向平行于自转赤道平面的方向发展。即椭圆轨道平面将以长轴为轴心线向短轴平行于自转赤道平面的方向旋转。

因此，宇宙星系早期的进动速度或椭圆轨道长轴绕场源的旋转速度要比今天快得多。

(10) 星系轨道的最终结局

综上所述，星系轨道早期的椭圆率、进动、磁场等都比今天大得多。

宇宙所有星体的公转轨道平面最终都将向外界势场中心星系的自转赤道平面靠拢，并且星体轨道的椭圆率、进动、磁场等将逐步降低。

以上理论分析与今天的实验观察完全一致，证明时空旋度以及科氏力确实存在。

纠正教科书一个相对论错误：相对论通过计算认为，行星椭圆轨道相对太阳自转赤道平面倾角越大，进动速度越大，例如水星的进动。相对论证明过程的物理概念很不清晰，准确的物理概念是行星椭圆轨道短轴相对太阳自转赤道平面倾角越大，进动速度越大。

14 磁场的物理概念

14.1 磁场是时空旋度

本节结论：洛伦兹力是科氏力，磁场是时空旋度。

磁场都是运动场源产生的，而场源的运动实际是牵连运动，场源牵连运动产生磁场。

磁场计算涉及实验粒子对场源的尺缩关系 k，因此根源仍在《经典物理学中的相对论·第 1 册》式(8-2)的矢量式

$$k_0=\boldsymbol{A}\cdot\boldsymbol{\beta}+\sqrt{1-\eta\cdot\beta^2}$$

$$\boldsymbol{A}=-\boldsymbol{u}'/c$$

$\boldsymbol{u}'$是地表静系的牵连速度矢量。

在失重系观察地表静系受到的切向力

$$\boldsymbol{f}=\boldsymbol{F}/M_0=-c\cdot \mathrm{d}\boldsymbol{A}/\mathrm{d}t=\boldsymbol{a} \tag{14-1}$$

f 是地表静系单位质量的切向受力。

在地球自转运动过程中，地表赤道圆周不同位置的重力不同，代表地表赤道圆周不同位置的时空伸缩不同。

在赤道当地静系观察赤道质点运动同样的空间间隔 ΔL，当地观察者用伸缩后的尺子 L 以及时钟 τ 测量弧长间隔的速度 $u'=\Delta L/\tau$ 会因位置不同而不同，从而形成切向加速度 a，当然这个切向加速度 a 并不是地表静系真的加速度，而是时空伸缩造成的。

同样的固有位移 ΔL，不同位置的相对时间快慢不同，当然会有不同的速度。

当沿赤道圆周环路切向的合力 $\sum F' \neq 0$，相对地心形成力矩，将引起地球的自转加速，物质受到的切向力 F'沿地球赤道圆周环路做功 $\mathrm{d}\varepsilon$

$$\oint \mathrm{d}\varepsilon = \oint \boldsymbol{F} \cdot \mathrm{d}\boldsymbol{L} = M_0 \cdot \int \nabla \times \boldsymbol{f} \cdot \mathrm{d}\boldsymbol{s}$$

将式(14-1)$\boldsymbol{f} = -c \cdot \mathrm{d}\boldsymbol{A}/\mathrm{d}t$ 代入上式可得

$$\begin{aligned}\oint \boldsymbol{F} \cdot \mathrm{d}\boldsymbol{L} &= M_0 \cdot \int \nabla \times \boldsymbol{f} \cdot \mathrm{d}s \\ &= -M_0 \cdot \int \mathrm{d}[\nabla \times (c \cdot \boldsymbol{A})]/\mathrm{d}t \cdot \mathrm{d}\boldsymbol{s} \\ &= -M_0 \cdot \int \mathrm{d}\boldsymbol{B}/\mathrm{d}t \cdot \mathrm{d}s\end{aligned}$$

$$\boldsymbol{B} = c \cdot \nabla \times \boldsymbol{A} \tag{14-2}$$

所以

$$\nabla \times \boldsymbol{f} = -\partial \boldsymbol{B}/\partial t$$

∇是矢量算子，$\mathrm{d}\boldsymbol{s}$ 是面积微元矢量，s 是地表系沿地球半径一圈的环路内的的面积。上式的意思是对环路内的面积积分。

很显然，$\nabla \times \boldsymbol{A}$ 表明牵连速度 $\boldsymbol{A}$ 是矢量的概念。

注意，不能把$\nabla \times \boldsymbol{A}$ 理解为地球刚体自转的旋度，因为在第1册式(8-2)的证明过程中，始终把地表达到引力平衡的失重系作为平动惯性系引入，因此不存在地球刚体自转的旋度的概念。$\nabla \times \boldsymbol{A}$ 的意思是地表都是同样的速度 u'分布，但时间相对快慢分布不同引起的旋度，因此$\nabla \times \boldsymbol{A}$ 的含义是时空旋度概念而非刚体旋度。

逻辑上 $\boldsymbol{A}$ 的方向是静系观察失重系速度的反方向，实际就是失重系观察地表静系速度的方向，因此地磁的方向与地球刚体自转旋度的方向相反。

电子被圆周环路切向加速$\oint \mathrm{d}\varepsilon \neq 0$ 怎么解释？实物质同样被

圆周环路切向加速$\oint d\varepsilon \neq 0$又该怎么解释?

由电磁学可知 $\boldsymbol{f}$ 与磁场变化感应电势场强 $\boldsymbol{E}$ 对应,磁场 $\boldsymbol{B}=c\cdot\nabla\times\boldsymbol{A}$,地表 $\boldsymbol{A}$ 与重力对应,所以地表磁场的变化与重力变化同步对应。

式(14-2)是由式(14-1)直接证明牛顿力学与电磁理论是对同一物理现象的不同直观实验解释,所以电磁学的一切定律在实物质均可使用,区别仅在于电荷单位与引力质量的单位换算,以及使用的方便性。

当地壳质点沿圆周一圈有做功趋势时,在电磁理论叫电磁感应,即当线圈面积内有磁场变化,就会在线圈中产生感应电势 E。

这应该理解为地球在太阳势场中有径向运动,而太阳的磁场是沿着径向变化的,所以地球在垂直于太阳磁场的平面内引起磁场的变化,产生切向力或感应电势,引起地球自转速度的变化。

例如,地球向远日点运动,外界太阳磁场减弱,这应该理解为外界时间快慢的变化,地球抵御外界磁场的变化,地球具有惯性,抵御时间快慢的变化,因此地球会增加自身的磁场,由公式 $\boldsymbol{B}=c\cdot\nabla\times\boldsymbol{A}$ 可知地球赤道自转线速度 u' 增加,所以从近日点到远日点地球自转加速,磁场增强,中国的夏天磁场增强。

$\boldsymbol{A}$ 的物理概念相当于动系相对静系参考点的速度 $-u'/c$,所以

$$\boldsymbol{B}=-\nabla\times u'$$

上式的意思是速度与位移的矢量点积环路积分 $-\oint \boldsymbol{u}'\cdot d\boldsymbol{r}=\int \boldsymbol{B}\cdot d\boldsymbol{s}\neq \boldsymbol{0}$。

例如封闭环路为微质流源,封闭环路的圆面积为 $s=\pi\cdot r^2$,封闭环路微质流源封闭面积 s 内的磁场按照 $\int \boldsymbol{B}\cdot d\boldsymbol{s}=B\cdot\pi\cdot r^2$ 被

均值化，不均匀磁场经过均值化看成均匀分布，如果环流速度 u' 不变，u' 可表示为

$$u' = \omega \cdot r$$

$$-\oint u' \cdot dL = -u' \cdot 2\pi \cdot r$$

$$\int \boldsymbol{B} \cdot ds = B \cdot \pi r^2$$

所以 $$\boldsymbol{B} = -2\boldsymbol{\omega} = -\boldsymbol{\Omega}$$

$\boldsymbol{\Omega} = 2\boldsymbol{\omega}$ 实物质的刚体旋度，由电磁学右手螺旋定律可知，$\boldsymbol{B} = -2\boldsymbol{\omega}$ 说明实物质产生的磁场与正电荷产生的磁场正好相反，实物质具有电负性。

但是在失重系观察 u' 相当于正电荷产生的磁场，其实这并不重要，整个计算过程并没有使用正负电荷的概念。

当实物质以速度 $\boldsymbol{u}$ 进入带有旋度的时空，可以认为进入磁场，实物质的受力满足科氏力公式

$$\boldsymbol{f} = 2\boldsymbol{\omega} \times \boldsymbol{u} = -\boldsymbol{u} \times 2\boldsymbol{\omega} = \boldsymbol{u} \times \boldsymbol{B}$$

磁场 $\boldsymbol{B} = -2\boldsymbol{\omega} = -\boldsymbol{\Omega}$ 与势场旋度反向，实物质的洛伦兹力就是经典力学的哥氏加速度，并且与正电荷的洛伦兹力方向一致。

这就解释了星系跌落时沿着黑洞自转方向产生吸积盘的原因，时空旋度就是磁场。以上证明并不复杂，解释了磁场的由来。

14.2 由时空旋度直接证明磁场

本节结论：磁场分布是场源势场势能的函数。

实物质磁场应该能通过 $\boldsymbol{B} = -\nabla \times \boldsymbol{u}' = -\boldsymbol{\Omega}$ 直接加以证明。

若场源粒子质心运动的距离为 L，粒子势场各点的位移都是 L，由场源带动的势场各点的固有速度为

$$u' = L/\tau$$

由于粒子势场各点的时钟 τ 沿半径不一样，物质时钟场运动同样的空间间隔 L，势场各点的固有速度 u' 并不一样，例如粒子势场各点的时间分布近似为球形等半径圆，如图 14-1 所示。

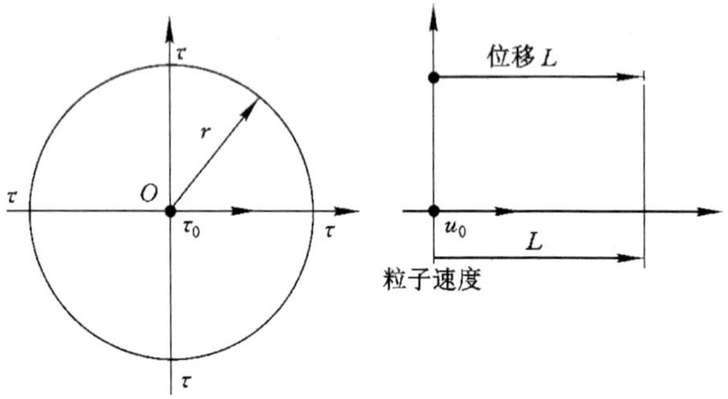

图 14-1　粒子势场各点的时间分布

为了分析简便，重点分析垂直于场源运动方向通过场源质心的轴线。

由于真空物质垂直于场源运动方向过质心轴线的垂线各点的平动固有速度 u' 方向一致，仅仅是速率 u' 不一样，形成切向速率 u' 的梯度，粒子势场时空的速率梯度本质是场源运动与时空梯度 $\mathrm{d}k_0/\mathrm{d}r$ 的相互作用，类似于流体力学的层流切向速率梯度，真空能物质就是时空，会产生速率梯度引起的时空涡旋场 ω。

势场中只要有切向速率梯度，就会产生时空涡旋，就会有磁场，这就是 $\boldsymbol{B}=-\nabla\times\boldsymbol{u}'=-2\boldsymbol{\omega}=-\boldsymbol{\Omega}$ 的物理意义。这是物理定律的同一律性所决定的，适用于各种满足此原理的场合，当然包括时空中的真空能物质。

在场源质心运动的前后方，同样发生时间 τ 的伸缩，同样有固有速度 $\boldsymbol{u}'$ 的不同，也有速率梯度，但不是切向速率梯度，而是沿场源速度方向的纵向速率梯度。

如果物质时空场是弹性的，运动物质的前后方速度不同只会发生弹性时空的压缩或拉伸，不会发生切向速度引起的流体涡旋，因此场源质心运动的前后方不会有磁场，所以磁场与相对场源运动方向的角度有关，前后方磁场为零，垂轴磁场最强。

将势能参考点设在场源质心，场源质心的时间是 τ_0，质心的固有速度为 $u_0=L/\tau_0$，场源质心观察势场各点相对静止，所以势场各点运动的空间 L 必须一致。由势场的时间相对关系 $\tau=\tau_0\cdot k_0$ 可得垂线各点的固有速度

$$u'=L/\tau=L/(\tau_0\cdot k_0)=u_0/k_0$$

$u_0=L/\tau_0$ 是场源质心的速度，由 $\boldsymbol{B}=-\nabla\times\boldsymbol{u}'=-\boldsymbol{\Omega}$，在垂线沿半径方向取一矩形环路面积 $\mathrm{d}s=h\cdot\mathrm{d}r$，只有切向速度，没有垂直方向的速度，如图 14-2 所示。

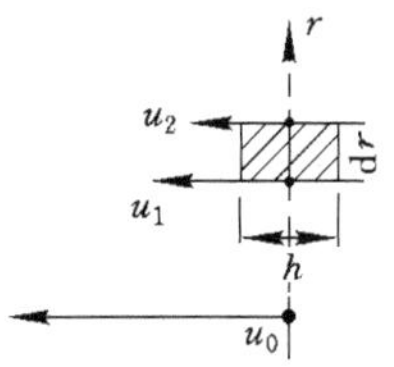

图 14-2 旋度计算示意图

由图 3-8 按照旋度的定义 $-\oint\boldsymbol{u}'\cdot\mathrm{d}\boldsymbol{L}=\int\boldsymbol{B}\cdot\mathrm{d}\boldsymbol{s}$ 以及 $u'=u_0/k_0$ 可以得出

垂线的微元环路磁场方向 $\boldsymbol{j}$ 与速度旋度反向

$$-\mathrm{d}\oint\boldsymbol{u}'\cdot\mathrm{d}\boldsymbol{L}=\boldsymbol{B}\cdot\mathrm{d}\boldsymbol{s}$$

$$\mathrm{d}\oint\boldsymbol{u}'\cdot\mathrm{d}\boldsymbol{L}=(u_2-u_1)\cdot h$$

由 $\mathrm{d}s=h\cdot\mathrm{d}r$ 以及 $u'=u_0/k_0$ 可得

$$\begin{aligned}\boldsymbol{B}&=-\nabla\times\boldsymbol{u}'=-(u_2-u_1)\cdot h/\mathrm{d}s\cdot\boldsymbol{j}\\&=-\mathrm{d}u'/\mathrm{d}r\cdot\boldsymbol{j}=-u_0\cdot\mathrm{d}(1/k_0)/\mathrm{d}r\cdot\boldsymbol{j}\\&=u_0\cdot(\mathrm{d}k_0/\mathrm{d}r)/k_0{}^2\cdot\boldsymbol{j}\end{aligned}$$

如果以质心势能 $\Psi=0$ 为零势能参考点，由《经典物理学中的相对论·第 2 册》第 3 章式(3-4)

$$\Phi=M_0\cdot c^2\cdot\ln k_0$$

可得在势场中 $k_0=\exp(\Psi/c^2)$，所以

$$dk_0/dr=k_0\cdot(d\Psi/dr)/c^2$$
$$=k_0\cdot f_0/c^2$$

由经典力学势场场强 $f_0=d\Psi/dr$，所以垂线的磁场值

$$B=u_0\cdot f_0/(k_0\cdot c^2)$$

上式并不是矢量式，也没有考虑场源相对运动的尺缩系数，原因是地表静系相对观察者都是静止的，不存在相对运动。

运动实物质产生的磁场矢量

$$\boldsymbol{B}=\lambda\cdot\boldsymbol{u}_0\times\boldsymbol{f}_0/(k_0\cdot c^2) \tag{14-3}$$

λ 是静质量物质在势场运动中不满足机械能守恒的程度以及考虑等效的电荷正负性引入的，这是热力学第二定律所要求的。如果静质量满足机械能守恒 $\lambda=0$，代表中性物质。

式(14-3)把磁场与热力学第二定律结合在一起。注意，k_0 是场源势场相对场源质心的尺缩函数，与势能同义，所以磁场是势能的函数。经典物理学缺少这个概念，造成地磁成为宇宙之谜。

由 $\boldsymbol{B}=\lambda\cdot\boldsymbol{u}_0\times\boldsymbol{f}_0/(k_0\cdot c^2)$ 可知，赤道靠近太阳的正午时间势能最低或 k_0 最小，每一个实物质质点的势能分布在太阳势场的影响下都具有这个特性，所以地球白天的磁场最强。

地表电磁物质与实物质近似为平直时空时 $k_0\approx1$，所以圆周运动产生的磁场

$$\boldsymbol{B}=\lambda\cdot\boldsymbol{u}_0\times\boldsymbol{f}_0/c^2$$

上式就是经典电磁场负电荷产生的磁场公式。实物质产生的磁场很小，实物质动系速度很低，由此产生的洛伦兹力 $\boldsymbol{f}=\boldsymbol{u}\times\boldsymbol{B}$ 可以忽略不计，但在时间漫长的星系退行以及星系向黑洞跌落过程中可以看到实物质磁场的作用。

刚体旋度 $\boldsymbol{\Omega}=2\boldsymbol{\omega}$ 可以产生科氏力，时空旋度 $\boldsymbol{\Omega}$ 同样产生科氏力。

经典物理学的电场定义是单位电荷所受到的电场力，也称作

场强。如果将引力场强换算成单位电荷的场强，引力场强 f_0 太弱了，几乎可以忽略不计，因此 B 经过质量与电荷的单位换算后就是地磁。由此可知，地磁是很弱的。

为计算简便不特殊声明一般不做质量与电荷单位换算。

15 磁场的时空结构

本章结论:星系产生磁场的原因是星系不满足机械能守恒。

场源必须运动,这意味着场源势场的时空有相对伸缩,这种伸缩具有方向性。如果静止势场是球形对称分布,运动场源的势场一定是非球形对称分布。

磁场是时空旋度,势阱场与势垒场的时空尺缩系数 k 正好反对称,所以同样的运动方向,电子与正电荷的磁场互为反对称。

所以磁场一定改变时空分布。没有磁场的时空是球面对称分布,当有磁场时,时空一定不是球形对称分布。凡是与引力势球面分布时空不一致的时空就是磁场,也称为时空褶皱,运动产生时空褶皱。

所以当时空有磁场,就一定是相对比没有磁场时空发生了伸缩。

磁场的变化不仅是时空旋度的变化,还包括场源时空伸缩性的变化,即势场时空尺度或时间快慢的变化。由于时空具有保持原有时空状态的惯性,这将引起时空的惯性反应。

例如将铁磁物质置于外磁场中,当外磁场变化,这势必引起铁磁物质内部的时空伸缩性变化。时空具有惯性,会产生抵御时空伸缩变化的感应电势,感应电势产生电流,电流产生的磁场方向一定是抵御外磁场变化的。

电磁学中电流的变化抵制磁场的变化,磁场的变化抵制电流的变化实际就是时空惯性。

在经典物理学中电场的变化被称作位移电流。电场的变化实际就是时空的伸缩变化，当然就是时空旋度的变化，所以位移电流的变化同样产生磁场变化。而磁场的变化又在时空中感应电场的变化，这种电磁场的变化必然在时空中互相感应而传播，这就是电磁场。

所以引力场也应该有引力波，引力波之所以很难发现是因为实物质的场力很弱。还有一个非常重要的原因就是式(14-1)$\boldsymbol{f}=-c\cdot \mathrm{d}\boldsymbol{A}/\mathrm{d}t=\boldsymbol{a}$，只有当场源受力，场源的运动才能产生磁场，如果场源的运动满足机械能守恒，根本不可能产生磁场。

而实物质在外界势场中偏离机械能守恒很小，在物质的跌落中基本都很难辐射引力波。

由式(14-3)$\boldsymbol{B}=\lambda\cdot\boldsymbol{u}_0\times\boldsymbol{f}_0/(k_0\cdot c^2)$，公式中有许多经典物理学不曾揭示的信息。由于宇宙早期与今天的时空膨胀度不同，早期势场时空梯度要比今天大得多，造成场力 $\boldsymbol{f}_0$ 较大，例如实物质早期的时空势能梯度近乎无穷大。

另外 k_0 代表势场不同位势相对场源中心的时空伸缩度，它也影响磁场的强弱与分布。例如电子是势垒场，半径越大势能越低或 k_0 越小，单位电荷电子产生的磁场相对比单位电荷正电荷产生的磁场强。

而势阱粒子由于半径越大势能越高或 k_0 越大，磁场沿半径增大衰减的程度较小，实物质磁场就属于这种状态。

在宇宙早期或宇宙收缩度较大的时空，那里的时空膨胀度较低，例如黑洞附近，因此场源的时空梯度较大，必然磁场很强，甚至不排除超出人类可预见的高强磁场星系。凡高强磁场星系，一定是时空收缩度很大且自转速度很高的星系。

宇宙早期星系自转速度大，同样的质量，质能密度极大或惯性极大，惯性越大越不容易达成机械能守恒，需要产生磁场维持星系不跌落。宇宙应该有大量的极高磁场强度的磁星，但这类磁星一定是磁场沿半径增大衰减的程度极大，可以看成短程磁星。

现在的实物质粒子由于膨胀比较充分 $k_0 \approx 1$，因此实物质粒子的场强 $\boldsymbol{f}_0$ 很小近乎为零，所以实物质粒子运动几乎不产生磁场。但若实物质物质积聚较大，时空收缩较大，仍会有磁场产生，星系磁场应该是星际物质的自转形成的。

正、负电子由于时空梯度较大，场力 $\boldsymbol{f}_0$ 很强，因此运动电荷的磁场很强。

正、负电荷产生的磁场具有明显的区别，电子是势垒场，而正电子是势阱场，力程略有区别，所以同样的速度，电子产生的磁场相对略大一些。

地球自转方向不变地磁翻转，什么原因呢？

由 $\boldsymbol{B}=c\cdot\nabla\times\boldsymbol{A}=-\nabla\times u'$ 可知，磁场翻转要么速度 u' 反向，要么改变电荷性的正负号。

这说明实物质实际是在正、负电性之间来回转换。当行星满足机械能守恒时，保持电中性。当不满足机械能守恒时，会根据受力方向情况自动转换实物质的电荷正负性，最终结果地球自转方向不变，但磁场翻转了。

由于实物质的电荷性与磁场反转的同步性，星系的一切运动方式不变，包括公转与自转。

16　地球重力与磁场时空的可视性

本章结论：所有看似大相径庭的外力效应，本质都是因物质不满足机械能守恒而产生，因此无论微观还是宏观，外力概念都是同一种力，仅仅是实验观察方法不同而产生了不同的力学概念。

由以上分析，物质运动不满足机械能守恒产生的时空旋度就是磁场，外在表现为物质尺度与满足引力平衡的物质尺度不一致。相对论观点是：物质的动钟与势场的时钟快慢不一致，还可以解释为物质的势能与外界势场的势能不一致等。

因此磁场概念是物质为了满足受力平衡而产生的时空伸缩，但这个伸缩并不是物质本身产生的，而是外力对物质势场进行了压缩或拉伸产生的，而这个外力就是磁场力。所以物质为了产生满足受力平衡的时空伸缩，必须将物质势场时空的相关旋度转化磁场，利用磁场力对物质势场时空进行变形。

因此磁场具有空间伸缩的可视性。

在此基础上分析地球磁场将会一目了然，如图 16-1 所示。由地球与太阳之间的磁场力方向判断地球受到外力，磁场力属于斥力。

地球重力分布不均，赤道夜里的重力大于赤道白天的重力，地表重力的合力方向指向太阳，形成地球向太阳方向的跌势。

图 16-1 所示为地球赤道的重力分布，注意箭头长短代表重力的大小，地球受到的磁场力是斥力，与地球受到太阳的“重力”相互

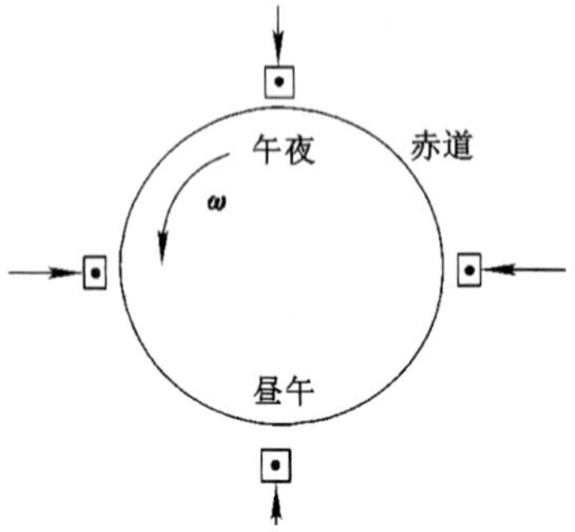

图 16-1　地球赤道平面重力分布示意图

平衡。

赤道白天重力降低的解释是物质势能相对升高或体积膨胀，表现为重物在地球势场的场力方向被拉伸，即地球势场在赤道白天被拉伸的程度大，重物的体积膨胀。而物体的体积膨胀代表势能提高，可以看成太阳的引力叠加作用使得赤道白天的引力场强相对降低引起体积膨胀，同时表现为受到太阳的磁场力是斥力。

所以地球产生的磁场实际拉伸了势场时空，地球赤道白天的引力不平衡度较大，因此白天的磁场较强。

如果没有磁场作用，就要靠地球自身的向心加速度，这将会增加地球轨道的椭圆率，加大引力不平衡。

图 16-1 中四个位置的方块大小形象地表示了重物体积时空的大小。

如果地球轨道运动满足机械能守恒，重力分布均衡，地球赤道白天的重力将会增加，那么地球的磁场也将为零。

由此可以可看出，物质磁场的本质是相对平衡态被外力拉伸的程度，物质磁场越强相对被拉伸的程度就越大，表现为势能升高或重力降低。

由太阳与地球引力场的叠加可知，在机械能不守恒的状态下，物质势场空间的拉伸方向一定与磁场垂直，势场空间拉伸方向与场强方向平行。物质势场空间被拉伸膨胀的过程既是磁场增强过程，又伴随着场强降低，且物质势场空间在场强降低的时候膨胀。物质势场被压缩的过程既是磁场减弱过程，也是物质势场场强增加的过程，且物质势场空间在场强增加的时候压缩。

利用以上原理可以很清晰地判断星系运动与磁场的变化过程。例如，地球在远日点的势能相对升高，势场空间一定是被拉伸膨胀的过程，因此远日点地球的磁场增强，昼夜磁场的变化幅度相对更大，白天和夜里的重力都降低，但白天的重力相对比夜里的重力降低更多，地球偏离机械能守恒的状态相对更大。

由以上可以描述电磁场的时空特性：

如图 16-2 所示，一个带有正负极的天线，两极之间形成电场，这里定义电场场强方向指向正极，原因是负极的真实势能高于正极，天线有正、负极的电荷运动，并形成电流，电流方向如图所示。黑点代表磁场的方向从纸面指向观察者。

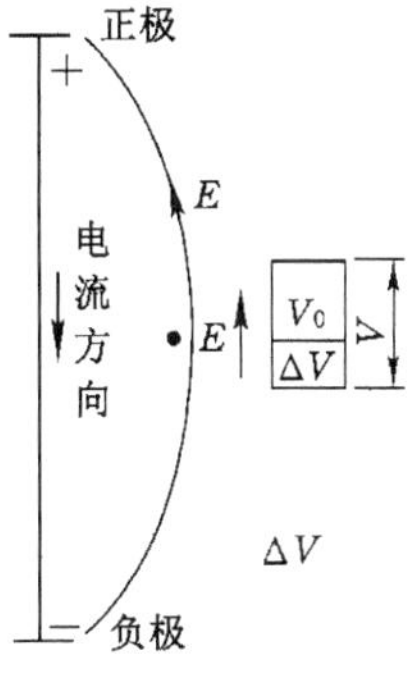

图 16-2　磁场变化引起的时空伸缩示意图

静止状态电场的时空尺度为 V_0，随着放电过程电流增加，磁场增加，场强降低。

磁场是时空膨胀，时空膨胀方向与磁场垂直，并与场强平行，同时在场强降低的时候膨胀。

图 16-2 中画出了电场时空中的磁场方向以及电场时空膨胀方向，ΔV 是尺度的变化量。

当电流达到最大，磁场最强，时空膨胀度也最大，此刻电场为零。

由于磁场时空膨胀，磁场空间填充的真空能物质增大，因此磁场的势能高于外界势场的势能。接着，正负极颠倒，反向场强逐步增强，正好是与前面状态对称相反的过程。场强增加的方向一定是时空收缩的方向，这与引力场强增加时空收缩是一个概念，也是磁场降低的过程。当反向场强增加到最大，当电流为零，磁场为零，电场势场又恢复到静电场状态。

可以看出，电场对势场做正功时空膨胀，磁能增加，电场能降低；电场对势场做负功时空收缩，磁能降低，电场能增加。

电场能与磁能相互转换，往复循环。

很明显，电荷的磁能与静质量物质的动能完全对应，静质量物质的动能与外界势场的势能可以相互转换。例如，动能与重力势能的相互转换。同时磁能和电能各自都有对应的惯性定律：静质量物质具有的保持原有运动状态的特性叫惯性，而电磁学同样有对应的关系，即磁场的变化反对电流的变化。电磁学之所以出现磁场与电流的联动惯性定理，是因为电流的变化实际是电荷静质量物质具有动能的变化。

万变不离其宗，本质都是物质具有保持原有势能状态的性质。

而且磁场与动能完全反对称，静质量物质与电磁物质都能将外界的势能存储在各自的动能与磁能中，但动能的势能降低，而磁能的势能升高。

由于磁场的势能相对比外界势场的势能高，由热二律可知，能量总是由高势能向低势能方向传递，所以磁能的变化可以向外界势场辐射能流。

而静质量物质是因为势能低于外界势能而跌落，无论静质量物质的动能变化多大，哪怕星系撞上黑洞也不可能发射引力波。不排除黑洞碰撞势场合并瞬间可以辐射引力波，但概率很低。

电磁场如何辐射电磁波？仍以图 16-2 中含有旋度或磁场的时空为例。可以看出图示的时空的体积在垂直磁场方向沿着电场方向被拉伸膨胀，这点的势场空间体积 V 大于没有磁场的外界势场静态的空间 V_0。因此具有磁场的时空不满足机械能守恒状态，由热二律，物质间具有自发向势能一致的方向发展的特点，具有磁场的时空将自发向外界势场的空间体积 V_0 靠拢。

因此具有磁场的时空将会自发收缩，收缩过程必须保证外界的势场场强增强，磁场变化的时空将激发电场，电场方向必须与磁场垂直，同时还要平行于时空收缩方向，所以具有磁场的时空将会产生图中垂直向上的电场。随着激发的电场强度的增加，磁场时空收缩的同时也会减弱。最后必然发展到磁场为零，而这点的势场空间又恢复到原状，这是热二律所要求的状态。但是这时电场也同时达到最大。这点的势场空间又凭空增加了电场，由于同样原因，这点的势场时空又将向没有电场的方向发展。

于是电场场强降低，这点的势场时空必须向平行于电场的方向拉伸时空。

因此从固定一点的时空状态看，电磁场交替变换是空间在电场方向往复收缩膨胀的过程。

能量本身就是物质，能量传输必须要有质能物质的传递。

外力对系统做功的概念必须要有真实的质能物质输入到系统，所以势场空间的磁场增强体积增大说明外界通过电场力做功给磁场空间输入真空质能物质。因此磁场增强本身也说明这部分的势能能量密度提高。

势场空间的磁场越强，磁场所在位置的真空能量密度越大。

电磁波也是密度波。由于磁场越弱代表势能越低，自发状态能流只能从高势能方向向低势能方向流动，因此能流方向必然从天线所在强磁场向远处的弱磁场方向流动，所以天线向远处的能流方向就是电磁波的传播方向。

进一步可以将光子真实的具有可视性的运动形态描述出来。

用地球相对太阳退行的周期翻转磁场，可以形象地表达光子电磁场的概念。

假设将地球隐形或拿走，但保持周期翻转的磁场，就可以看成相对太阳退行的真空能物质的周期翻转磁场。只要磁场区的势能低于外界势场的势能，无论这个交变的磁场频率多高，交变的电磁场都不可能辐射电磁波。

注意：要将电场势能的高低与真空能密度大小相联系，由于电场方向垂直速度方向并且是交变的，会发现真空能密度在垂直运动方向上下流动或震荡，当真空能密度流动到振幅为零的位置，电场为零但真空能物质流动速度最大，这实际就是电流最强的概念，此时磁场最强。磁场最强这一点被称为电场的变化率最大，电磁学称为电场的变化率产生磁场，本质还是电流产生磁场。并且真空能密度的平均值不高于外界势场的真空能密度。

由于交变的真空能密度局限在固定不变的空间，且以一定速度运动，确实有粒子的感觉。这就是光子的波粒性的最形象表示。

可想而知，即便星系有很大的加速度，且磁场很强，只要星系的势能低于外界势场的势能，就不可能辐射电磁波。即便星系的势能高于外界，但由于偏离机械能守恒的程度不大，自然就形不成很强的真空能密度梯度，不会有可辐射的电场强度，不能辐射电磁波。

17　牛顿力与电磁场是同一种力

在以上所有讨论中，对动系同一受力状态，使用了同一种计算方法既解释了磁场力又满足经典物理牛顿力学的概念。计算发现磁场的变化仅仅是时空相对时间的快慢变化而已。

自然律被分成两大派系理论：

（1）人们把施加外力推动物质的相对运动变化归结为牛顿力学，但是物质运动过程必有时钟快慢的变化，而绝对时空不承认相对时空。

（2）电磁理论正好相反，把相对静止时钟的快慢变化推动物质的运动变化归结为电磁自然律，但绝对时空不承认相对时空，因此称作电磁学。

势能变化与电磁场变化的本质都是物质的时钟相对快慢变化，但观察者所在参照系不一样，各自得出的自然律不同。

静系观察者观察不到自身时空的变化，但静系自身的时空伸缩的力学效应具有可视性，可视性的力学效应就是电磁场。

后　　记

本册重点是围绕热力学第二定律展开的讨论,即热力学第二定律的本质是什么。

热力学第二定律是最重要的自然律,历史上有很多科学志士力图证明热力学第二定律,把热力学第二定律逻辑演绎推到定理的位置上,但都以失败而告终。

实际上本书也并不能把热力学第二定律推到定理的位置上,但确实由此发现了自然界在自发状态能流方向是受到限制的,例如高温物体向低温物体的传热本质是高温物体的势能比低温物体的势能高。

相对时空无处不在,用经典物理学解释就是物质的相对势能各不相同,只不过这种误差很小罢了。

但在宇宙学中,这种很小的势能差可以给星系带来巨大的运动变化,包括能量的传递。

能量的传递并不是抽象概念,必须真的要有质能与能量之间的转换,至于这种质能是静质能还是时空中的真空能,必须真的要有质能与能量之间的转换。

一切自然律的产生都为了达到自然界的平衡态。